Melik Çetin

Östemperlenmiş Küresel Grafitli Dökme Demirlerin Aşınma Davranışı

Melik Çetin

Östemperlenmiş Küresel Grafitli Dökme Demirlerin Aşınma Davranışı

Aşınma,Sürtünme katsayısı, Pim sıcaklığı, Östemperleme Isıl İşlemi

Türkiye Alim Kitapları

Impressum / Yayınevi adı
Bibliografische Information der Deutschen Nationalbibliothek: Die Deutsche Nationalbibliothek verzeichnet diese Publikation in der Deutschen Nationalbibliografie; detaillierte bibliografische Daten sind im Internet über http://dnb.d-nb.de abrufbar.

Deutsche Nationalbibliothek tarafından yayınlanan bibliyografik bilgiler: Deutsche Nationalbibliothek, bu yayını Deutsche Nationalbibliografie'de listeler; detaylı bibliyografik bilgi İnternet'te http://dnb.d-nb.de sitesinde mevcuttur.

Coverbild / Kitap kapağı resmi: www.ingimage.com

Verlag / Yayıncı:
Türkiye Alim Kitapları
ist ein Imprint der / yayınevinin bir ticari markasıdır
OmniScriptum GmbH & Co. KG
Heinrich-Böcking-Str. 6-8, 66121 Saarbrücken, Deutschland / Almanya
Email / E-posta: info@turkiye-alim-kitaplary.com

Herstellung: siehe letzte Seite /
Basım yeri: son sayfaya bakın
ISBN: 978-3-639-67217-6

TEŞEKKÜR

Çalışmalarım süresince değerli yardım ve fedakarlıklarını esirgemeyen, bilgi ve tecrübesiyle beni yönlendiren danışmanım Prof. Dr. Ferhat GÜL'e teşekkürü bir borç bilirim.

Eğitim sürecim boyunca desteklerini esirgemeyen değerli aileme, ayrıca yapılan bu çalışmanın her aşamasında sabır ve destekleriyle her zaman anlayış gösteren sevgili eşim E. Nurcihan ÇETİN ve kızlarım Gülnihal ve Gökçen'e teşekkürü bir borç bilirim.

İÇİNDEKİLER

Sayfa

SİMGELER VE KISALTMALAR

Bu çalışmada kullanılmış bazı simgeler ve kısaltmalar, açıklamaları ile birlikte aşağıda sunulmuştur.

Simgeler	**Açıklama**
μ	Sürtünme katsayısı
γ	Östenit
γ_{yk}	Yüksek karbonlu östenit
α	Ferrit
C^0_γ	Östenitlemeden sonra östenit matris karbon içeriği
C_γ	Östemperleme sırasında östenit karbon içeriği
t_A	Östemperleme süresi
t_γ	Östenitleme süresi
T_A	Östemperleme süresi
T_γ	Östenitleme sıcaklığı
X_γ	Kalıntı östenit hacmi
$X_\gamma C_\gamma$	Toplam östenit karbon içeriği

Kısaltmalar	
DDF	Döküm Durumu Ferritik
DDP	Döküm Durumu Perlitik
KGDD	Küresel Grafitli Dökme Demir
ÖKGDD	Östemperlenmiş Küresel Grafitli Dökme Demir

FI	Ferritik 850°C'de östenitlenen küresel grafitli dökme demir
PI	Perlitik 850°C'de östenitlenen küresel grafitli dökme demir
FII	Ferritik 900°C'de östenitlenen küresel grafitli dökme demir
PII	Perlitik 900°C'de östenitlenen küresel grafitli dökme demir
FI30-90/1-4/60-120	Ferritik 850°C'de 30, 60 ve 90 dk östenitlenen daha sonra 400, 370, 320 ve 250°C'de 60 ve 120 dk östemperlenen küresel grafitli dökme demir
FII30-90/1-4/60-120	Ferritik 900°C'de 30, 60 ve 90 dk östenitlenen daha sonra 400, 370, 320 ve 250°C'de 60 ve 120 dk östemperlenen küresel grafitli dökme demir
PI30-90/1-4/60-120	Perlitik 850°C'de 30, 60 ve 90 dk östenitlenen daha sonra 400, 370, 320 ve 250°C'de 60 ve 120 dk östemperlenen küresel grafitli dökme demir
PII30-90/1-4/60-120	Perlitik 900°C'de 30, 60 ve 90 dk östenitlenen daha sonra 400, 370, 320 ve 250°C'de 60 ve 120 dk östemperlenen küresel grafitli dökme demir
SEM	Tarama elektron mikroskobu (Scanning Electron Microscope)
HVN	Vickers sertlik değeri
KHV	Knoop sertlik değeri (Knoop Hardness Value)
DPH	Elmas piramit sertliği (Diamond Pyramid Hardness)
RGÖ	Reaksiyona girmemiş östenit

1. GİRİŞ

Döküm endüstrisinde küresel grafitli dökme demir (KGDD) üretiminde teknik gelişmeler sonucu ve endüstrinin ihtiyaçları doğrultusunda yeni bir yaklaşımla östemperlenmiş küresel grafitli dökme demirlere (ÖKGDD) geçiş yapılmıştır. ÖKGDD mikroyapısı, küresel grafit ve ösferrit olarak isimlendirilen ferrit ve yüksek karbonlu östenit karışımından oluşmaktadır. Matris içerisinde ösferrit fazı karışımının yanı sıra, arzu edilmese bile, düşük miktarlarda martensit veya karbürler de içermektedir. Ösferritik yapı, östemperleme ısıl işlemi olarak isimlendirilen beynit başlangıç sıcaklığının altındaki sıcaklık aralığında östenitin izotermal dönüşümüyle elde edilen yapıdır. Yüksek karbonlu östenit ve ferritin optimum kombinasyonu ÖKGDD malzemeye mükemmel mekanik özellikler kazandırır (1-6). Matris içerisindeki ösferrit karışımı; kimyasal kompozisyon ve ısıl işlem şartlarıyla değişikliğe uğrar ve buna bağlı olarak da mekanik özellikleri; 800-1600 MPa aralığında çekme dayanımı, 500-1100 MPa aralığında akma dayanımı ve %1-10 aralığında uzama değerleri elde edilen ÖKGDD ailesini oluşturur (1-7).

KGDD'lerde fazla miktarda Si içeriği östemperlenmiş KGDD mikroyapısının geliştirilmesinde anahtar role sahiptir. Silisyum, izotermal dönüşüm sırasında karbür çökelmesini engeller. Östemperleme süresi, ferrit ve karbonca zenginleşmiş kalıcı östenitin veya yüksek karbonlu östenitin oluşumu için yeterli olmalı ve ayrıca oda sıcaklığında yüksek karbonlu östenitin kararlılığını koruması sağlanmalıdır. Östemperleme süresinin çok uzun olması halinde yüksek karbonlu östenit ferrit ve karbüre ayrışır, oluşan bu yapı mekanik özellikler üzerinde zararlı etki oluşturur (7-13).

ÖKGDD malzemeler özellikle 1980'li yıllardan sonra gelişim göstererek endüstriyel alanda geniş bir yelpazede mühendislik malzemesi olarak kullanılmaya başlanmıştır. 2000 yılı itibariyle 10^5 ton/yıl üretimi gerçekleştirilmiştir. ÖKGDD'lerin geliştirilmesinde dökümcülerin, ısıl işlemcilerin ve tasarım mühendislerinin yeterli teknik bilgiye sahip olması, bu malzemelerin mühendislik özellikleri için önemlidir. ÖKGDD'lerin performansları üzerinde üretim parametreleri önemli etkiye sahiptir.

Özellikle, dökümlerin döküm kalitesi (genel anlamda döküm hataları) bir ileri aşama olan östemperleme ısıl işlemiyle arzu edilen mikroyapı ve mekanik özelliklerin elde edilmesinde etkili olmaktadır (1).

Östemperleme prosesi üç aşamadan oluşmaktadır (1-13). Bu aşamalar aşağıda belirtilen işlem sırasını içermektedir;

i- Dökümlerin tamamen östenitlenmesi (850-950°C'de 1-2 saat),

ii- Östemperleme sıcaklık aralığına soğutma, bu sıcaklık perlitik dönüşüm sıcaklığından düşük, fakat martensitik dönüşüm sıcaklığından yüksektir;

iii- Ösferritik dönüşüm için 250-400°C östemperleme sıcaklık aralığında genellikle 1-4 saat bekletme, oda sıcaklığına soğutmadır.

Östemperlenmiş küresel grafitli dökme demirler alaşımlandırılmış ve ısıl işlem görmüş küresel grafitli dökme demirlerdir. İyi mekanik özellikleri nedeniyle son yıllarda önemli bir mühendislik malzemesi haline gelmiştir. ÖKGDD malzemeler, yüksek dayanım ile birlikte iyi süneklik (1, 14-16), iyi aşınma direnci (14, 17-20), iyi yorulma özellikleri (21, 22) ve kırılma tokluğu (2-5) kombinasyonu ile, krank mili, lokomotif tekerlekleri, dişliler, tarımsal ekipmanlar gibi uygulamalar da kullanımı sürekli olarak artmakta ve gelecekte de kullanımının daha da artacağı tahmin edilmektedir.

Mn, Mo, Cr, Ni ve Cu gibi alaşım elementlerinin ÖKGDD malzemelerinin mikroyapı ve mekanik özelliklerine etkileri ile ilgili çeşitli çalışmalar yapılmıştır (23-37). KGDD malzemelere alaşım elementi ilavesinin ana amacı döküm durumu dayanımını arttırmak ve KGDD malzemenin östemperlenebilirlik kabiliyetinin yükselmesini sağlamaktadır.

Günümüze kadar yapılan çalışmaların çoğunda östemperleme sıcaklık ve süresinin etkisi üzerinde durulmuş, östenitleme süresi ve sıcaklığının etkisiyle ilgili çalışmalar ise sınırlı kalmıştır. Östemperleme prosesinin açıklanması, östemperleme prosesine östemperleme parametrelerinden östemperleme sıcaklığı ve süresinin etkileriyle ilgili çalışmalar fazla olmasına rağmen (1-12, 14-16, 21-23, 25-31, 33-37), östenitleme sıcaklığı ve süresinin etkisiyle ilgili çalışmalar azdır (13, 24, 30, 32). KGDD ve ÖKGDD malzemelerin abrasif ve adhesif aşınma davranışıyla ilgili yapılan çalışmalar da oldukça sınırlıdır (14, 18-20). Yapılan çalışmalarda, sabit bir östenitleme sıcaklığı ve süresinde östenitleme işlemini müteakip, östemperleme süresinin bu malzemelerin aşınma davranışlarına olan etkileri araştırılmıştır. Yapılan literatür taramasında, bu konuyla ilgili çalışmalar incelenmiş, literatür incelemesi sonucu, özellikle östenitleme sıcaklığı ve süresi, östemperleme sıcaklığı ve süresi gibi östemperleme proses parametrelerinin bu malzemelerin adhesif aşınma karakteristiğine ortak etkisiyle ilgili çalışmaların yetersiz olduğu görülmüştür. Ayrıca, aşınma deneyleri süresince oluşan sürtünme kuvvetinin ve aşınma numunesinde oluşan sıcaklığın bilgisayar yardımıyla eş zamanlı olarak takip edilmesi konularında literatürde eksiklik tespit edilmiştir.

Bu çalışmada, östemperleme ısıl işlemine tabi tutularak elde edilen döküm durumu ferritik ve perlitik KGDD malzemelerin, mikroyapısal karakterizasyonu yapıldıktan sonra östemperleme ısıl işlem parametrelerinden östenitleme sıcaklığı ve süresinin, üretilen ÖKGDD numunelerin mikroyapısına, sertliğine, aşınma davranışına, aşınma sırasında oluşan sürtünme kuvvetine ve pim sıcaklığına olan etkisinin incelenmesi amaçlanmıştır.

2. KÜRESEL GRAFİTLİ DÖKME DEMİRLER

Gelişen teknolojiye paralel olarak yeni ve özellikleri daha iyi olan mühendislik malzemelerine olan ihtiyaç artmakta ve malzeme özelliklerinin iyileştirilmesi ile de endüstriyel ürünlerin performansı iyileşmektedir. Bu mühendislik malzemelerinden biri olan Küresel Grafitli Dökme Demirler (KGDD), birbirinden bağımsız olarak BCIRA ve INCO tarafından geliştirilmiş ve ilk defa 1948 yılında Amerikan dökümcüler birliğinin toplantısında döküm endüstrisi için yeni bir malzeme olarak tanıtılmıştır (38). 1951'den itibaren KGDD ticari olarak üretilmeye ve kullanılmaya başlanılmıştır (39). BCIRA yöntemi esas itibariyle gri dökme demirle aynı bileşimde olan ötektik üstü demirlere ergimiş halde, seryum (Ce) ilavesinden ibarettir. Ce'un büyük bir kısmı bileşimdeki kükürtü gidermekte ve geri kalan seryum ise grafitlerin lamel yerine küre şeklini almalarını sağlamaktadır. INCO yönteminde ise ötektik altı ve ötektik üstü dökme demirlere, benzer şekilde magnezyum ilavesi yapılmasıyla grafitlerin küre şeklini alması sağlanır. Bu yöntemin ilk tanıtılmasından sonra, ekonomik olması nedeniyle döküm sanayinde magnezyumla küreleştirme yöntemi yaygın olarak kullanılmaktadır (40).

Aynı zamanda sfero ve nodüler veya sünek dökme demir olarak da isimlendirilen KGDD'lerde grafit partikülleri, ferrit, perlit veya ferrit-perlit matris içerisinde küre şeklinde dağılmış durumdadır. Yapıda grafitlerin lamel yerine küre şeklinde bulunması, gri dökme demirlerden farklı olarak malzemeye yüksek süneklik ve dayanım kazandırmaktadır. Yüksek dayanım ve süneklik çoğu uygulamalarda KGDD'i avantajlı hale getirmektedir. Bunun yanısıra KGDD'lere ısıl işlem uygulanarak da döküm durumundaki sahip oldukları özellikleri daha fazla da iyileştirilebilir (41-43).

KGDD'ler genel olarak gri dökme demirlerin başlıca avantajları olan: düşük ergime derecesi, iyi akışkanlık ve dökülebilirlik, mükemmel işlenebilirlik ve iyi kesme mukavemeti ile çeliğin mühendislik özelliklerini (yüksek dayanım, tokluk, süneklik, sıcak işlenebilirlik ve sertleşebilirlik) birleştiren önemli bir dökme demir grubunu oluşturmaktadır. KGDD'lerin mekanik özellikleri grafit şekli ve büyük bir oranda ise matris yapısı tarafından etkilenmektedir (42, 43). Bu nedenle, KGDD'lerin katılaşma prosesi Bölüm 2.1'de özetlenmiştir.

2.1. Küresel Grafitli Dökme Demirlerin Katılaşması

Küresel grafitli dökme demirler üçlü Fe-C-Si alaşımlarıdır. Gri dökme demirde lamel şeklinde çökelmiş olan grafitlerin aksine KGDD'de grafitler küreler şeklinde katılaşırlar (40-44). Alaşımın C ve Si içeriğine bağlı olarak küre oluşumu; alaşımın saflık derecesi, küreleştirici ilavesi ve soğuma şartlarıyla kontrol edilir. C ve Si'un KGDD'e etkisi, Fe-C-Si üçlü faz diyagramından tespit edilir (Şekil 2.1) (40-44).

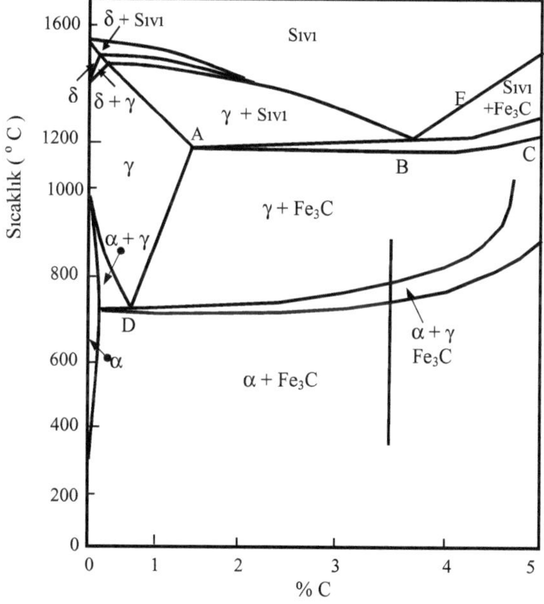

Şekil 2.1. Demir-karbon-% 2 Si faz diyagramı (12, 44)

KGDD'lerin katılaşma prosesi açıklanırken diğer demir bazlı malzemelerde olduğu gibi Fe-C ve Fe-C-Si üçlü faz diyagramları kullanılmaktadır. İyi aşılama yapılmış bir dökme demirin katılaşması ve/veya soğumasının denge şartları altında gerçekleştiği kabul edilir. KGDD'ler ötektik altı ve ötektik üstü bileşime sahip olmasına göre katılaşma mekanizmalarında farklılık meydana gelmektedir (40, 41). Ötektik altı bileşime sahip KGDD'de katılaşma, primer östenit dentritlerinin oluşumuyla başlarken, ötektik üstü bileşime sahip olanda ise küre şekilli grafit fazının oluşuyla başlamaktadır (40-44).

Ötektik üstü demirde (% C veya KE = % 4.5) ilk kristalleşen katı, grafit fazıdır (Şekil 2.1, E noktası). Bu grafit partikülleri sıcaklık ötektik noktasına ulaşıncaya kadar sıvı demirin karbon atomlarının tükenmesiyle büyürler (Şekil 2.1, B noktası). Karbonu biten bölgelerde östenit çekirdeklenir ve sonuç olarak östenit kabukları grafit kürelerinin etrafını çevirir. Ötektik katılaşma sırasında yalnızca östenit sıvıyla temas halindedir ve kürenin büyümesi için kontrol mekanizması katı östenitin kabuğu boyunca karbon atomlarının difüzyonudur. Bu tür katılaşma "neoötektik katılaşma" olarak isimlendirilir ve her bir grafit küresi ve östenit kabuğu bir ötektik hücre olarak kabul edilir. Neoötektikin büyümesi başladıktan sonra, başka küresel grafit çekirdeklenmesi olmaz, dolayısıyla grafit kürelerinin sayısı katılaşmanın başlangıcında belirlenmiş olur. Ötektoid sıcaklığa kadar mevcut grafit çökelmesi meydana gelir (43, 45-48).

Östenit, katı hal dönüşümü ile birlikte metalin kompozisyonuna ve sıcaklığa bağlı olarak ferrit+grafit veya ferrit+perlit+grafite dönüşebilir. Aynı zamanda sementit grafit ve ferrite ayrışabilir. Dengeli soğuma şartlarında ferrit, grafit partiküllerinin etrafında karbonca fakirleşmiş bir bölgenin meydana gelmesinden dolayı östenit/grafit arayüzeyinde çekirdeklenir; küreler östenitteki karbon çözünürlüğünün düşen sıcaklıkla birlikte düşmesiyle karbon çöktürücü rol oynarlar. Bu aşamada ferrit/östenit arayüzeyi, östenitin yüksek karbon içeriği nedeniyle perlit için tercih edilen çekirdeklenme bölgeleri haline gelir. Perlit teşvik edici elementler dönüşüm sıcaklığını düşürür ve ferrit oluşum hızını azaltır, perlit östenit/östenit sınırlarında veya östenit/grafit arayüzeyinde çekirdeklenir (43, 47, 48).

KGDD'ler gibi üçlü bir alaşımda, ötektik katılaşma, ana alaşım elementleri ve fazların büyüme kinetikleri ile birlikte bir sıcaklık aralığı boyunca meydana gelir

(Şekil 2.1). Grafit küreleri gri dökme demirde olduğu gibi sıvı demirle doğrudan temas yerine karbon atomlarının östenitik kabuk boyunca taşınımı yoluyla büyümektedir. Bu nedenle, KGDD'de neoötektik katılaşma aralığı gri dökme demirde olduğundan çok daha geniştir. Katılaşmadan sonra, östenitteki karbon çözünürlüğü sıcaklık ile birlikte düştüğü için (1154°C'de % 2 iken, ötektoid sıcaklıkta yaklaşık olarak % 0.8'dir (Şekil 2.1 D noktası)) karbonun daha önceden varolan grafit kürelerine difüzyonu devam eder. Ötektoid dönüşüm de aynı zamanda bir sıcaklık aralığında meydana gelir. Bu aşamada, östenit ferrite dönüşür ve daha fazla miktarda C atomları kürelere difüz eder. Ferritteki C çözünürlüğü östenitte olduğundan daha düşüktür (yaklaşık % 0.025). Nihai mikroyapısı grafit küreleri ile birlikte ferritik matristir (40, 43).

Eğer katılaşma ve soğuma C atomlarının difüze olabilmesinden daha hızlı bir şekilde olursa, oluşan yapı da farklılaşır. Örneğin ötektik altı katılaşma sırasında yüksek aşırı soğumaların olması, grafit yerine yarı kararlı bir faz olan sementitin (Fe_3C) kristalleşmesine neden olur. Grafit çekirdeklenmesi olmadan önce ötektik yarı kararlı sıcaklığa ulaşılırsa bir karbür ötektiği oluşur ve bunu östenitin perlite dönüşmesi takip eder (40, 43).

KGDD üretimde, sıvı işlem olarak bilinen iki aşama bulunmaktadır. Birinci aşama küreleştirici ilavesidir. Küreleştirici olarak, bu amaç için en ekonomik ve etkili element olması sebebi ile genellikle magnezyum (kalsiyum, seryum ve diğer nadir toprak elementleriyle birlikte) kullanılır. Küresel grafitli dökme demir bileşiminde kalıcı magnezyum içeriğinin minimum % 0.015-0.50 aralığında olması istenir. Sıvı işlemin ikinci aşaması aşılamadır. KGDD'de en yaygın olarak ferro-silisyum alaşımı aşılayıcılar kullanılır (40). Yeni kristallerin oluşması için en uygun ortam aşılayıcı taneciklerinin katılaşma başlayana kadar erimeden kalmasıyla sağlanır. Bu işlemin amacı daha fazla grafit küresinin oluşmasının teşvik edilmesidir. Uygun aşılama yapılarak küresel grafit oluşturma eğilimi arttırılırken aynı zamanda karbür oluşumu engellenir (40).

2.2. Küresel grafitli dökme demirin kimyasal bileşiminin kontrolü

KGDD'lerde istenilen mikroyapısal ve mekanik özelliklerin elde edilebilmesi için kimyasal bileşim optimum düzeyde kontrol edilmelidir (43, 47, 48). KGDD'lerde yapıya etkileri bakımından küreleştirci ve alaşım elementleri olmak üzere iki temel element grubu bulunmaktadır.

2.2.1. Küreleştirici elementler

Mg, Ce ve diğer nadir toprak elementleri ilave edilerek karbonun yapıda küresel grafit şeklinde oluşması sağlanır. İlave edilen bu küreleştiriciler karbonun lamel grafit oluşturacak şekilde çökelmesini sağlayan kükürt ve oksijen gibi yüzey aktif elementlerin etkileri azaltarak karbonun küresel şekilde oluşması için gerekli ortamı sağlar. Küreleştirici elementler oksijen veya kükürt ile reaksiyona girerek curuf üzerinde yüzebilen ve çekirdeklenme bölgeleri olarak görev yapan bileşikler oluştururlar. Böylece ergiyik metal içerisinde oksijen ve kükürt içeriği azaltılmış olur (40, 43, 47, 48).

2.2.2. Alaşım elementleri

KGDD'lere alaşım elementlerinin ilavesinin temel amacı; KGDD malzemenin döküm durumu sertliğini yükseltmek, istenilen döküm durumu matris yapısının oluşumunu sağlamak ve bu parametrelere bağlı olarak da mekanik özelliklerde iyileşme sağlamaktır. Ayrıca üretilecek KGDD malzemeye ısıl işlem uygulanması amaçlanmışsa, alaşım elementi ve/veya elementlerinin birlikte ilavesiyle istenilen sertleşebilirlik/östemperlenebilirlik optimum düzeyde sağlanır. KGDD'lere ilave edilen alaşım elementleri önem sıralarına göre aşağıda sırasıyla verilmiştir.

Karbon: KGDD yapısında C ana alaşım elementi olarak bulunur. C içeriği grafit çekirdeklenme merkezlerinin sayısı ve aşılama pratiğinin seçimi ile beraber grafit kürelerinin boyut ve sayısını etkileyen en önemli elementtir. KGDD'de C içeriği arttıkça grafit kürelerinin sayısı da artar, bunun yanı sıra akışkanlık ve besleme karakteristiğini iyileştirerek dökülebilirliği yükseltir (1, 40, 44).

Silisyum: Silisyum, KGDD üretiminde grafit oluşumunu teşvik etmek ve östemperleme aşamasında karbür oluşumunu engellemek için ferro-silis karışımı aşılayacı olarak ilave edilir (40, 43). Silisyum, ötektoid dönüşüm sırasında meydana gelen ferritin miktarını ve sertliğini yükselterek KGDD'in dayanımını arttırır. İlave edilen Si içeriğinin artmasıyla sertlik, akma ve çekme dayanımı artar. Bunlara ilaveten Si içeriğinin artmasıyla malzemenin abrasive aşınma direnci iyileşir (14, 40).

Manganez: KGDD'e Mn ilavesi sertleşebilirliği yükseltmek için yapılır (1, 40, 51). Bununla birlikte Mn, karbür teşvik edici veya katılaşma sırasında en son katılaşan taneler arası bölgelere segregasyon eğilimi olmasından dolayı ilave edilecek miktarı % 0.3'le sınırlandırılmalıdır. Bunun yanı sıra son yapılan çalışmalarda % 1.5 miktarına kadar Mn ilave edilmiş KGDD malzemeler üretilmekte, bu malzemelere kademeli ısıl işlem uygulanarak Mn segragasyon bu ısıl işlemle tekrar düzenlenmektedir. Çalışmayı yapan araştırmacılar bu elementi diğer sertleştirebilirliği arttıran Mo, W, Ni ve Cr'a göre ucuz olması nedeniyle tercih etmişlerdir (51). Mn üst ötektik sıcaklığı düşürür, ferritin karbon difüzyonunu azaltır, perlit oluşumunu arttırır ve östenit kararlaştırıcıdır (49-51).

Molibden: KGDD'e molibden de sertleşebilirliği arttırmak ve yüksek sıcaklıklarda malzemenin dayanımını arttırmak için ilave edilir. Bunun yanı sıra Mo, Ni ve Cu'la birlikte ilave edilmesi durumunda sertleşebilirliğe etkileri kombine şeklindedir ve tek başlarını ilave edilmelerinden daha etkili olmaktadır. Mo katılaşma sırasında Mn gibi tane sınırlarına segregare olmaktadır. Bu nedenle ilave edilecek Mo içeriği yukarıda belirtilen zararlı etkileri miniminize etmek için % 0.2-0.3 aralığında olmalıdır (40, 42, 43, 49).

Nikel: KGDD'e nikel de sertleşebilirliği arttırmak için ilave edilir. Östenit-ferrit dönüşüm sıcaklığını düşürerek bir östenit kararlaştırıcı rol oynar. Sertleştirilecek, temperlenecek veya östemperlenecek dökme demirlerin üretiminde yaygın olarak kullanılmaktadır (1, 43, 44).

Bakır: KGDD'lere ucuz olmasından dolayı sertleşebilirliği yükseltmek ve döküm durumu perlitik matris elde etmek için en yaygın olarak ilave edilen alaşım elementlerinin en önemlisidir. Ayrıca perlitik matris elde edilmesi için Mn ile birlikte ilave yapıldığında daha etkili olmaktadır. Cu perlit oluşumunu teşvik ettiği için KGDD'in çekme ve yorulma dayanımı ile sertliğini arttırırken, sünekliğini ve darbe dayanımını düşürerek sünek-gevrek geçiş sıcaklığını arttırır. Cu'ın sertliği arttırıcı etkisi Mo'den düşük fakat Ni'den daha fazladır (42, 43).

2.3. Grafit Yapısı ve Dağılımının KGDD'in Özellikleri Üzerine Etkisi

Grafit dağılımı, birim hacimdeki küresel grafitlerin sayısı olarak tanımlanır. Bu değer kesit üzerinde birim alana düşen grafit küre sayısı ile doğru orantılıdır ve grafit küre sayısı/mm^2 olarak ölçülür (40). KGDD'de grafitin gri dökme demirlerdeki keskin köşeli tabakalar yerine küreler şeklinde oluşması, gri dökme demire göre dayanımın 5-7 kat daha yüksek olmasına neden olmaktadır. Grafit kürelerinin şekli mekanik özellikleri etkilemekte, bu nedenle de tam küresellikten uzaklaştıkça KGDD'nin mekanik özelliklerinde düşme meydana gelmektedir. Aynı zamanda grafit kürelerinin boyut ve dağılımının homojenliği de özellikleri etkilemektedir. Aşılama prosesi küre sayısını arttırıcı etkiye sahiptir. Böylece karbür oluşumu önlenerek yapıdaki ferrit oranı arttırılarak sert ve kırılgan dökümlerin üretilmesi engellenir. Küre sayısının artmasıyla KGDD malzemenin çekme özellikleri iyileşirken adhesif aşınma direnci düşer (51). Genellikle optimum mekanik özelliklerin elde edilmesi için % 90'dan fazla küreselleşme istenir. Bu oran malzemenin kullanılacağı çalışma şartlarına göre değişebilir. Dayanım ve süneklik ile ilişkili bütün özellikler küresel olmayan grafit oranı yükseldikçe düşer. Grafit aynı zamanda KGDD'in başka bir metalle teması durumunda yani aşınmaya maruz kalan parçalarda doğal yağlayıcı olarak görev üstlenir ve çalışma şarlarında ortamda yağlayıcı olmaması durumunda ara yüzeydeki sürtünme katsayısını düşürerek sessiz çalışma imkan sağlar (49, 50).

2.4. KGDD'in Özelliklerine Mikroyapının Etkisi

KGDD'lerde döküm durumu matris yapısı, döküm kesit kalınlığı ve alaşım komposizyonuna bağlı olarak değişen miktarlarda perlit ve ferrit içerir. Malzemenin dayanımı ve süneklik gibi mekanik özellikleri matrisi oluşturan perlit ve ferrit oranlarına göre değişir. Alaşımsız KGDD türlerinde östenit oda sıcaklığında kararlı değildir ve demirin diğer kristalografik şekli olan ferrite dönüşür. Ferrit hacim merkezli kübik (HMK) demirin çok düşük miktarda karbon ile oluşturduğu katı çözelti halidir ve yapıda serbest halde veya perlit bileşeni olarak bulunabilir. Ferrit oldukça yumuşak sünek ve kısmen dayanıklı bir yapı bileşenidir. Silisyum ferritin sertliğini arttırır. KGDD'ler de östenitin ferrit dönüşümü matrisin karbon içeriğini de değişikliğe uğratır. Çekirdeklenme sırasında östenitin karbon içeriği yaklaşık % 1 iken soğuma ile birlikte bu oran düşer. Östenit-ferrit dönüşüm sıcaklığında östenitteki karbon çözünürlüğü, yaklaşık olarak % 0.55'dir. Ferrit çok az karbon çözer, dönüşüm esnasında karbon çevreye itilir/kusulur. Ferritin yapıda serbest halde kalması bileşime, soğuma hızına ve grafit dağılımına bağlıdır. Tamamen ferritik yapılar ancak tavlama ısıl işlemi ile elde edilir.

KGDD'ler döküm durumda grafit kürelerinin etrafında bileşik şeklinde geçmiş ferrit ve perlitten oluşan matris yapısına sahiptir, bu matris yapısı literatürde "dana gözü" olarak isimlendirilmektedir. Matris yapısını oluşturan ferrit ve perlit hacim oranları soğuma hızına, alaşım elementleri içeriğine ve grafit miktarına göre değişmektedir. Bunların yanı sıra döküm şartları tam ideal olmadığı için, döküm kalıpların soğuma hızına ve kullanılan şarj malzemenin saflığına göre, döküm malzemelerin bünyesinde halihazırda her zaman segregasyonlar mevcuttur. Segregasyonlar ve karbürleri en düşük düzeyde tutmak için şarj girdileri optimum düzeyde kontrol edilmelidir böylece nihai ürünün istenilen mekanik özelliklere sahip olması ve arzu edilmeyen bileşenlerin en düşük düzeyde kalması sağlanır (40).

2.5. Küresel Grafitli Dökme Demirlerin Üretimi

Küresel grafitli dökme demirlerin üretiminde kullanılan şarj girdisi, ergitme yöntemi, kullanılan küreleştirici alaşım türü ve miktarı arasındaki ilişki nihai dökümün kalitesi ve mekanik özellikleri açısından önem taşır. Kaliteli KGDD üretimi için oldukça fazla parametre bir arada sıkı şekilde kontrol edilmelidir (1, 14, 40). KGDD'ler için tipik üretim akış şeması Şekil 2.2'de gösterilmiştir. KGDD üretiminde kullanılan şarj başlıca pik, çelik hurda, KGDD döndü, ferro alaşımlar ve silisyum karbürden oluşmaktadır (40). Döküm piyasasında KGDD üretimi için genel olarak "SOREL METAL" olarak isimlendirilen düşük kükürt ve manganez içeren döküm piki kullanılmaktadır. Maliyeti düşürmek için döküm pikinin yanı sıra yassı çelik hurda kullanımı da yaygındır. Kullanılacak hurda malzemenin bileşiminin bilinmesi, şarja ilave edilecek KGDD piki miktarını azaltır, bunun yanı sıra katılaşma sırasında segregasyona uğrayan veya karbür oluşturan alaşım elementlerinin içeriği de en düşük düzeyde tutulur ve dolayısıyla istenilen döküm mikroyapısına ve mekanik özelliklerine sahip KGDD malzeme üretilir (1,40).

KGDD türleri için şarj malzemeleri dikkatli şekilde seçilerek çelik hurda içerisinde bulunan alaşım elementlerinin malzemenin mikroyapısında oluşturacağı poroziteler ve segregasyonlar önlenir bunun yanı sıra bu alaşım elementlerinin miktarları kontrol altına alınmış olur (43, 44). Çizelge 2.1'de KGDD dökümleri için yaygın olarak kullanılan alaşım elementlerinin zararlı etkilerinden kaçınmak için bu elementlerin tavsiye edilen oranları verilmiştir.

Şekil 2.2'de verilen üretim akım şemasının her aşamada titizlik gösterilmesi eksik döküm, porozite vb. döküm hatalarının oluşumunu engellemek için gereklidir (45,46). Özellikle küreselleştirme ve aşılama pratiğinde özel titizlik gösterilmesi grafit partiküllerinin kürecik kristallenmesinin kontrolüne önemlidir. Yüksek kalitede KGDD elde edilmesi için bu aşama iyi bir şekilde kontrol edilmelidir.

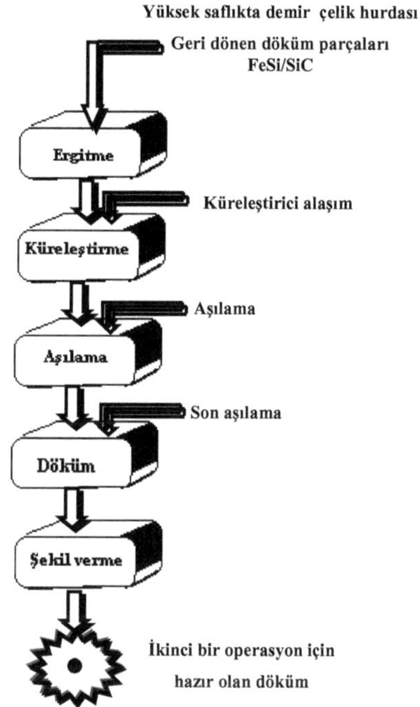

Şekil 2.2. Küresel grafitli dökme demirlerin üretim akış şeması (1, 46)

2.5.1. Bileşim

KGDD'ler gri dökme demirlerle (GDD) karşılaştırıldığında göre kimyasal bileşimi çok daha hassastır. GDD mikroyapısındaki grafit lamelleri KGDD'lere göre daha zayıf yapısal özelliktedir. Buna sebep olarak da; şarj malzemesi içerisinde mevcut olan elementlerin gerekli miktardan daha fazla bulunmasından dolayı ötektik ve hücrelerarası karbürler, steadit ve grafit lamellerinin oluşumunu teşvik ederler (1). Bundan dolayı şarj malzemesinin seçiminde çok dikkat edilmelidir. Çizelge 2.1'de ferritik ve perlitik KGDD türleri için tavsiye edilen kimyasal kompozisyon aralığı verilmiştir. Gerekli olmamasına rağmen KGDD üretimi için ısıl işlem sırasında östenit içerinde karbonun çözünmesini kolaylaştırmak için genellikle perlitik matris tavsiye edilir.

Çizelge 2.1. KGDD dökümlerin kimyasal kompozisyon aralığı (44, 45)

Element	Ferritik sınıf	Perlitik sınıf	Fonksiyonu	Düşünceler
C	%3.00-4.00	%3.00-4.00	Küresel oluşumu için	Grafiti teşvik eder
Si	%1.80-3.00	%1.80-2.75	Grafitleştirici, ferrit teşvik edici	Perlitik yapıyı kontrol eder
Mg	%0.03-0.06	%0.03-0.06	Küre teşekkülü için	Karbürü teşvik eder
Ce	%0.030 max	%0.03max	Mg ile birlikte küre oluşumunu teşvik edici	Karbürü teşvik eder
S	%0.015max	%0.015max	Mg ile birlikte kombine etkilidir	Sülfür azaltılmalıdır
Mn	%0.20max	%0.70max	Perliti teşvik edici	Karbürü teşvik eder
P	%0.035max	%0.05max	Kırılgan yapı oluşturucu	Perlit kararlaştırıcı
Cr	%0.040max	%0.10max	Potansiyel karbür oluşturucu	Tavlama süresini uzatır
Cu	%0.03max	% isteğe bağlı	Dayanım, sertlik artırıcı	Potansiyel perlit kararlaştırıcı

KGDD'lere ilave edilecek C ve Si içeriği döküm kesit kalınlığına göre ayarlanmalıdır. Kesit kalınlığına göre bu elementlerin oranları Çizelge 2.2'de verilmiştir. Kesit kalınlığı 12 mm'nin üzerinde olan dökümlerde Cu veya Ti gibi perliti teşvik edici elementler ilave edilmeli, fakat karbür teşvik edici elementler ilave edilmemelidir (44, 45).

Çizelge 2.2. Baskın olarak perlitik matrisli KGDD dökümler için tavsiye edilen C ve Si içerikleri(1, 45)

Kesit kalınlığı (mm)	% C	% Si	Karbon Eşdeğerliği (KE)
3	3.90	2.90	4.87
6	3.85	2.65	4.73
12	3.70	2.45	4.52
25	3.60	2.35	4.38
50	3.45	2.20	4.18
100	3.40	2.15	4.12

ÖKGDD üretimi için dökülen KGDD'lere sertleştirebilirliği yükseltmek için Cu, Ni, Mo ve Mn gibi alaşım elementleri ilave edilir. Mo ve Mn potansiyel karbür oluşturucu alaşım elementler olup bunların oranları sınırlı tutulmalıdır. Bunun yanında, genellikle manganez yerine molibden tercih edilir. Çünkü molibden daha güçlü sertleştirebilirlik etkisinin yanın sıra hücreler arası karbür oluşma eğilimini dengeler (49-52).

2.6. KGDD'lerin Mikroyapısı ve Mekanik Özellikleri

KGDD'lerin mikroyapısı ferrit, perlit veya her iki fazın karışımından oluşmaktadır (Resim 2.1). Resim 2.1(a)'da ferritik matris içerisinde küresel grafitler, Şekil 2.1.(b)'de ise perlitik matris içerisinde grafit kürelerinin etrafına bilezik şeklinde geçmiş ferritten oluşan yapı KGDD karakteristik özelliğini sergilemektedir. Aşılama işlemiyle; yüksek küre miktarı veya küre sayısı, katılaşma sırasında oluşacak kimyasal segregasyon ve bileşenlerin yapısal olarak homojenliği kontrol edilir böylece yüksek kalitede KGDD elde edilmesi sağlanır (1).

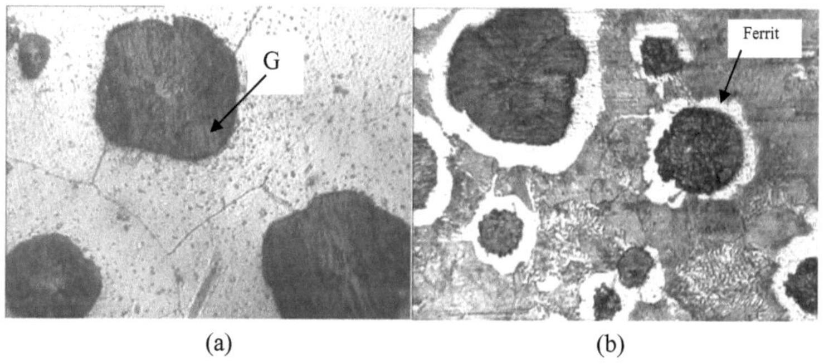

Resim 2.1. Döküm durumu mikroyapıları, (a) Ferritik KGDD, (b) Perlitik KGDD (Dağlama : % 2 Nital, X350)

KGDD malzeme yapısı içerisinde grafit kürelerinin şekli küresel olmalıdır. Küre şekli küresellikten uzaklaştıkça düzensizlik artmakta, düzensiz partiküller ise gerilimi arttırma rolü üstlenmektedir. Gerilimin oluşmaması veya yüksek küre sayısının elde edilmesi için dökümlerde en düşük % 80 küreselleşme sağlanmalıdır. Genel yaklaşım olarak, uygun grafit karakteristiğinde üretilen dökümler ve mekanik özellikleri matris mikroyapısıyla kontrol edilir. Döküm şartlarında, alaşımsız dökümlerin özellikleri, ferrit / perlit oranıyla kontrol edilir. Bununla birlikte matris yapısı alaşım elementi ilavesi yapılmak suretiyle ve/veya ısıl işlemle değiştirilerek arzu edilen özellikler elde edilebilir.

Dökme demir ailesinin yeni bir sınıfı olan KGDD'ler diğer dökme demirlerle karşılaştırıldığında mekanik özellikler yönünden daha iyidir. KGDD'lerin mekanik özellikleri standartlaştırılmış olup, Çizelge 2.3'de TS(526/1977) ve Çizelge 2.4'de ise ASTM(A536-70) standardına göre KGDD sınıfı malzemeler verilmiştir.

Çizelge 2.3. TS(526/1977) standardı KGDD malzemeler (40)

Sınıfı	**Çekme day. (Kg/mm^2)**	**Akma day. (Kg/mm^2)**	**Uzama (%)**	**Sertlik (BSN)**	**Mikroyapı**
DDAK 40	42	28	12	140-201	Daha çok Ferritik
DDAK 50	50	35	7	170-241	Ferrit+Perlit
DDAK 60	60	40	3	192-269	Perlit+Ferrit
DDAK 70	70	45	2	229-302	Daha çok Perlitik
DDAK 80	80	50	2	248-352	Perlitik
DDAK 35.3	35	22	22	-	Ferritik
DDAK 40.3	40	25	18	-	Ferritik

Çizelge 2.4. ASTM(A536-70) standardı KGDD malzemeler (40, 42)

Sınıfı	**Çekme day. Min (psi)**	**Akma day(%0.2) Min (psi)**	**Uzama(2-inch) Min (%)**
60-40-18	60.000	40.000	18
65-45-12	65.000	45.000	12
80-55-6	80.000	55.000	6
100-70-3	100.000	70.000	3
120-90-2	120.000	90.000	2

3. ÖSTEMPERLENMİŞ KÜRESEL GRAFİTLİ DÖKME DEMİR

KGDD teknolojisinin gelişimine paralel olarak yüksek dayanıma sahip KGDD malzeme üretmek amacıyla araştırmalar devam etmiş, matris yapısında yapılabilecek değişiklikle malzemenin mekanik özellikleri geliştirilmeye çalışılmıştır. Çalışmalara paralel olarak östemperleme ısıl işlemi uygulanarak KGDD malzemenin dayanımı yükseltilmiştir. Bununla birlikte ÖKGDD'lerin 1980'li yıllardan itibaren mühendislik malzemesi olarak kullanımı ağırlık kazanmıştır (1). Dayanımının, sünekliğinin, aşınma direncinin, yorulma direncinin ve kırılma tokluğunun yüksek olması ÖKGDD malzemeleri endüstriyel uygulamalar için cazip hale getirmiştir (2, 14, 15, 18, 19, 46, 52, 54-61). Ayrıca ÖKGDD'ler çelik malzemelere göre; düşük malzeme maliyeti, düşük üretim maliyeti, %10 daha düşük yoğunluk, iyi işlenebilirlik ve yüksek titreşim söndürme kabiliyetine sahiptir. Bu nedenle, son yıllarda ısıl işlem yapılmış çeliklerin kullanıldığı çoğu mühendislik uygulamalarında ÖKGDD malzemenin kullanımı artmıştır. Ayrıca ÖKGDD'ler, döküm veya dövme çeliklere göre daha fazla avantajlara sahiptir (2, 59-61).

ÖKGDD'in mikroyapısı, küresel grafit ve ösferrit olarak isimlendirilen ferrit ve yüksek karbonlu östenit karışımından oluşmaktadır. Ösferrit fazı yanı sıra matris içerisinde, arzu edilmese bile, düşük miktarlarda martensit veya karbürlerde bulunabilir. Ösferritik yapı, östemperleme ısıl işlemi olarak isimlendirilen beynit başlangıç sıcaklığının altındaki sıcaklık aralığında östenitin izotermal dönüşümüyle elde edilen yapıdır. Yüksek karbonlu östenit ve ferritin optimum kombinasyonu ÖKGDD malzemeye mükemmel mekanik özellikler kazandırır. Matris içerisindeki ösferrit karışımı; kimyasal kompozisyon ve ısıl işlem şartlarıyla değişikliğe uğrar ve buna bağlı olarak da ÖKGDD malzemeler 800-1600 MPa aralığında çekme dayanımına, 500-1100 MPa aralığında akma dayanımına ve % 1-10 aralığında uzama değerlerine sahip olurlarken (1, 5, 58), KGDD malzemeler, 350-800 MPa aralığında çekme dayınımına, % 2-18 uzama değerlerine, gri dökme demirler 10-40 kgf/mm^2 aralığında çekme dayanımına ve dövme çelikler ise % 790 MPa çekme dayanımına ve % 10 uzama değerine sahiptir.

3.1. Östemperleme Isıl İşlemi

Küresel grafitli dökme demirlere uygulanan östemperleme ısıl işleminin amacı, yüksek karbonlu östenit ile birlikte karbür içermeyen ferritten meydana gelmiş ösferritik matris yapısı oluşturmaktır (1, 9, 62). Östemperleme ısıl işlemi geleneksel olarak ikili veya kademeli olarak da üç aşamadan oluşmaktadır. Bu aşamalar aşağıda belirtilen işlem sırasını içermektedir;

İlk aşamada, döküm malzeme 850 ve 950°C aralığındaki bir sıcaklığa ısıtılır ve bu sıcaklıkta 15-120 dakika bekletilir. Böylece döküm matris yapısı tamamen östenite dönüştürülür. Östenitin karbon içeriği, östenitleme sıcaklığına ve KGDD malzemenin bileşimine bağlıdır (1-19, 21-37, 58-61).

İkinci aşamada ise, östenitlemeden sonra döküm malzeme ve 250-450°C sıcaklık aralığındaki bir tuz banyosu içerisinde su verilir ve genellikle bu sıcaklıklarda 0.5 ila 4 saat bekletme yapılırak ardından oda sıcaklığına soğutulur. İzotermal dönüşüm sıcaklığı perlit oluşum sıcaklığından düşük, fakat martensit başlangıç sıcaklığının üzerinde olmalıdır. Östemperleme ısıl işlem döngüsü şematik olarak Şekil 3.1'de gösterilmiştir. Farklı ösferrit morfolojisi için ısıl işlem prosedürü östemperleme sıcaklığı ve süresine bağlı olarak değişmektedir (62, 63).

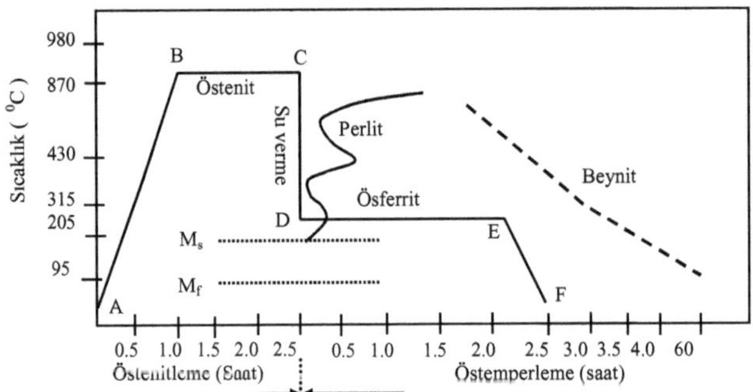

Şekil 3.1. KGDD'lere uygulanan izotermal dönüşüm diyagramının şematik gösterimi (63)

3.1.1. Östenitleme

Östenitleme sırasındaki mikroyapıdaki değişim çekirdeklenme ve büyüme işleminin bir sonucudur. Östenit, ferrit/sementit veya ferrit/grafit arayüzeyinde çekirdeklenir (9, 15, 23-25). Östenitin büyümesi C'nun difüzyonuna bağlıdır ve C'nun difüzyonu nu ise östenitleme sıcaklığı, alaşım ilavesi ve difüzyon mesafesi etkilemektedir. Bu sebeple hem çekirdeklenme hem de büyüme perlitik matrisde ferritik matrise göre daha kolaydır. % 0,33 Cu içeren KGDD 850°C'de, 5 dakika östenitleme yapıldığında dönüşen matris yapısı içerisinde östenit içeriği az, ferrit içeriği fazla olur. 10 dakika östenitleme daha fazla östenit içeriğine, daha az ferrit içeriğine, östenitleme süresinin 30 veya 60 dakikaya çıkarılması ferrit içerisinde daha fazla östenit çekirdeklenmesine ve matris içerisinde ferrit içeriğinin azalmasına neden olur. Östenitleme süresinin 240 dakikaya çıkarılması ise yapıda ferritin kalmamasına neden olur (23). Bu sıcaklıkta tamamen östenitleme için 240 dak gereklidir, çünkü 850°C 'da ferrit dengeli fazdır. Sonuç olarak, östemperlenmiş yapı içerisinde serbest ferrit bulunabilir. Bu nedenle seçilecek östenitleme sıcaklığının alt sınırı, mikroyapıyı oluşturan faz bileşenleri üzerinde önemli bir rol oynamaktadır. Östenitleme sıcaklığı 900°C ve 950°C'a yükseltildiğinde benzer yapısal değişimler görülmüştür. Dönüşüm hızı östenitleme sıcaklığının artmasıyla artar. % 1.02 Ni - % 0.9 Cu içeren KGDD malzemede de 850, 900 ve 950°C östenitleme sıcaklıklarında Cu içeren KGDD'de görülen benzer mikroyapı değişimleri tespit edilmiştir. Ni-Cu içeren KGDD'de 850°C de östenitleme daha hızlı gerçekleşerek tamamen östenitik matris elde edilmiştir. Ni-Cu içeren KGDD tamamen östenitik yapı 850, 900 ve 950°C'de sırasıyla 30, 10 ve 5 dak östenitleme sürelerinde elde edilmiştir. Her iki KGDD malzemede de dönüşüm süresi östenitleme sıcaklığının azalmasıyla artmıştır ve dönüşüm sürelerinde önemli farklılıklar oluşmuştur (23). Daha önce yapılan çalışmalarda da farklı bileşime ve mikroyapısal karaktere sahip KGDD malzemelerde dönüşüm süresinin östenitleme sıcaklığının azalmasıyla arttığı belirtilmiştir (1, 2, 64). Östenitleme süresi, döküm yapı içerisinde perlit içeriğinin artmasıyla önemli miktarda azalmakta, Si içeriğinin artmasıyla ise artmakta ve küre sayısının artmasıyla çok az azalma olmaktadır. Bu parametrelerden en önemlisi perlit miktarıdır ve perlit içeriği artınca östenitleme kinetiği çok hızlı gerçekleşir.

Östenitleme kinetiğini kontrol eden en önemli parametre "döküm durumu yapısı perlit" içeriğidir (1, 23, 64). Yüksek perlit içeriği, seçilen düşük östenitleme sıcaklığı için herhangi bir dezavantaj oluşturmaz. Alaşım ilavesi denge C değeri üzerinde çok az bir etkiye sahiptir. Östenitin dengeli C içeriğini kontrol eden en önemli parametre seçilen östenitleme sıcaklığıdır. Östenitleme sıcaklığının 950°C den 900°C'ye düşmesiyle işlem aralığı açılır, fakat östemperlenebilirliğin önemli miktarda azalmasına neden olur. Bununla birlikte Ni-Cu ilaveli malzemenin 900°C'deki östemperlenebilirliği ile Cu içeren KGDD malzemenin 950°C'deki östemperlenebilirliği eşitlenmektedir. Östenitleme süresinin östemperleme kinetiği üzerinde önemli etkiye sahip olmadığı belirtilmiştir (23). Uzun östenitleme süreleri östenit tanelerinin büyümesine neden olur, östemperleme kinetiklerini geciktirir, yani östemperleme süresinin uzamasına neden olur buna bağlı olarak da elde edilen ösferrit ürün kabalaşır. Benzer etki östenitleme sıcaklığının yükseltilmesiyle meydana gelir. Sıcaklığın yükselmesi yapı üzerinde daha fazla etkilidir. I. aşama reaksiyonunu Cu ve Ni ilavesi geciktirmekte, fakat östemperleme sıcaklığının önemli etkiye sahip olmadığı belirtilmektedir (23-25). Östenitleme sıcaklığı 900°C'den 1000°C'ye yükseldiğinde C'nun çözünebilirliği % 0.3 artar. Buna bağlı olarak da dönüşüm süresi kısalır. C içeriğindeki çok az bir artış I. aşama reaksiyonunu önemli miktarda yavaşlatır.

3.1.2. Östemperleme İşlemi (İzotermal Dönüşüm)

Östemperleme işleminin ikinci aşaması, östenitlenen dökümlerin, genellikle 250-450°C östemperleme sıcaklık aralığındaki bir tuz banyosunda hızlı bir şekilde soğutulması ve bu sıcaklıkta izotermal dönüşümün tamamlanması için 1-4 saat süreyle bekletilmesidir (1, 62-92). Östemperleme sıcaklık ve süresinin, malzemenin alaşım içeriği ve östenitleme şartlarına bağlı olduğu bilinmektedir. Yapılan çalışmalarda 350°C'nin altındaki sıcaklıklarda baskın yapının ince ösferrit, üzerindeki sıcaklıklarda ise kaba ösferrit olduğu belirtilmiştir (1-5, 58-61). Alaşımsız KGDD'lerde, perlitik dönüşümü önlemek için malzeme yaklaşık 20 saniye içerisinde östenitleme sıcaklığından östemperleme banyosuna hızlı bir şekilde alınmalıdır. Bunun yanında KGDD'e ilave edilen Ni, Cu ve Mo gibi alaşım elementleri belirtilen süreyi biraz daha genişletir, böylece kalın kesitli parçaların östemperlenmesine imkan sağlanır (1, 65). KGDD'lerde fazla miktarda Si içeriği östemperlenmiş KGDD mikroyapısının geliştirilmesinde önemli bir role sahiptir (1, 82). Silisyum, izotermal dönüşüm sırasında karbür çökelmesini engeller. Östemperleme süresi ferrit ve karbonca zenginleşmiş kalıcı östenitin oluşumuna yeterli olacak şekilde ve oda sıcaklığında dahi yüksek karbonlu östenitin kararlılığını koruyarak kalmasını sağlayacak şekilde olmalıdır. Östemperleme süresinin çok uzun olması halinde yüksek karbonlu östenit ferrit ve karbüre ayrışır, oluşan bu yapı mekanik özellikler üzerinde zararlı etki yapar (Şekil 3.2).

Östemperleme ısıl işlem prosesinin anlaşılması, bu prosesden sonra elde edilecek yapılar ve bu yapılara bağlı olarak elde edilecek mekanik özellikler ve aşınma davranışındaki değişimin kontrol edilmesinde büyük öneme sahiptir. Tuz banyosunda izotermal bekletme sırasında östemperleme işlemi genellikle iki aşamada gerçekleşir, bu aşamalar aşağıda sırasıyla açıklanmıştır (Şekil 3.2):

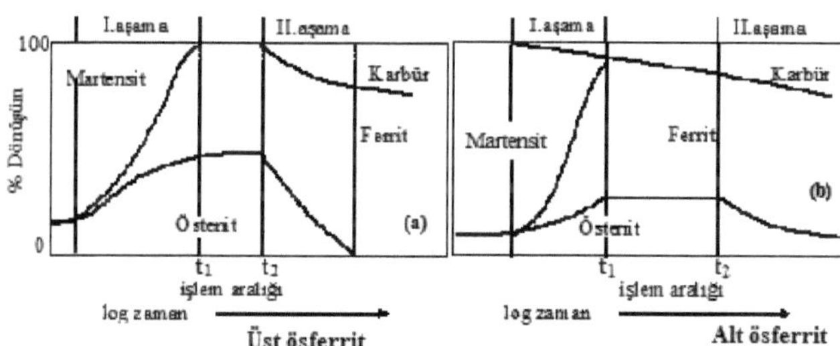

Şekil 3.2. (a) Üst ösferritik ve (b) alt ösferritik için östemperleme süresiyle birlikte mikroyapı da meydana gelen değişimin şematik gösterimi (1, 29, 66)

I. aşama işlemi

I. aşama östemperleme işlemi esnasında matris yapıda dönüşüm, ferritin grafit/östenit arayüzeyinde, östenit tane sınırlarında veya grafit kürelerinin yakınında çekirdeklenmesi ve büyümesi ile gerçekleşir (Şekil 3.3). Aynı zamanda karbon, büyüyen ferrit iğnelerinden östenite atılır ve yüksek karbonlu östenit ($\gamma_{y.k.}$) oluşur.

Ferrit iğnelerinin her biri diğerinden ayrılarak ince C tabakaları östeniti karbonca zenginleştirir. Koloniler halinde oluşan ferrit plakalarının büyümesi diğer plakalarla temas sağlanıncaya kadar devam eder. C'un östenite atılması daha sonraki büyümeler için itici gücü azaltır. I.aşamanın sonucunda oluşan $\gamma_{y.k}$ oda sıcaklığına soğutma sırasında kararlıdır ve martensite dönüşmez (1-19, 21-37). Reaksiyon prosedüründe ferrit plakalarından C'nun difüzyonu daha da zorlaşır ve plakaların büyümesi durur. Bunun sonucu ösferrit olarak isimlendirilen dubleks ferrit-östenit matris elde edilir (1, 23, 67, 68).

Östemperleme işleminin birinci aşaması,

$$\gamma \rightarrow \alpha + \gamma_{y.k} \quad [3.1]$$

eşitliğiyle ifade edilir.

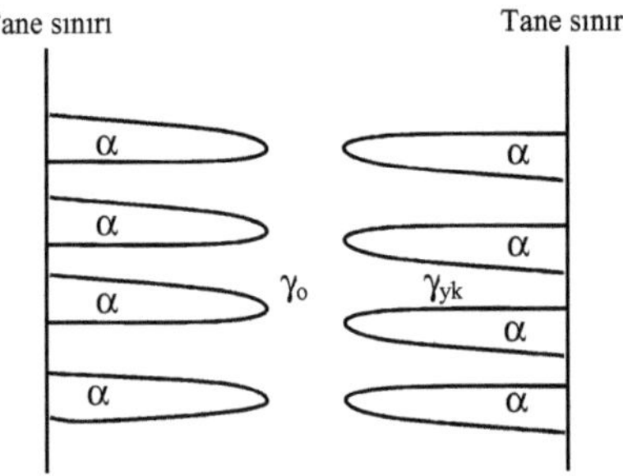

Şekil 3.3. Östemperleme sırasında östenitin katı hal dönüşümünün şematik olarak gösterilmesi (1, 15)

Şekil 3.2'den yüksek karbonlu östenit içeriği I. aşama sırasında östemperleme süresinin artmasına bağlı olarak artığı ve t_1 zamanında I. aşama reaksiyonunun ($\gamma \rightarrow \alpha + \gamma_{y.k}$) tamamlanmasına karşılık gelen bir platoya ulaştığı görülmektedir. Bu plato, yüksek karbonlu östenit içeriğinin ulaştığı maksimum değerini bir süre koruduğunu ifade eder. Literatürde yüksek östemperleme sıcaklıklarında östemperleme süresi 120 dak ve üzerinde olduğu zaman maksimum değerine ulaşan yüksek karbonlu östenitin, t_2 süresinden itibaren daha kararlı fazlar olan ferrit ve karbüre dönüştüğü ifade edilmekte, dolayısıyla yapı içerisinde II. aşama reaksiyonunun başlamasıyla yüksek karbonlu östenit içeriği azalır. I. aşama reaksiyonunun tamamlanıp, II. aşama reaksiyonunun başladığı, yani I. ve II. aşama reaksiyonları arasındaki zaman aralığı (t_1-t_2 olarak ifade edilen) "işlem aralığı" olarak tanımlanmaktadır (1, 62-92). Yüksek C içeren yapıda ferrit plakalarının büyümesi daha yavaşlar ve östenitin kararlılığı daha iyi olduğundan KGDD nin yüksek C içeriğine sahip olması tercih edilir. Östenit düşük sıcaklıkta yarı kararlıdır, muhtemelen östenit ferrit daha ince küresel sementite dönüşür. Bu dönüşüm yüksek Si ilavesiyle engellenir, böylece karbür oluşumu da önlenir. KGDD'lerde yüksek Si içeriği östenit fazında sementit oluşumunu önler (1, 5 ,11, 69, 82, 93-100).

Dönüşüm sıcaklığı 400°C'den daha yüksek ise östenit asiküler ferrit karbür içermez. Ancak sıcaklık 400°C'nin altında ise asiküler ferrit ve östenit oluşumunun yanı sıra asiküler ferrit plakalarının yakınında karbürler çökelir. Ferrit ve yüksek karbonlu östenit karışımı I. aşamada elde edilir ve ösferrit olarak isimlendirilir. Ayrıca, ÖKGDD'ler en iyi mekanik özelliklerin elde edildiği bir mikroyapı karışımı olarak da bilinmektedir (101, 102). Ösferrit terimi ASTM (A644-92) ile standartlaştırmıştır (2, 58). Campos-Cambranis ve arkadaşları (68) yaptığı çalışmada 400°C'nin üzerinde elde edilen yapıya üst ösferrit, bu sıcaklığın altında elde edilen yapıyı da alt ösferrit olarak isimlendirilmiştir. Ösferrit oda sıcaklığında dönüşmemesine rağmen, bu yapı termodinamik olarak kararlı bir yapı değildir (67, 68).

II. Aşama İşlemi

II. aşamada yüksek karbonlu östenit, ferrit ve karbüre ($\gamma_{yk} \rightarrow \alpha$ + karbür) ayrışır. Şekil 3.2'den östemperleme süresi arttıkça martensit miktarının azaldığı ve ferrit ve kalıntı/yüksek karbonlu östenit miktarının arttığı görülmektedir (25, 58, 71, 72, 103). Birinci aşamada yapıda martensit bulunması, reaksiyona girmeyen veya karbonca zenginleşemeyen östenitin oda sıcaklığına soğutulması sırasında martensite dönüşmesinden kaynaklanmaktadır. ÖKGDD malzemelerde maksimum çalışma sıcaklığını belirlemek için ösferritik mikroyapının ısıl dengesinin karakterizasyonu gereklidir. Çünkü, II. aşamada karbürlerin oluşması mekanik özelliklerden özellikle süneklik ve tokluğu etkilemektedir (64-92).

Ösferritik mikroyapıyı, alaşım içeriği, ısıl işlem sırasında oluşan matris fazları, küresel grafitlerin büyüklüğü ve sayısı önemli derecede etkilemektedir (59, 60). Östemperleme yüksek sıcaklıklarda yapıldığında üst ösferritik yapı kabalaşır, düşük sıcaklıklarda yapıldığında ise elde edilen ösferritik yapı incelir. Östemperleme süresi çok kısa olursa dönüşüm oranı %100'den daha az olur ve yapıda dönüşmemiş östenit kalır. Bu yapı oda sıcaklığına soğutma sırasında martensite dönüşür. Eğer süre çok fazla ise II. aşama reaksiyonu başlar, buna bağlı olarak da karbür oluşur. Ayrıca ilave edilen alaşım elementleri dönüşüm süresini arttırır, bu şekilde tamamen ösferritik dönüşümün tamamlanmasına imkan sağlanır (26, 31, 60).

ÖKGDD'lerin mekanik özellikleri geniş bir aralıkta değişiklik gösterir ve mikroyapıyı etkileyen faktörlerle kontrol edilir (74). Bu faktörlerden ısıl işlemle bağlı olanlar; mevcut fazların miktarı, büyüklüğü ve dağılımı veya katılaşmaya bağlı olanlar ise grafit kürelerinin sayısı, büyüklüğü ve şekli; döküm hataları (poroziteler, inklüzyonlar, segregare olmuş elementler, ikinci faz partiküllerin)dır. Yüksek karbonlu östenit içeriğinin artışına bağlı olarak süneklik artar (60).

Dönüşmemiş östenit içeriğini, östenitleme sıcaklığı ve süresi, östemperleme sıcaklığı ve süresi gibi parametreler etkilemektedir. Dönüşmemiş östenit içeriğinin azalması ve buna bağlı olarak I. aşamanın tamamlanmasında alaşım elementlerinin daha önemli rol oynadığı konusunda araştırmacılar ortak görüşe sahiptirler (2-17, 23-37). İşlem sırasında en son dönüşen kısımlarda döküm aşamasında segregaragasyona uğramış elementlerinin bulunduğu ve bu elementlerden özellikle Mn'ın daha etkili olduğu ve dönüşümü geciktirdiği yani Şekil 3.4'de görüldüğü gibi işlem aralığını daraltıcı etkisi olduğu konusunda literatürde genel bir yaklaşım vardır (70, 71). Mn içeriğinin yüksek olması durumunda dönüşüm hızının yavaşladığı ve segregasyonun olduğu tane sınırlarında dönüşmemiş östenitin dönüşüm hızını yavaşlattığı, buna bağlı olarak da bu kısımlardaki östenitin yeterince karbonca zenginleşemediği için

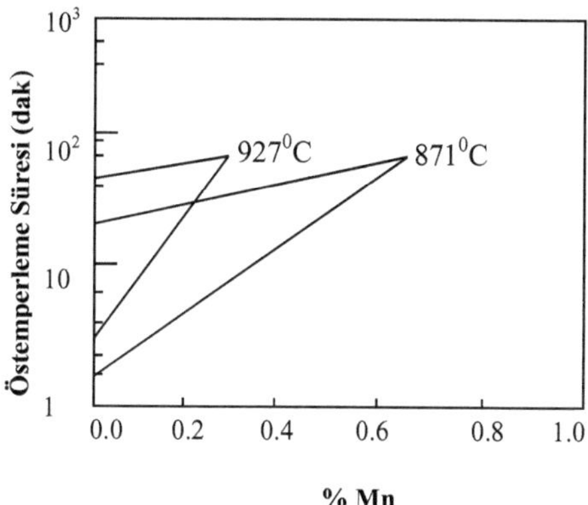

Şekil 3.4. 370°C östemperleme sıcaklığında Mn içeriğine bağlı olarak işlem aralığındaki değişim (70, 71)

kararlı olmadığı belirtilmektedir. Östenitleme işleminden sonra östemperleme sıcaklığına soğutma sırasında, segregasyon bölgeleri içerisinde I. aşamanın tamamlanması durumunda, karbon miktarının %1.5'dan az olduğu, buna bağlı olarak da dönüşmemiş östenitin martensite dönüşümünün tane sınırları boyunca gerçekleştiği belirtilmektedir (58, 90). Tane sınırlarında oluşan martensitin sürekli ağ şeklinde oluşması durumunda çatlak oluşumunu teşvik ettiği ve böylece malzemenin sünekliğini azalttığı belirtilmiştir (90). Kırılma, çatlak oluşumu ve çatlağın büyümesinin azaltılması için, dönüşmemiş östenit miktarının % 1'den daha az olması ve oluşan martensitin sürekli ağ şeklinde olmaması gerektiği ifade edilmektedir (58, 90).

3.2. ÖKGDD'in Mikroyapısı

Östemperlenmiş mikroyapı asiküler ferrit (α) ve yüksek karbonlu östenit (γ_{yk}) karışımından meydana gelir (1-19, 23-37, 55-61). Oluşan bu yapıyla süneklik iyileşir. Diğer bileşenler ise martensit, karbürler ve nadiren de olsa perlittir. Bu bileşenlerin oluşması durumunda sünekliğin azalma eğilimi artar. Normal işlem sırasında bu bileşenlerin oluşumundan kaçınmak oldukça güçtür. Çünkü bu bileşenlerin kompozisyonu nadiren de olsa homojendir. Östemperleme ısıl işlemi sırasında meydana gelen mikroyapısal değişimler aşağıda sırasıyla anlatılmıştır.

3.2.1. Üst Ösferrit

Üst ösferrit, küresel grafitli dökme demirlerin 340-400°C aralığındaki sıcaklıklarda dönüşümüyle elde edilen hakim morfolojidir (Şekil 3.5). Üst ösferrit kaba ferrit plakaları içerir ve her bir plakanın kalınlığı yaklaşık 0.06 μm ve östenit plakalarınınki ise 0.18 μm'dir (104). Her bir plaka birbirine paraleldir ve kristalografik oriyantasyonla birbirinden ayrım yapılmasına imkan sağlar ve her biri kristalografik habit düzlemi olarak tanımlanır. Yüksek Si içeren çeliklerde olduğu gibi ÖKGDD'lerde de sementit tespit edilmemiştir. ÖKGDD'de yüksek karbonlu östenit ile birlikte, η-karbür, ∈-karbür veya Högg gibi karbürlerin film oluşturması kimyasal kompozisyon ve ısıl işlem şartlarına bağlıdır (10, 76, 105).

3.2.2. Alt Ösferrit

Alt ösferrit, küresel grafitli dökme demirlerin 250-330°C aralığındaki sıcaklıklarda dönüşümüyle oluşan hakim morfolojidir (2, 58, 68). Alt ösferrit üst ösferrite benzer mikroyapısal ve kristalografik özelliklere sahiptir. Bu yapıları birbirinden ayıran en önemli olay dönüşümün düşük sıcaklıklarda oluşması, buna bağlı olarak da ferrit plaklarının içinde karbürlerin çökelti oluşturmasıdır. Bu nedenle iki tür karbür oluşmaktadır; γ_{yk}' den büyüyebilen ve karbona aşırı doymuş ferrittin iç kısmında çökelenlerdir (Şekil 3.5). Geleneksel çeliklerde bu karbürler sementittir fakat, yüksek Si'lu ÖKGDD'ler de ise ∈ veya diğer dönüşüm karbürleridir (79).

3.2.3. Östenit

Östenit yüksek sıcaklıkta ÖKGDD ısıl işlem aşamasında oluşur. Östenitin C içeriğinin değişimi östemperleme sıcaklığının fonksiyonudur. İzotermal bekletme sırasında östenitin ferrite dönüşümü sonucu, kalan östenit karbonca zenginleşir. Bu durum daha sonraki dönüşüm için itici kuvveti azaltır (26, 78). Östenit; ösferrite dönüşümü ve karbonca zenginleşmesi nedeniyle oda sıcaklığında kendini muhafaza edebilmektedir. Mikroyapı üzerindeki tartışmalar genelde izotermal dönüşüm sıcaklığıyla ortaya çıkan reaksiyona girmemiş kalıcı östenit ve oda sıcaklığında dönüşmeden kalan karbonca zenginleşmiş/kalıntı östenit arasındaki ayrımın tam olarak anlaşılması üzerinde yapılmaktadır (106).

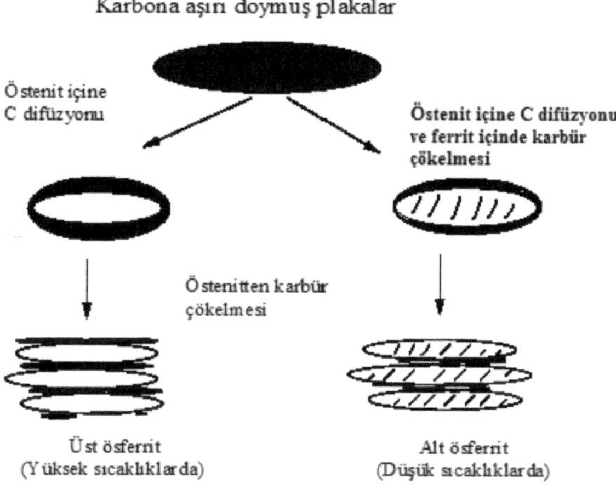

Şekil 3.5. Alt ve üst ösferrit oluşum mekanizmaları

3.2.4. Martensit

Bir kısım reaksiyona girmemiş (yeterince karbonca zenginleşmemiş) östenit oda sıcaklığına soğutma aşamasında martensite dönüşebilir (Resim 3.1). Bu nedenle seçilen östemperleme süresi, dönüşümün tamamlanması için yeterli olmalıdır. Ayrıca fazla miktarda alaşım ilavesi de segregasyona neden olduğu için, östemperleme süresi yeterince seçilmezse segregasyon bölgeleri içerisinde reaksiyon tamamlanamaz. Bu nedenle karbonca yeterince zenginleşemeyen östenit, soğutma sırasında martensite dönüşür. İlave olarak, yüksek sıcaklıkta östenitleme işleminden sonra, yine yüksek sıcaklıklarda östemperleme işlemi uygulandığında, başlangıç östenitin karbon içeriğinin yüksek olmasından dolayı, östenitin tamam reaksiyona giremez, dolayısıyla reaksiyona giremeyen östenitler oda sıcaklığına soğutma sırasında martensite dönüşür.

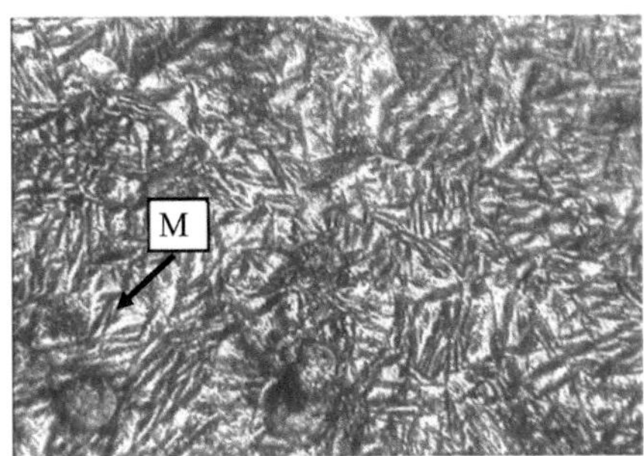

Resim 3.1. Üst ösferrit (siyah tüyümsü şeklinde), yüksek karbonlu östenit (beyaz görünen fazlar), kalıntı östenit bölgesi iç kısımlarında çok az miktarda martensit (M ile gösterilen) karışımından oluşan üst ösferritik ÖKGDD'nin mikroyapısı

3.2.5. Karbürler

ÖKGDD içerisindeki yüksek silisyum içeriği semcntitin çökelmesini engeller ve silisyum çok düşük çözünebilirliğe sahiptir. Bu nedenle, karbür çökeltilerinin östenit içerisinde veya asiküler ferrit içerisinde vuku bulması kimyasal kompozisyona ve ısıl işlem sıcaklığına bağlıdır. Östemperleme süresinin çok uzun olması durumunda γ_{yk}, karbür ve ferrit karışımına ayrışır (58). ÖKGDD'de oluşan ε karbürler, östemperleme sürenin çok uzun olması halinde daha kararlı olan karbürlere veya silisyum karbüre dönüşebileceği ifade edilmektedir (79, 105). Bu dönüşüm mekanik özellikler üzerinde olumsuz etki yapar.

3.3. İşlem Aralığı

Östemperleme işlemi geleneksel olarak iki aşamada gerçekleşir (55-106). I. aşamanın sonu α ve γ_{yk} hacminin maksimum olduğu duruma karşılık gelir. II. aşamanın başlamasıyla karbür çökelir. İki aşama arasındaki süre ısıl işlem aralığı olarak ifade edilmektedir (Şekil 3.2 ve Şekil 3.6). Bu aralıkta ferrit ve kararlı östenitin morfolojisi ve kompozisyonunda çok az değişim olur. Bu ısıl işlem aralığı mesafesi kimyasal kompozisyon, segregasyon çiftleri ve östemperleme ve östenitleme sıcaklıkları gibi birçok faktöre bağlıdır. Bu aralık üzerinde Mn çok güçlü bir etkiye sahiptir ve malzemeye yüksek miktarda ilave edilirse Şekil 3.6'dan görüldüğü gibi ısıl işlem aralığının daralması veya kapanması nedeniyle I. ve II. aşamalarının çakışmasına neden olduğu belirtilmiştir (24). İşlem penceresinin kapanması optimum mekanik özelliklerin elde edilememesi anlamına gelmektedir. Böylece, bu bölge içerisinde martensit oluşur, ancak γ_{yk} içeriği azalır. Bu bölge içerisindeki kimyasal segregasyonlardan dolayı II. aşama reaksiyonu başlar ve karbürler oluşur (Şekil 3.2).

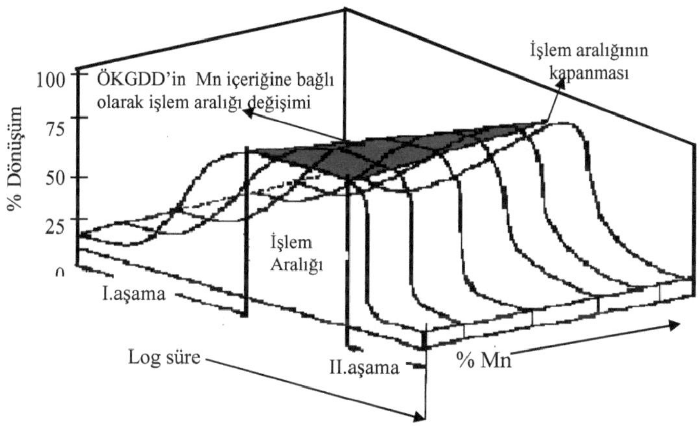

Şekil 3.6. Östemperleme ısıl işlem aralığına Mn'ın etkisi

3.3.1. Segregasyon

Katılaşma sırasında sıvı ve katı fazlar arasında alaşım elementleri segregasyona uğrar. Bu durumun proses penceresi ve mekanik özellikler üzerindeki etkisi oldukça fazladır. Katılaşma sırasında grafit kürelerinin etrafında alaşım elementleri ötektik hücre ile ilişkili olarak dağılır ve buna bağlı olarak da dönüşüm kinetiği bu alaşım elementlerinin konumunun fonksiyonu şeklinde değişime uğrar. Ötektik hücre boyunca üç bölge oluşur ve KGDD içerisinde elementlerin dağılımı şematik olarak Şekil 3.7'de gösterilmiştir. Bu bölgeler sırasıyla aşağıda açıklanmıştır.

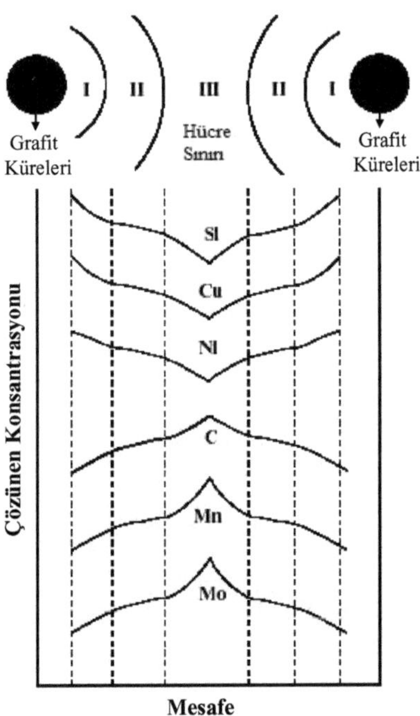

Şekil 3.7. Grafit küreleri ile çevresi arasındaki çözünen segregasyon bölgeleri (15,80)

I.bölge, grafit boyunca uzanan bölgesel alanlardır. Bu bölge içerisinde Si, Ni ve Cu seviyeleri yüksektir fakat Mn içeriği azdır. Grech ve Young (80) çalışmalarında Cu ve Ni'in grafit kürelerinin etrafında zenginleştiği, içeriklerinin de sırasıyla; % 1.6-3.0 ve % 1.5-1.9 aralığında değişime uğradığını EDAX ölçümlerinden tespit etmişlerdir.

II.bölge, matrisin büyük kısmından oluşur ve çözünen konsantrasyonun değişimi oldukça fazladır.

III.bölge, hücre sınırları bölgesidir. Si ve Cu seviyeleri düşük iken Mn, Mo, Cr ve P seviyeleri oldukça zengindir. Grech ve Young (80) hücreler arası bölge içerisinde

Mn içeriğinin % 0.16 ila 0.60 arasında değiştiğini EDAX ölçümlerinden tespit etmişlerdir.

3.4. Üretim Parametrelerinin ÖKGDD Karakteristiğine Etkisi

Optimum mikroyapı ve mekanik özelliklere sahip ÖKGDD'in üretilebilmesi için östenitleme sıcaklığı ve süresi, östemperleme sıcaklığı ve süresi ve ilave edilen alaşım elementleri gibi parametrelerin optimum düzeyde kontrol edilmesi gerektiği üzerinde araştırmacıların tamamı mutabıktır (62-87). Bu nedenle, östemperleme işlem parametrelerinin nihai ÖKGDD malzemenin mikroyapı, mekanik özellikler ve aşınma davranışı üzerine etkilerinin anlaşılması için bu parametreler aşağıda sırasıyla açıklanmıştır.

3.4.1. Östenitleme Sıcaklığı ve Süresinin Etkisi

Östenitleme sıcaklığı ve süresi, östenitin karbon içeriğini belirlemede ve ÖKGDD'lerin mikroyapı ve mekanik özelliklerinin iyileştirilmesinde önemli bir parametredir. Uygun kimyasal kompozisyona sahip ve döküm hataları içermeyen KGDD malzemenin östemperleme prosesinin ilk aşamasında 815-950°C sıcaklık aralığında östenitleme işlemi yapılır. Östenit matrisin karbon içeriğinin belirlenmesinde en önemli faktör östenitleme sıcaklığıdır (13). Östenitleme sıcaklığı ÖKGDD dökümlerin yapısını ve özelliklerini belirlemede etkili olan östenitin karbon içeriğini kontrol eder. Yüksek sıcaklıklarda östenitleme, östenitin veya matrisin karbon içeriğini yükseltir (Şekil 3.8). Şekil 3.8'den görüldüğü gibi % 1.5 Ni-% 0.3 Mo içeren KGDD için 843 ve 927°C östenitleme sıcaklıklarında 60 dakikadan fazla östenitlendiğinde matris C içeriği artmaktadır. Östenitin yüksek karbon içeriği östenitin sertleşebilirliğini ve kararlılığını arttırır. Buna bağlı olarak da östemperleme aşamasında reaksiyon hızının düşmesine sebep olur. Östenitleme sıcaklığı artınca östenitleme kinetiği hızlanır, östenit fazı içerisinde C'un çözünebilirliği ve Şekil 3.9'dan görüldüğü gibi östenit hacim oranı artar . Bunun yanı sıra östenitleme sıcaklığının artmasıyla östenitin karbon içeriği artarken, oluşan östenitin kabalaşmasıyla Şekil 3.10'dan görüldüğü gibi malzemenin sertliği azalır (58).

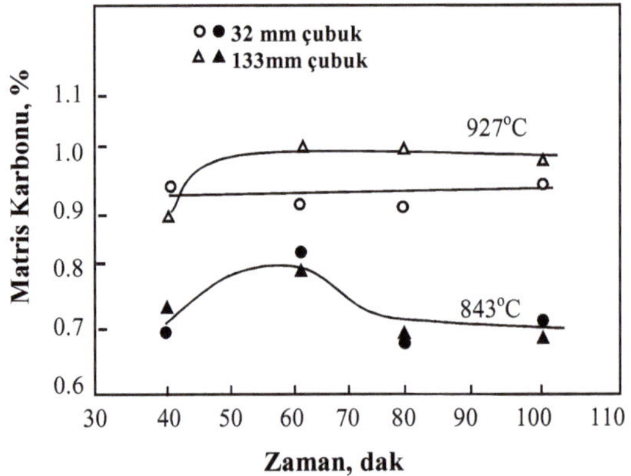

Şekil 3.8. % 1.5 Ni ve % 0.3 Mo içeren KGDD için östenitleme sıcaklığı ve süresinin östenitin karbon içeriğine etkisi (15)

Başka bir ifadeyle, östenitleme sıcaklığının yükselmesiyle reaksiyon hızı artar, buna bağlı olarak da döküm yapısının östenite dönüşümü kısa sürede gerçekleşir. Ayrıca yüksek östenitleme sıcaklığında daha uzun östenitleme işleminin yapılması östenitin karbon içeriğini arttırırken, östenitin kabalaşmasına neden olur. Ayrıca I. aşama dönüşüm hızı azalır. Farklı östenitleme sıcaklıklardaki östenitin karbon içeriğine östemperleme sıcaklığının etkisi ise Şekil 3.11'de verilmiştir (59). Artan östenitleme sıcaklığı ile östenit içerisindeki karbonun çözünürlüğü artar ve buna bağlı olarak da östemperleme aşamasında reaksiyon hızının azalmasına yol açar. Östenitleme sıcaklığının azalmasıyla östemperleme sıcaklıklarında dönüşüm hızı yükselir.

Döküm matris yapısında yüksek perlit içeriği östenitlemeyi oldukça hızlandırır. Östenitleme sıcaklığı azaldığında tüm östemperleme sıcaklıkları için östemperleme kinetikleri hızlanır. Oysa, östenitleme sıcaklığı azaldığında I. aşama prosesi için itici kuvvet artar. Bunun II. aşama reaksiyonu üzerine etkisi ise çok azdır. Yüksek östenitleme sıcaklıkları sonucu veya yüksek östemperleme sıcaklıklarında işlem aralığı kapanır (Şekil 3.12) (24, 71).

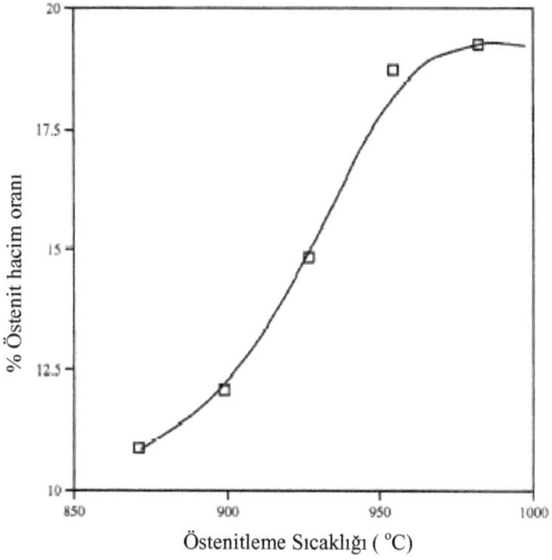

Şekil 3.9. Östenitleme sıcaklığının östenit hacim oranına etkisi (58)

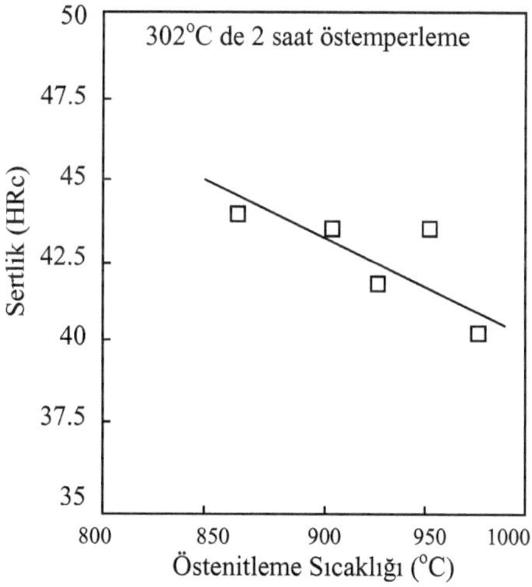

Şekil 3.10. Östenitleme sıcaklığının sertliğe etkisi (58)

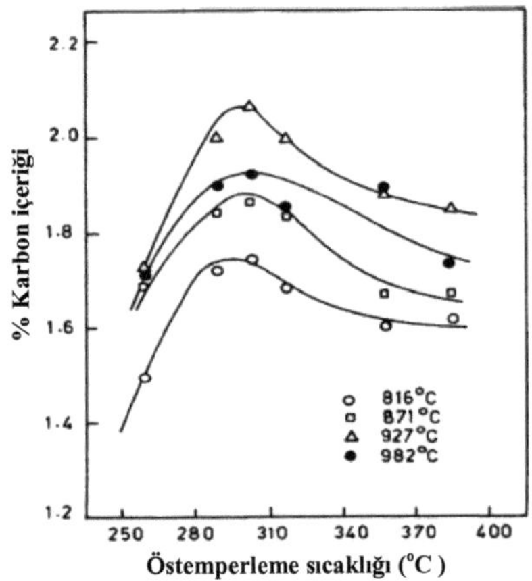

Şekil 3.11. Farklı östenitleme sıcaklıklarındaki östenitin karbon içeriğine östemperleme sıcaklığının etkisi (59)

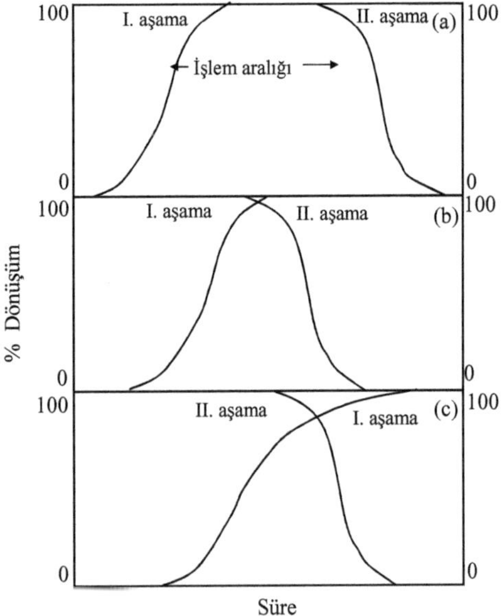

(a)alaşımsız KGDD, (b) alaşımsız KGDD yüksek östemperleme sıcaklığı, (c) alaşımlı KGDD yüksek östemperleme sıcaklığı

Şekil 3.12. I.aşama ve II. aşama reaksiyonlarının üst üste gelmesinin şematik gösterimi (32)

Östenitleme sıcaklığının azalması sonucu da düzenli östemperlenmiş yapı elde edilir. Bu yapı daha kararlıdır ve daha az martensit içerir (24, 71, 58). Bununla birlikte östenitleme sıcaklığının azalmasıyla östemperlenebilirlik azalır, matris içerisinde ferritin östenite dönüşmeden kalması olasıdır (24). Düşük sıcaklıkta östenitleme sonucunda işlem aralığı genişler. Bu nedenle segregasyon bölgelerinde, I. aşama reaksiyonun yavaşlamasıyla daha yüksek sıcaklıklarda östenitlemeyle kapanmış olan işlem aralığı, östenitleme sıcaklığının düşürülmesiyle yeniden açılır, yani işlem aralığı genişler böylece ÖKGDD malzemenin mekanik özelliklerinin iyileşmesine katkı sağlar. Östenitleme sıcaklığının düşürülmesiyle işlem aralığına daha az sürede ulaşılır ve östemperlemeden sonra elde edilen mikroyapı daha kararlı olur ve yapıda daha az martensit oluşur (12, 28). Ayrıca düşük sıcaklıkta östenitleme yapılmasının östemperlenebilirlikte azalmaya neden olduğu ve matris içersinde ferrittin dönüşmeden kaldığı ifade edilmektedir (23). Östenitleme sıcaklığının yükseltilmesiyle östemperlenmiş yapıdaki beynitik ferrit tabakalarının uzunluğu artar, sayıları ve matris içerisindeki dağılımlarının homojenliği azalır. Ayrıca östenitleme sıcaklığının artması ile sertlik ve kalıntı östenit hacim oranı artar (Şekil 3.9 ve Şekil 3.10) (12, 25, 71). Östenitleme sıcaklığının KGDD abrasiv aşınma davranışına etkisinin incelendiği bir çalışmada yüksek sıcaklıklarda östenitlenen KGDD malzemenin, su verilmiş KGDD ve çeliğe göre daha iyi aşınma davranışı sergilediği tespit edilmiştir (107). Artan östenitleme sıcaklığı ile abrasiv aşınma direncinin arttığı ifade edilmiştir (108). Östenitleme sıcaklığının artmasıyla östenitin karbon içeriği artar, bu duruma bağlı olarak östemperleme aşamasında dönüşüm hızı yavaşlar dolayısıyla reaksiyona girmeyen östenit (RGÖ) hacim oranı yükselir, müteakiben oda sıcaklığına soğutma sırasında reaksiyona girmeyen östenit martensite dönüşür. Yapı içerisinde martensit oluşmasıyla malzemenin sertliği artar, böylece ÖKGDD malzemenin abrasif aşınma direnci artar.

Östenitleme süresi, karbonca doymuş östenite tamamen dönüşmüş dökümleri sağlayacak minimum süre olarak tespit edilmelidir. 900°C sıcaklıkta, 2.5 cm çapındaki KGDD malzemeyi östenitleme için 60 dak süre yeterli olmaktadır. Ancak östenitleme sıcaklığının düşmesiyle birlikte alaşım elementlerinin mikrosegregasyonlarını azaltmak için östenitleme süresi arttırılmalıdır. Östenitleme süresi ve sıcaklığı döküm malzemenin kesit kalınlığına göre ayarlanmalıdır (1). Bunun yanı sıra KGDD yapısının ferrit ve perlit karışımı veya tamamen perlitik olması östenitleme süresini etkilemektedir. Perlitik matrisli KGDD malzemenin östenitleme süresi, östenitin çekirdeklenmesi ve büyümesi ferritik matrise göre daha kolay olması nedeniyle daha kısa sürede gerçekleşir. Bu nedenle, perlit matris başlangıç yapısına sahip KGDD malzeme tercih edilir (1, 23-25, 44). Bunun yanı sıra grafit küre sayısının fazla olması durumunda da östenitleme süresinin azaldığı belirtilmektedir. Yüksek küre sayısı östemperleme aşamasında daha fazla çekirdeklenme merkezi oluşmasına ve buna bağlı olarak da segregasyon bölgelerinin daralmasına neden olur. Bu durumla bağlantılı olarak Ahmadabadi ve arkadaşlarının (51) yaptığı çalışmada ise yüksek küre sayısının KGDD malzemenin kuru kayma aşınmasını düşürdüğü belirtilmiştir.

Şekil 3.13'de Fe-C denge diyagramından görüleceği üzere yüksek östenitleme sıcaklığında, östenit içerisinde karbon çözünürlüğü artarak, östemperleme aşamasında östenitten ferritte ve yüksek karbonlu östenite doğru itici güç azalır. Sonuç olarak da birinci kademe reaksiyonu yavaşlar ve RGÖ östenit miktarı artar. Ancak RGÖ'in kararlılığı düşüktür. Kararlılığının düşük olması da östemperleme aşamasında oluşan yüksek karbonlu östenitin karbon içeriği ve östemperleme süresiyle ilişkilidir.

Östenit içerisinde karbon çözünürlüğünü aynı zamanda alaşım elementleri de etkilemektedir. Bu elementlerin başında Si gelir ve C'nun çözünürlüğünü azaltır. Östenitteki C çözünürlüğü Si ve östenitleme sıcaklığına bağlı olarak aşağıdaki bağıntıyla ifade edilir:

$$C = \frac{T}{420} - 0.17(\%Si) - 0.95 \qquad [3.2]$$

burada T: Östenitleme sıcaklığı olup birimi ^{o}C'dır.

Şekil 3.13'deki (Fe-C-Si) denge diyagramından görüldüğü gibi östenitin karbon içeriği azaldığında veya östenitleme sıcaklığı azaldığında (T_1'den T_2'ye düştüğünde)

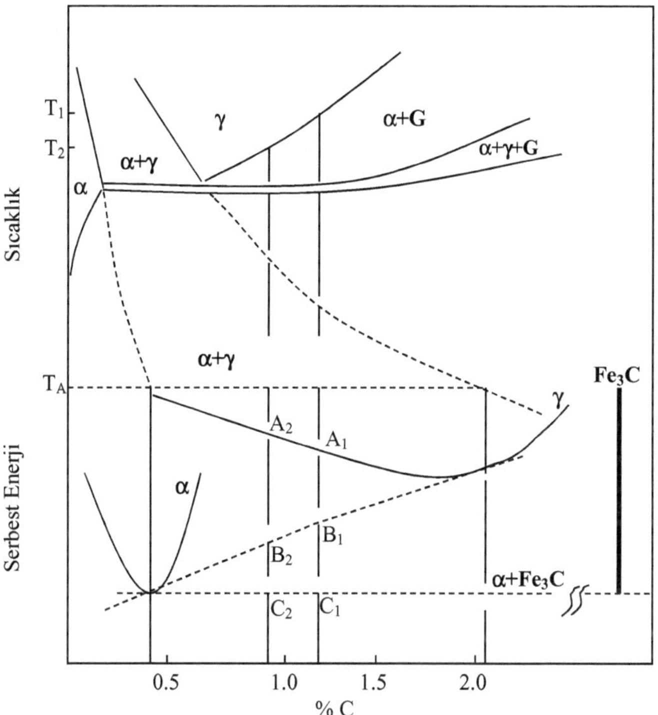

Şekil 3.13. Fe-C-Si faz diyagramı ve α, γ ve Fe_3C fazları için serbest enerji eğrilerinin şematik gösterimi (44, 87)

östenitten ösferrit dönüşümü için itici güç artar. Örneğin östenitleme sıcaklığı 950°C'den 850°C'ye düştüğünde östenitin karbon içeriği % 1.0'den % 0.7'ye düşmektedir. Böylece daha fazla ferrit çekirdeklenir ve dolayısıyla dönüşüm hızı artar veya östemperleme işlemi daha kısa sürede gerçekleşir ve östemperlenmiş yapı içerisinde karbür ve martensitin oluşmaz. Östenitleme sıcaklığının artması durumunda ise östenit karbon içeriği bakımından artış gösterirken aynı zamanda östenit tane boyutu da artmaktadır. Bu durum sertleşebilirlik bakımından iyileşme sağlarken, östemperleme aşamasında I. aşama itici güçünü azalttığı için dönüşümün daha uzun sürede gerçekleşmesine neden olacaktır. Bunun yanı sıra segregasyon bölgelerinde ise dönüşüm tamamlanamadığı için oda sıcaklığına soğutma aşamasında bu bölgelerdeki düşük karbonlu östenit martensite dönüşmektedir. Şekil 3.14'den görüldüğü gibi östenitleme süresi arttığı zaman, östenitin karbon içeriği belirli bir süreye kadar artmakta ve daha sonra ise sabit kalmaktadır (24). Çizelge 3.1'den görüldüğü gibi östenitleme sıcaklığının 850°C'den 950°C'ye çıkması sonucu yüksek karbonlu östenit miktarı da % 30.5'dan % 47.5'e yükselmekte ve martensit içeriği ise % 0'dan % 2.6'ya çıkmaktadır. Östenitleme süresi ve sıcaklığının östenit hacim oranına etkisi Şekil 3.15'de verilmiştir. Şekil 3.15'den görüldüğü gibi östenitleme süresine paralel olarak dönüşen östenit hacim oranı artmaktadır. Östenit hacim oranındaki artış östenitleme sıcaklığının yükselmesiyle daha hızlı gerçekleşmektedir. Östenitleme sıcaklığı 850°C'den 950°C'e çıktığında matrisin östenite dönüşümü yaklaşık 10 dakikada tamamlanmakta, süresinin daha fazla arttırılması durumda östenit hacim oranında değişiklik meydana gelememektedir. Östenitleme sıcaklığı 850°C'e olması durumunda ise matrisin tamamen östenite dönüşmesi 100 dakikanın üzerinde olmaktadır.

Östenitleme süresi; döküm yapı içerisinde perlit içeriğinin artmasıyla önemli miktarda azalmakta, Si içeriğinin artmasıyla artmaktadır. Küre sayısının artmasıyla ise östenitleme süresinde çok az azalma olmaktadır. Bu parametrelerden en önemlisi perlit miktarıdır. Perlit içeriği artınca östenitleme kinetiği çok hızlı gerçekleşir.

Östenitleme kinetiklerini kontrol eden en önemli parametre döküm durumu yapısı perlit içeriğidir (1, 23, 59). Yüksek perlit içeriği, seçilen düşük östenitleme sıcaklığı için herhangi bir dezavantaj oluşturmaz. Alaşım ilavesi denge C değeri üzerinde çok az bir etkiye sahiptir. Östenitin dengeli C içeriğini kontrol eden en önemli parametre seçilen östenitleme sıcaklığıdır. Östenitleme sıcaklığının 950°C'den 900°C'ye düşmesiyle işlem aralığı açılır, fakat östemperlenebilirlik önemli miktarda azalır (24).

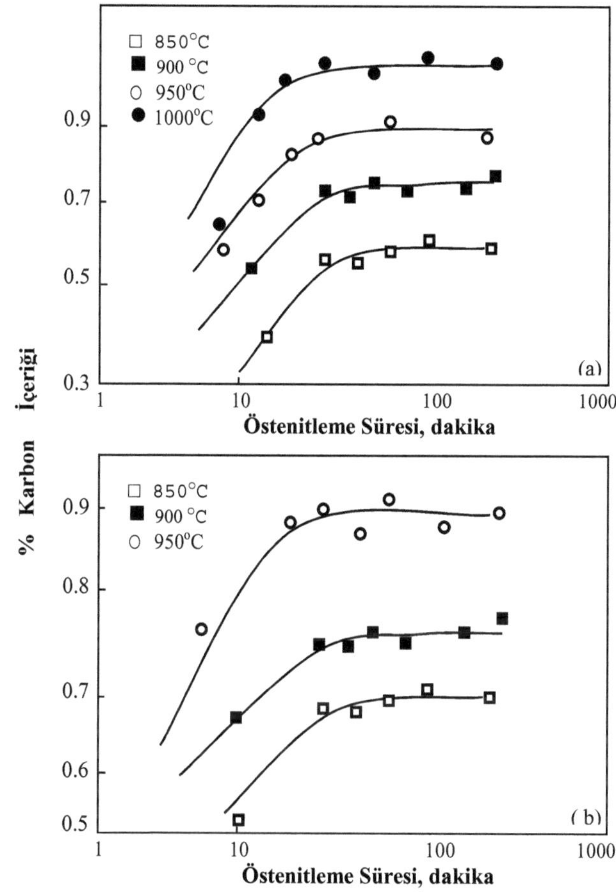

Şekil 3.14. Östenitleme süresine bağlı olarak değişik östenitleme sıcaklıklarında, matris östenitin C içeriği (24)

Çizelge 3.1. ÖKGDD'lerde östenitleme sıcaklığına bağlı olarak mikroyapının değişimi (13)

Östenitleme Şartları	**Östemperleme Şartları**	γ_{yk} **içeriği, %**	**Martensit içeriği, %**	**Grafit içeriği, %**	**Ferrit içeriği, %**
850°C/3 saat	350°C/4 saat	30.5	0	10.5	59.0
900°C/2 saat	350°C/ 4saat	38.5	0.1	10.5	50.9
950°C/2 saat	350°C/ 4saat	47.5	2.6	10.5	39.4

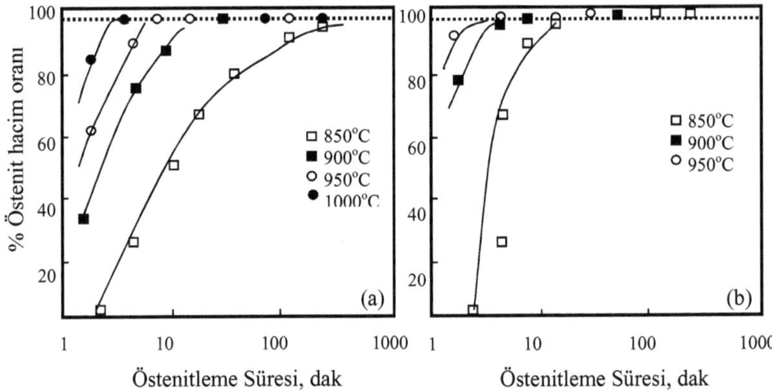

Şekil 3.15. Östenitleme süresi ve sıcaklığı ile östenit hacim oranının değişimi (24) (a)Cu KGDD (b) Cu-Ni KGDD

Östenitleme süresi östemperleme kinetiği üzerinde önemli bir etkiye sahip değildir. Uzun östenitleme süreleri östenit tanelerinin kabalaşmasına neden olarak östemperleme kinetiklerini geciktirir, yani östemperleme süresinin uzamasına neden olur buna bağlı olarak da elde edilen ösferrit ürün kabalaşır. Benzer etki östenitleme sıcaklığının yükseltilmesiyle meydana gelir, sıcaklığın yükselmesi yapı üzerinde daha fazla etkilidir. I. aşama reaksiyonunu Cu ve Ni ilavesi geciktirmekte, fakat östemperleme sıcaklığının önemli etkiye sahip olmadığı belirtilmektedir (23). Östenitleme sıcaklığı 900°C den 1000°C'ye çıktığında C'nun çözünebilirliği % 0.3 artar. Buna bağlı olarak da dönüşüm süresi kısalır. C içeriğindeki çok az bir değişim I. aşama reaksiyonunu önemli miktarda yavaşlatır. Çizelge 3.2 ve Çizelge 3.3'de Ni-Cu ve Cu içeren ÖKGDD malzemelerin östenitleme sıcaklık sürelerinin yüksek karbonlu östenit hacim oranına etkileri verilmiştir.

Çizelge 3.2. Ni-Cu içeren ÖKGDD malzemede östenitleme sıcaklık ve süresine bağlı olarak γ_{yk} hacim oranındaki değişim (23)

Östenitleme Sıcaklığı / süresi	**Östemperleme Sıcaklığı (°C) ve Süresi (dak)**											
	300				370				440			
	1	10	10^2	10^3	1	10	10^2	10^3	1	10	10^2	10^3
	γ_{yk} hacim oranı (%)											
900 °C/60dak	5	14	18	16	12	20	33	23	20	32	0	-
950 °C/60dak	2	18	33	27	8	12	40	32	8	27	34	5

Çizelge 3.3. Cu içeren ÖKGDD malzemede östenitleme sıcaklık ve süresine bağlı olarak γ_{yk} hacim oranındaki değişim (23)

Östenitleme Sıcaklığı / süresi	**Östemperleme Sıcaklığı (°C) ve Süresi (dak)**											
	300				370				440			
	1	10	10^2	10^3	1	10	10^2	10^3	1	10	10^2	10^3
	γ_{yk} hacim oranı(%)											
900 °C/60dak	12	24	21	12	7	28	35	27	18	30	1	-
950 °C/60dak	10	25	28	20	9	36	39	28	16	42	2	-

950°C'de östenitleme yapıldığında elde edilen kalıntı östenit hacim oranı düşük sıcaklıklarda yapılan östenitlemeden elde edilenden daha fazladır. Östenitleme sıcaklığı maksimum karbon içeriğini belirlemektedir. Bu da Fe-C faz diyagramında γ + G bölgesi içerisinde östenitin çözünmesiyle olabilmektedir. T_γ östenitleme sıcaklığı arttığında karbon içeriğide artar, bu da I. aşama dönüşüm hızını azaltma etkisi yapar. Fe-C denge diyagramında Si ve Mn gibi elementlerin etkileri vardır. Bu elementler östenit içerisinde karbonun çözünürlüğünü değiştirirler. Düşük östenitleme sıcaklığında dönüşüm hızının yüksek olması; fazla sayıda çekirdeklenme ve karbon difüzyon hızının yüksek olmasıyla açıklanmakta, bu durumda I.aşama proses hızının artmasını teşvik etmektedir. Östenitleme sıcaklığı, örneğin 850°C'ye düştüğünde orijinal östenit içerisinde karbon çözünmesi azalır. Bu durum, Şekil 3.13'deki serbest enerji diyagramından görünmektedir. Östenitin karbon içeriğinin azalması sonucu itici kuvvet artar (A_2-B_2>A_1-B_1), buna bağlı olarak da ferrit çekirdeklenme sayısı artar. Ayrıca östenit içerisinde karbon itici gradyant aktivitesi ferrit plakalarının büyüyerek ilerlemesini arttırır, böylece karbonun difüzyon hızı artar (4). Dolayısıyla östenitin yarıkararlı ürünlerden ferrit + yüksek karbonlu östenite ($\alpha+\gamma_{yk}$) dönüşümü ferrit çekirdeklenmesi ve büyümesinin çok iyi kombinasyonundan dolayı çok hızlı gerçekleşir (80). Bu durum östemperleme süresini azaltır, östenitin maksimum karbon içeriğine ulaşılmasını sağlar.

850°C'de 60 dakika östenitlenen ve 360°C'de 40 dakika östemperlenen numunenin mikroyapısı birbirine bitişik asiküler ferrit plakaları ve yüksek karbonlu östeniten oluşmakta ve yüksek karbonlu östenit, ferrit plakaları arasında düzenli şekilde dağılmıştır. Çünkü düşük östemperleme sıcaklığında ferritin çekirdeklenme hızının yüksek olmasından dolayı, yüksek karbonlu östenit miktarı azalır. Bununla birlikte, bu östenit oldukça kararlıdır ve yaklaşık % 1.8 karbon içerir. 950°C'de östenitlenen numuneler ise daha kaba ferrit plakaları ve geniş östenit içerir. Blok halindeki östenit bölgelerinin merkezinde ise kısmen martensite dönüşüm olmaktadır. Bu durum çok yavaş dönüşüm hızının sonucu itici kuvvetin ve karbonun difüzyon hızının azalmasındandır. Bu nedenle östenitin kararlılığı gecikir. Böylece 950°C'de östenitlenen numuneler, 850°C'de östenitlenen numunelere göre daha fazla kalıntı östenit hacim oranına sahip olmalarına rağmen, bu östenit karbonca yeterli derecede zenginleşmemiştir. Bu sebeple bu östenit oda sıcaklığına soğutma şartlarında veya herhangi bir gerilim uygulandığında martensite dönüşebilir (24, 59).

Rouns ve Rundman (11) dönüşüm ve ferrit büyüme hızının östenitin karbon içeriğine bağlı olduğunu belirtmişlerdir. ÖKGDD içerisinde hücre sınırlarında ve grafit kürelerinden uzak kısımlarda Mn segregasyonu görülür (3, 84). Ayrıca reaksiyona girmemiş östenit içerisinde karbonun çözünürlüğünün artmasıyla üst kritik sıcaklık azalır. Yukarıdaki tartışmalardan anlaşıldığı üzere ferrit asiküler şekilde yapı içerisinde mevcutsa, östenitin hem mekaniksel hem de ısıl kararlılığını arttırabilmektedir. Bu sonuçlardan, eğer östenitleme sıcaklığı düşürülürse elde edilen ürün daha homojen bir yapıya sahip olur ve mekanik özellikleri de iyileşir (59).

Östenitleme sıcaklığındaki azalmanın östemperlenmiş mikroyapı üzerine etkisi aşağıdakiler gibi sıralanabilir (24):

i- Östemperlenmiş yapı incelir, iğnemsi ferrit ile östenit tane büyüklüğü azalır, her iki fazın sayısı ve homojen dağılımı artar.

ii- Kalıntı östenit hacim oranı azalır.

iii- Blok halinde östenit içeriği azalır,

iv- Özellikle blok halindeki östenit merkezinde ve hücreler arası bölgelerde oluşan martensit miktarı azalır.

Östenitleme sıcaklığının azalmasıyla (1000°C'den 900°C'ye düşmesiyle) I. aşama için itici kuvvet artar, daha fazla ferrit çekirdeklenir ve dönüşüm daha hızlı oluşur. Östenitleme sıcaklığının artmasıyla östenitleme kinetiği artar ve östenit fazı içerisinde C'un çözünebilirliği artar. Östenitleme sıcaklığının azalmasıyla tüm östemperleme sıcaklıkları için östemperleme kinetiği artar. Östenitleme sıcaklığı azaldığında I.aşama reaksiyonu için itici güç artar fakat II. aşama reaksiyonuna çok az etkisi vardır. Bunun sonucu işlem aralığı açılır, yani ısıl işlem daha kısa sürede gerçekleşir, yüksek östenitleme sıcaklıklarında kapanan işlem aralığı tekrar açılır yani östemperleme süresi artar (24) ve/veya östemperleme sıcaklığının artmasıyla işlem aralığı kapanır. Bu nedenle, östenitleme sıcaklığının azaltılmasıyla östemperleme süresi normal gerekli olan süreden daha kısa hale gelir ve böylece optimum mekanik özellikler elde edilir (25).

Östenitleme sıcaklığının azalmasıyla ayrıca daha homojen östemperlenmiş mikroyapı elde edilir. Bu yapı daha kararlıdır ve daha az martensit içerir. Bununla birlikte östenitleme sıcaklığının azaltılmasının dezavantajı ise östemperlenebilirliği ve matris içerisinde ferrit oluşumu ihtimalini yükseltir (24, 25).

Düşük östemperleme sıcaklıklarında (300°C) alt ösferrit oluşur. Östenitleme sıcaklığının dayanım ve süneklik üzerine etkisi kesin ve/veya belirgin değildir. Benzer şekilde, üst ferritik bölgede (370°C) östenitleme sıcaklığı dayanım özellikleri üzerine herhangi bir önemli etkiye sahip değildir. Bununla birlikte uzama ve darbe enerji değerlerinde ise östenitleme sıcaklığının artmasıyla sürekli azalma görülmüştür (25). Östenitleme sıcaklığı, östenit C içeriğini, östenit tane boyutunu ve matrisin kimyasal homojenliğini etkiler. Bu faktörler, östemperleme kinetiğini etkileyerek, östemperlenmiş mikroyapıyı kontrol eder (24).

Östenitleme sıcaklığının artmasıyla :

i- Östemperlenmiş yapı kabalaşır, ferrit plakaları östenit tanelerine kadar uzar, östenit tane boyutu artar, ferrit plaklarının sayısı ve dağılımının homojenliği azalır,

ii- Yüksek karbonlu/kalıntı östenit hacim oranı artar,

iii- İki tür kalıntı östenit oluşur; düşük östenitleme sıcaklıklarında hakim olan komşu ferrit plakalarının arasında film şeklinde oluşan östenit ve farklı yönlerde büyüyen ferritle etrafı sarılmış blok şeklinde oluşan östenit (östenitleme sıcaklığının artmasıyla oranı da artar), iv- Hücreler arası bölgelerde ve blok halindeki östenit bölgeleri içerisinde veya merkezinde martensit oluşumu artar.

Bu etkiler yüksek östemperleme sıcaklıklarında daha da belirgindir ve martensit oluşumu nedeniyle uzama ve darbe enerjisi değerlerinin azalmasına neden olur. Isıl işlem parametrelerinden östenitleme sıcaklığı önemlidir, özellikle yüksek östemperleme sıcaklıkları için düşük östenitleme sıcaklığı seçilirse, mekanik özelliklerden uzama ve darbe enerjisi değeri artar. Cu ve Ni ilavesi Mn ve Mo'in dönüşüm üzerine zararlı etkisine rağmen östemperlenebilirliği iyileştirmektedir. Yüksek östemperleme sıcaklıklarında uzama ve darbe enerjisinin östenitleme sıcaklığından etkilendiği görülmüş ve yüksek östemperleme sıcaklıklarında östenitleme sıcaklığının azalmasıyla dayanımda herhangi bir azalma olmaksızın süneklik artmıştır (25). Mn içeriğinin artmasıyla I. aşama reaksiyonunun tamamlanması gecikmekte yani işlem aralığı genişlemekte ve/veya östemperleme süresi artmakta iken Mo içeriğinin arttırılması ise daha az etkiye sahiptir. Ni ve Cu ilavesinin etkileri de Mo'inkine benzerdir. Mn kadar olmasa da, Cu ve Ni ilavesi de işlem aralığını genişletir (23).

Östenitleme sıcaklığı düşük seçildiğinde özellikle östenitleme süresi önem kazanmaktadır. Kazerooni ve arkadaşlarının (32) çalışmasında 950, 920, 870, 840 ve 800°C östenitleme sıcaklıklarında östenitleme süresi 120 dakika seçilmiş, belirtilen sıcaklıklardan sonra numuneler suda soğutulmuş ve mikroyapı çalışmasında çalışılan malzeme için $(\alpha+\gamma+ G)/(\gamma+G)$ faz sınırı sıcaklığı yaklaşık 820°C olarak tespit edilmiştir. 800°C östenitleme yapılan KGDD numunede ötektoid öncesi ferritin östemperleme üzerinde etkili olduğu belirtilmiş ve 800°C'de östenitleme yapıldığında östenitlenmiş matriste % 8 ferrit tespit etmişlerdir. Matris karbon içeriği östenitleme sıcaklık ve süresi ve KGDD'in komposizyonuyla belirlenir. Matris karbon içeriğinin homojen şekilde oluşması için östenitleme sıcaklığında yeterli süre bekletilmelidir. Tamamen perlitik KGDD'i östenitleme kolaydır ve belirlenen sıcaklıkta homojen şekilde karbon içeriği oluşumu için 30 dakika dan daha az süre yeterlidir. Ferritik matrisli KGDD'de ise, 1 saat veya daha fazla süre gereklidir. % 1.5 Ni-% 0.3Mo içeren KGDD için 843 ve 927°C sıcaklıklarında östenitleme yapıldığında 60 dakikanın üzerindeki östenitleme süresinde östenit matrisin C içeriği artar (15).

Östenitleme sıcaklığının mikroyapı üzerindeki etkisi özet;

i- Östenitleme sıcaklığı yükseldiğinde yapı kabalaşır,

ii- Yüksek östenitleme ve östemperleme sıcaklıklarında östenit tane sınırları boyunca dönüşmeyen östenit kalır,

iii- Yüksek östenitleme sıcaklığıyla birlikte östemperleme sıcaklığında artış ile genellikle östenit içeriği yükselir,

iv- Yüksek östemperleme sıcaklıklarında, östenitleme sıcaklığıyla birlikte östenit içeriği artış oranı dönüşmeyen östenitin muhafaza edilmesinden dolayı oldukça azalır,

v- Östenitleme sıcaklığının yükselmesiyle birlikte başlangıç karbon içeriğinin yükselmesinden dolayı östemperleme sıcaklığında östenitin karbon içeriği artar,

vi- Östenitleme sıcaklığının yükselmesiyle birlikte östemperleme sıcaklığında matrisin karbon içeriği artar.

şeklinde sıralanabilir (60).

Östenitleme sıcaklığının yükselmesiyle matris C içeriği daha fazla artmaktadır. Bu yüksek matris C içeriği I. reaksiyon hızını düşürür veya reaksiyonun ilerlemesi yavaşlar, buna bağlı olarak reaksiyona girmemiş östenit içeriği artar ve östemperlemeyle oluşacak hacim değişimi azalır. 845°C sıcaklıkta östenitleme uygulanıp östemperleme sıcaklığı 370°C seçildiğinde ösferritik reaksiyon 1.4 saatte tamamlanırken, 927°C'de östenitlemeden sonra, aynı sıcaklıkta reaksiyon 2.7 saatte tamamlanmaktadır. Alaşım elementlerinin münferit özellikleri de matris C içeriğini ya arttırır yada azaltır bunun yanında ösferritik reaksiyon hızı ve derecesi üzerinde etkiye sahiptirler. Bunların etkisine bağlı olarak da sonuç mikroyapısı ve özellikler etkilenmektedir (15).

3.4.2. Östemperleme Sıcaklığı ve Süresinin Etkisi

Östenitleme süresi ve sıcaklığının yanı sıra östemperleme sıcaklığı ve süresinin KGDD malzemenin mekanik özellikleri ve aşınma performansları üzerinde etkileri vardır. Bu nedenle genel anlamda östemperleme prosesinin optimum kontrolü arzu edilen nihai ÖKGDD ürünün elde edilmesi için önemli olduğu yapılan çalışmalarda belirtilmiştir (1-37, 55-97). Mekanik özellikler üzerinde östenitleme sıcaklığının etkisi, östemperleme sıcaklığı ve süresine bağlı olarak belirlenmektedir. Bu nedenle, östemperleme sıcaklığı ve süresinin mekanik özellikler üzerindeki etkisi, östenitleme sıcaklığına göre daha önemlidir (12). Optimum mekanik özellikler ve aşınma direncinin elde edilebilmesi için östemperleme sıcaklığı ve süresinin seçimi önemli bir parametredir (58). Östemperleme ve östenitleme sıcaklığına bağlı olarak östemperleme süresinin γ_{yk} içeriğine etkisi Şekil 3.16'da gösterilmiştir. Şekil 3.16'dan görüldüğü gibi östenitleme sıcaklığına bağlı olarak değişik östemperleme sıcaklıklarında maksimum yüksek karbonlu östenit içeriği sırasıyla yaklaşık, 80, 60 ve 40 dakika östemperleme sürelerinde elde edilmektedir. Östemperleme süresinin uzaması durumunda tüm östenitleme sıcaklıklarında yüksek karbonlu östenit içeriğinin azaldığı görülmektedir.

Östemperleme sıcaklığı, nihai mikroyapının ve buna bağlı olarak da mekanik özelliklerin belirlenmesi açısından östemperleme çevriminde birinci önceliğe sahiptir. 250-400°C sıcaklık aralığında gerçekleştirilen östemperleme ısıl işleminde, 330°C altında elde edilen yapı alt ösferrit olarak isimlendirilirken, bu sıcaklığın üzerinde elde edilen yapı da üst ösferrit olarak isimlendirilir. Alt ösferrit yapı, yüksek dayanımlı, sert ve aşınmaya karşı dirençli iken üst ösferrit yapının, dayanımı daha düşük, bunun yanı sıra sünekliği ve tokluğu daha yüksektir. Östemperleme sıcaklığının artışına bağlı olarak üst ösferrit yapısı, alt ösferrit yapısına göre matris içerisinde daha az martensit ve daha fazla yüksek karbonlu östenit içerir (Şekil 3.17). Östemperleme süresinin yüksek karbonlu/kararlı östenit içeriği ve ÖKGDD'nin sertliğine etkisi Şekil 3.18'de gösterilmiştir.

Östemperleme sıcaklığı yükseldiğinde işlem aralığı daralır veya çok yüksek östemperleme ve östenitleme sıcaklıklarında kapanabilir (23-25, 27, 32, 33, 90). Yüksek östemperleme sıcaklığı da II. aşama reaksiyonunu hızlandırır, yüksek sıcaklıkta I. aşama ve II. aşama reaksiyonu için östemperleme süresi çakışır(Şekil 3.12) (32). Bu durum oluştuğunda işlem penceresi/aralığı kapanır ve mekanik özelliklerden özellikle süneklik ASTMM:1990 ÖKGDD için belirtilen değerden daha aşağıya düşer (Çizelge 3.6).

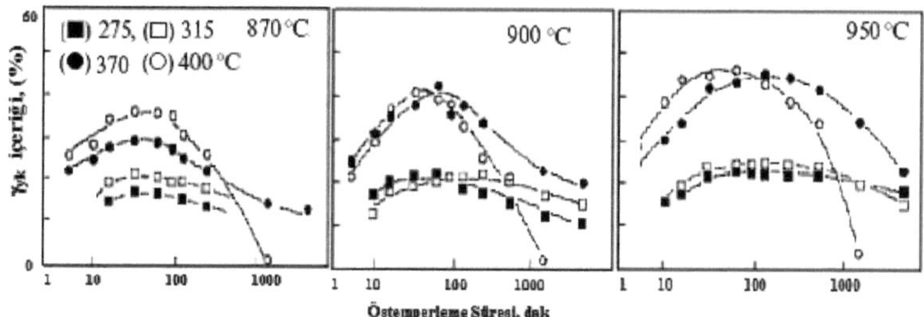

Şekil 3.16. Östemperleme süresine bağlı olarak γ_{yk} içeriğindeki değişim (55)

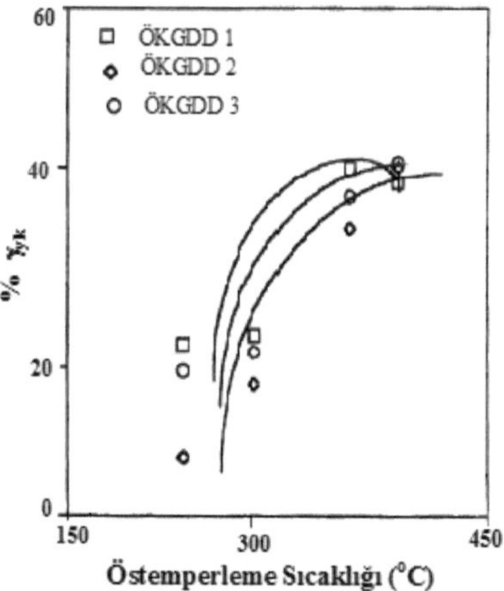

Şekil 3.17. Östemperleme sıcaklığının yüksek karbonlu kalıntı östenit miktarına etkisi (60)

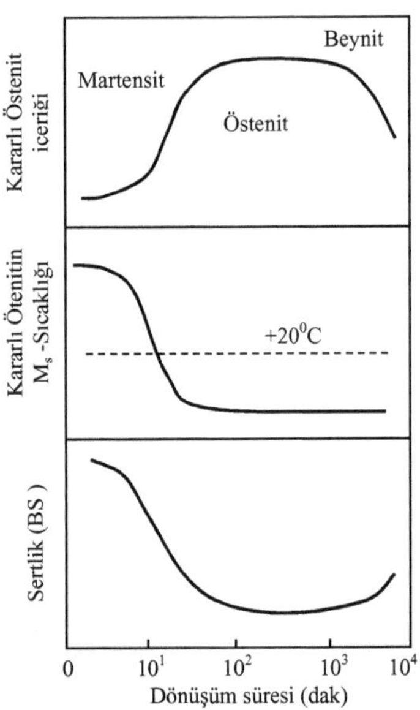

Şekil 3.18. Östemperleme süresinin kararlı östenit içeriğine ve ÖKGDD sertliği üzerine etkisinin şematik gösterimi

Östemperleme süresinin seçimi de oldukça önemlidir. Östemperleme süresi belirli östenitleme ve östemperleme sıcaklıları için mekanik özellikleri optimize etmek için seçilir. Östemperleme süresinin artmasıyla birlikte dayanım, süneklik ve darbe direnci artarken sertlik azalır. Sürenin çok az seçilmesi durumunda mekanik özellikler düşer. Bu düşüş matriste büyük oranda martensit oluşumuyla açıklanmıştır. Oluşan martensit, östemperleme sıcaklığından oda sıcaklığına soğutma sırasında dönüşmemiş ve düşük karbon içeriğine sahip östenitten ileri gelmektedir. Östemperleme süresi arttıkça martensit içeriği azalır, bunun yanında α ve γ_{yk} miktarları artar. Uzun östemperleme sürelerinde dayanım yaklaşık olarak sabit kalırken, süneklik ve darbe enerjisi II. aşama reaksiyonunun oluşması ile hızlı bir şekilde azalır. II. aşama reaksiyonu ilerledikçe yapıdaki γ_{yk} miktarı azalır (31) 310°C ve 375°C'da 10 dakika müteakiben de 310°C'de 2-12 saat (kademeli) östemperleme işlemi uygulanmış ÖKGDD malzemenin östemperleme süresine bağlı olarak sertlik değişimi Şekil 3.19'da gösterilmiştir. Farklı östemperleme sıcaklıklarındaki östenitin karbon içeriğine östenitleme sıcaklığının etkisi Şekil 3.20 ve Şekil 3.21'de ise östemperleme sıcaklığının aşınma oranına etkisi gösterilmiştir.

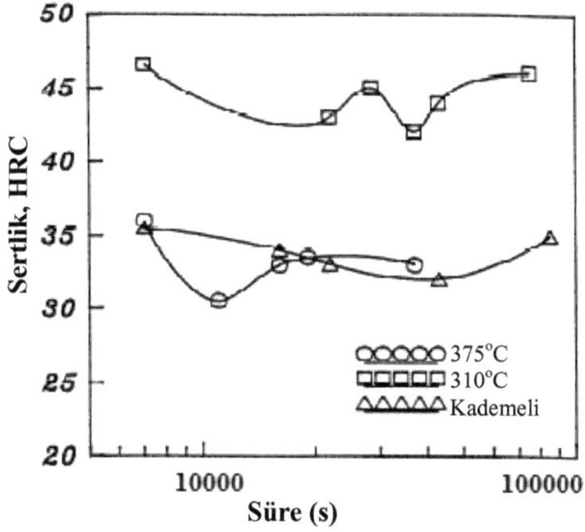

Şekil 3.19. Östemperleme süresi ile sertlik arası ndaki ilişki (51)

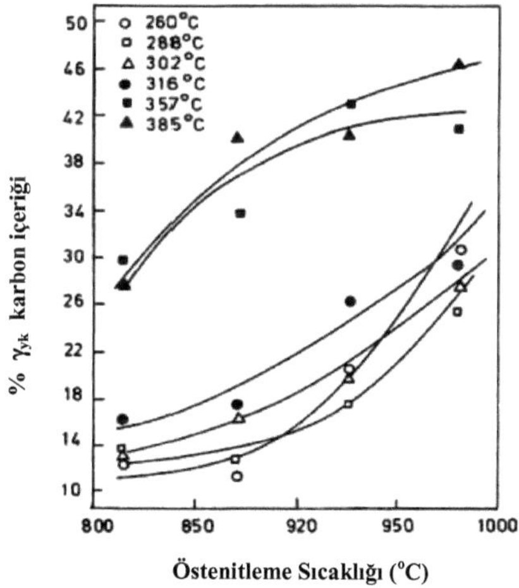

Şekil 3.20. Farklı östemperleme sıcaklıklarındaki östenitin karbon içeriğine östenitleme sıcaklığının etkisi (59)

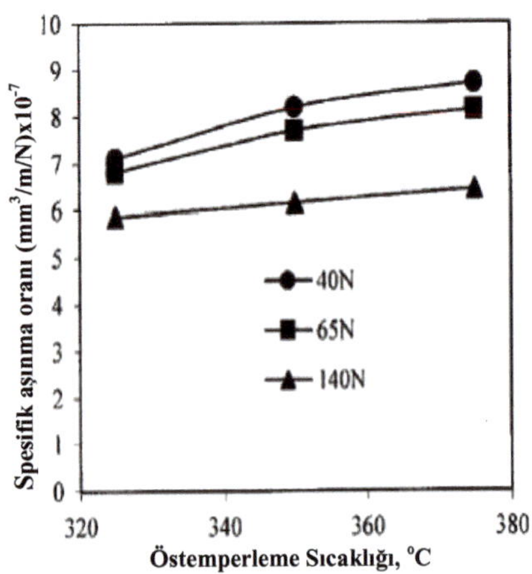

Şekil 3.21. Östemperleme sıcaklığı ve aşınma direnci arasındaki ilişki (109)

ÖKGDD malzemelere uygulanan östemperleme işleminin etkili olabilmesi için numunelerin belirli bir kritik çapta olması gerekmektedir. Kritik çapı ilave edilen alaşım elementleri etkilemektedir. Alaşım ilavesiyle numune kritik çapı artmaktadır. Alaşımlı ve alaşımsız KGDD malzemelerin östemperleme işleminin seçiminde östemperleme parametrelerinin yanı sıra numune çapı da dikkate alınmalıdır. Sertleştirilebilirlik için kritik çap (D_c) aşağıdaki şekilde hesaplanır (23-25,33,90);

$$D_c=124C^o_\gamma+27(\%Si)+22(\%Mn)+16(\%Ni)+25(\%Mo)-1.68x10^{-4}T^2_A+12(\%Cu)(\%Ni)+62(\%Cu)(\%Mn)+88(Ni)(\%Mo)+11(Mn)(\%Cu)+127(\%Mn)(\%Mo)-20(\%Mn)(\%Ni)-137 \quad [3.3]$$

Burada;

T_A, östemperleme sıcaklığı, C^o_γ, östenitleme den sonra östenitin C içeriğidir.

Örneğin; % 3.5 C ve % 2.64 Si içeren alaşımsız KGDD 920°C'de östenitlenip 400°C'de östemperlenmek istendiğinde D_c= 5.4mm'dir. Eğer % 0.5 Cu ve % 1 Nı ilavesi yapılırsa D_c değeri 27.4mm'ye veya % 0.5 Mo ve % 1 Mn ilave edilmesi durumunda ise D_c= 104 mm'ye yükselir. Bu nedenle Mo Mn'a göre daha etkilidir fakat Mn ise Mo göre daha ucuzdur. Bununla birlikte, bu elementlerin segregasyon dezavantajları da göz önünde bulundurulmalıdır. Ayrıca alaşım ilavesi dönüşümü geciktirir yani östemperleme süresi artar, buna bağlı olarak da süre çok fazla uzarsa II.aşama reaksiyonu devreye girer. Bilindiği gibi bu reaksiyon kırılganlık reaksiyonu olarak tanımlanır ve arzu edilmeyen bir durumdur. Kinetik ölçümlerde I. aşama reaksiyonu üzerine alaşım elementlerin geciktirme etkileri şöyle sıralanabilir: Mo ,Cu, Ni ve Mn bununla birlikte Mn ve Mo katılaşma sırasında hücreler arası sınırlara segrega olmaktadır. Bu elementlerin segregasyon profilleri Mo için $k \approx 0.25$ iken Mn'ınki $k \approx 0.70$'dir. Bu segregasyonlar normal östenitleme işlemleriyle uzaklaştırılamazlar (33). Östemperleme reaksiyonları gecikir yani I. aşama reaksiyonu hücrelerarası bölgede tamamlanmadan önce II. aşama reaksiyonu ötektik hücrede başlar. Bu şartlarda işlem aralığı kapanır ve mekanik özellikler ASTM standartlarındaki değerlerin altında olur.

Östenitleme sıcaklığının düşürülmesi I. aşama reaksiyonunun hızını arttırdığı için östemperleme süresini kısaltmasına rağmen, sıcaklığın azalmasıyla birlikte östenit C içeriği ve KGDD'in sertleşebilirliği azalır (32, 91). Ayrıca östenitleme sıcaklığının 870°C'nin altında seçilmesi veya düşürülmesi durumunda östenitlenmiş matris içerisinde ferrit'in bulunmasına sebep olabilir (yani sıcaklık düşük olduğu için döküm yapıdaki ferrit östenite dönüşmemiş olabilir). Bu durum östemperlenmiş mekanik özelleri etkiler. Böylece, östemperlemeden sonra, matris ferrit ve ösferrit içerir (32). Östenitleme sıcaklığının kontrol edilmesi mekanik özellikler açısından önemli bir rol oynar. % 0.67 Mn içeren KGDD'in östenitleme işleminde östenitleme sıcaklığı 870°C'e düşürülüp ve östemperleme işlemide 375°C'de yapıldığında, bu malzemenin uzamasının artacağı bunun içinde azami östemperleme süresinin 120 dakika olduğu belirtilmiştir (71). Östemperleme ısıl işleminin ÖKGDD malzemesinin yapı bileşenlerine etkisi Şekil 3.22'de verilmiştir.

Östemperleme prosesinde en önemli parametre, östemperleme sıcaklığına soğutmadan önceki östenitin C içeriği(C^{o}_{γ}) dir. Bu parametre aşağıda eşitlikle hesaplanabilir:

$C^o_\gamma = -0.435+0.335x10^{-3}T_\gamma+1.61x\ 10^{-6}T^2_\gamma+ 0.006\ (\%\ Mn)\ -0.11\ (\%\ Si)\ -\ 0.07\ (\%\ Ni)$
$+\ 0.014\ (\%\ Cu)-0.3(\ \%\ Mo)$ [3.4]

Burada; T_γ östenitleme sıcaklığıdır (°C). Bu eşitlikten Kazerooni ve arkadaşlarının (32) çalışmasında 950, 920, 870, 840 ve 800°C östenitleme sıcaklıkları için C^o_γ değerleri sırasıyla 0.9, 0.87, 0.72, 0.63 ve 0.51 olarak bulunmuştur.

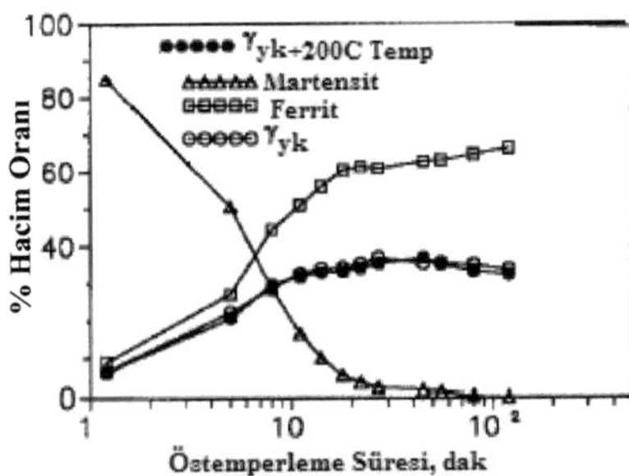

Şekil 3.22. 400°C sıcaklıkta östemperleme süresiyle birlikte ferrit , yüksek karbonlu östenit ve martensit hacim oranlarındaki değişim (71)

Düşük östemperleme sıcaklıklarında östemperlenmiş yapı içerisinde ötektoid ferrit /ferrit bulunur. Ferrit dayanımı düşürür ve uzamayı iyileştirir fakat darbe enerjisi üzerindeki etkisi sınırlıdır. Yapı içerisine ferrittin girmesi bir yönüyle ÖKGDD'in mekanik özelliklerinin daha da geliştirilebilmesi imkan sağlar şekilde yorumlanabilir (32). Kırılma tokluğu artan östemperleme sıcaklığı ile birlikte darbe direncine benzer şekilde artar. Bunun yanı sıra östemperleme süresinin artmasıyla birlikte, karbür oluşumuna bağlı olarak kırılma tokluğu azalır. Yapılan çalışmalarda, yorulma dayanımının östemperleme sıcaklığına bağlı olarak fazla bir değişime uğramadığı, yorulma dayanımını belirlemede sertliğin önemli bir kriter olduğu ve artan sertlikle birlikle yorulma dayanımının azaldığı belirtilmektedir (55).

3.4.3. Alaşım Elementlerinin Etkisi

ÖKGDD'lerde optimum mikroyapı ve mekanik özellikleri elde etmede malzemenin kimyasal kompozisyonu önemli bir etkendir. Alaşım elementleri KGDD malzemenin sertleşebilirlik kabiliyetini yükseltmek için ilave edilir. Bunun yanı sıra ÖKGDD malzemelerin üretim maliyetini arttırmamak için ilave edilen alaşım elementleri miktarı sınırlı tutulur. Sertleşebilirlik/östemperlenebilirlik kabiliyeti, KGDD malzemenin östemperleme işlemi aşamasında yapı içerisinde perlit oluşumundan kaçınılarak dönüşümün gerçekleşebilmesidir (1, 26, 27, 30-32, 34). Alaşım elementlerinin ilavesinin ana amacı KGDD matrisinin sertleşebilirliğini arttırmaktır. Aşırı miktarda alaşım ilavesi östemperleme süresini uzatır, buna bağlı olarak da γ_{yk} hacmi azalır ve yapı karbür de içerir. Bu nedenle ilave edilecek alaşım elementlerinin miktarları yukarıda belirtilen etkilerinden dolayı sertleşebilirliği sağlayacak minimum düzeyde tutulmalıdır. Ayrıca, alaşım elementlerinin segregasyon etkilerini azaltmanın bir diğer yolu da katılaşma aşamasında soğutma hızını artırarak matris içerisinde küre sayısını artırmaktır. Ancak, daha önce yapılan bir çalışmada küre sayısının artmasıyla birlikte ÖKGDD malzemenin kuru kayma aşınma direncinin azaldığı tespit edilmiştir (51). Bakır içeriğinin östemperleme sıcaklığına bağlı olarak çekme özelliklerine etkisi Şekil 3.23'de görülmektedir. Ni, Mo ve Cu gibi alaşım elementleri özellikle ilave edilir. Çünkü bu elementler ÖKGDD için dönüşüm davranışını proses penceresini genişletmek suretiyle değiştirir. Östemperleme sırasında işlem aralığı, işlem süresi olarak isimlendirilir ve önemli bir parametredir. Bu işlem süresi I. reaksiyonu tamamlayacak kadar yeterli olmalıdır ancak, II. reaksiyon veya kırılganlık reaksiyonu başlamadan önce tamamlanmalıdır. ÖKGDD içerisinde Si ve Mn gibi alaşım elementleri kendiliğinden vardır. Bu alaşım elementleri ÖKGDD malzemenin mekanik özelliklerini etkileyecek derecede önemli bir role sahiptir. Mn içeriği arttırıldığında, akma dayanımı, uzama ve çekme dayanımı gibi mekanik özellikler, bu elementin tane sınırlarına segregare olması ve bu alanlarda kırılgan faz bölgeleri oluşturması nedeniyle azalmaktadır. Mo ve Mn gibi alaşım elementlerinin hücreler arası bölgede segrega eğilimleri, bu bölgelerde kırılgan faz oluşumuna sebep olur. Bu nedenle östemperleme reaksiyonunun bu bölgelerde tamamlanması gecikir. Bu nedenle ÖKGDD malzemeye mükemmel mekanik özellikler kazandırmak ve kırılma tokluğunu yükseltmek için Mo ilavesinden kaçınılmalı, Mn içeriği ise oldukça minimum seviyede tutulmalıdır (58).

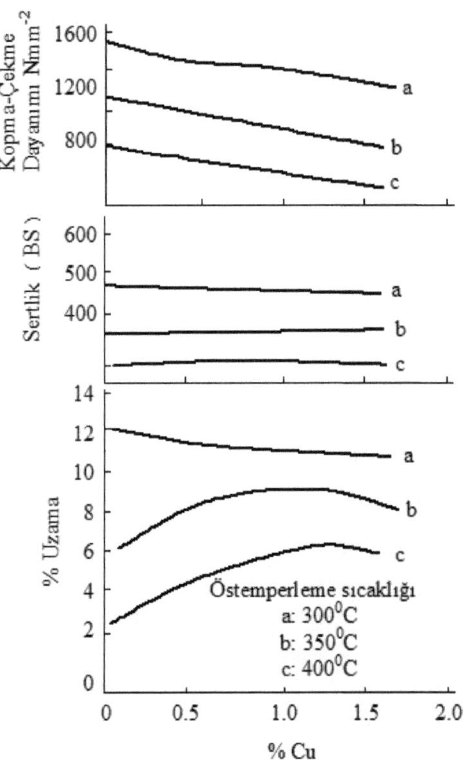

Şekil 3.23. ÖKGDD çekme özelliklerine Cu içeriğinin etkisi (44)

Alaşım elementlerinin etkileri aşağıda kısaca açıklanmıştır.

Karbon (C): KGDD'lerde karbon içeriği % 3.6-3.8 arasında kontrol edilmelidir. %3-4 aralığında karbon içeriği malzemenin çekme dayanımını arttırırken uzama ve sertliğe etkisi oldukça azdır (1).

Silisyum (Si): ÖKGDD'lerde Si içeriği % 2.4-2.8 aralığında değişir (1, 75). Si grafit oluşumunu teşvik eder, C'un östenitteki çözünürlüğünü düşürür, ötektoid sıcaklığı yükseltir ve ösferritik yapı içerisinde karbür oluşumunu engeller. Bu nedenle, ÖKGDD'lerdeki en önemli alaşım elementlerinden birisidir (1, 117). Si içeriğinin artmasıyla birlikte ÖKGDD'in darbe dayanımı artarken, sünek-gevrek geçiş sıcaklığı düşer (1, 114).

Manganez (Mn): ÖKGDD dökümlerde Mn içeriği % 0.3'ü geçmemelidir (1, 51, 75). Bu sınır istenilen döküm kalitesi ve östemperleme sırasında katı hal reaksiyon kinetiği üzerinde etkilidir. Mn dökümlerin katılaşması sırasında tane sınırlarında segregare olur. Dökümlerin ilk kalitesi dikkate alındığında Mn iki kat etkiye sahiptir. Küçük kesitli dökümlerde Mn ötektik karbürlerin oluşumunu teşvik eder. Bu nedenle, küçük kesitli parçalarda bu olumsuz etkiyi ortadan kaldırmak için daha uzun süre östenitleme yapılmalıdır. Orta veya yavaş hızda katılaşan dökümlerde Mn hücre sınırlarına segragare olur ve Fe-Mn karbürler hücre sınırlarında çökelti oluşturur. Mn karbürler, östemperleme işleminden sonra yapı içerisinde yüksek oranda kırılgan fazın kararlı kalmasını sağlar. Mn'ın hücre sınırlarına segregasyonu sonucu hücreler arası östenitin kararlılığı artar ve buna bağlı olarak sertleşebilirlik heterojen hal alır. Bu segragasyon bölgesi östemperleme sıcaklığından oda sıcaklığına soğutma aşamasında martensite dönüşebilir veya geniş bir alanda dönüşmeyen östenit bölgesi olarak kalabilir (1, 86).

Molibden (Mo): Molibden sertleştirilebilirlik kabiliyetini ve aşınma direncini artırırken östenit hacim oranını azaltır (75). Bununla birlikte Mn gibi katılaşma sırasında hücreler arasına segregare olarak karbür oluşumunu teşvik eder. Yapılan tarama elektron mikroskobu (SEM) çalışmalarında (75, 110) oluşan bu fazın kompleks Fe-Mo karbür olduğu tespit edilmiştir. Yeterli sertleşebilirliği sağlaması için kesit kalınlığı göz önüne alınarak Mo minimum miktarda ilave edilmelidir. Mo'nin sertleşebilirliğe etkisi Cu veya Ni ile birlikte kullanıldığında daha iyi olduğu tespit edilmiştir. Mo östemperleme süresini kısaltır ve Mn'dan farklı olarak östenit yerine ferritti karalı hale getiren bir elementtir. Mo içeriği % 0.3-0.6 aralığında tutulmalıdır, çünkü çok pahalı bir elementtir (1, 51, 75, 110-113).

Bakır (Cu): Cu yeterli sertleşebilirliği sağlamak için 2.5 cm çapındaki döküm parçalarda östemperleme işleminin başarılı şekilde gerçekleşmesi amacıyla ilave edilmesine rağmen Ni ve Cu birlikte veya Mo ile birlikte ilave edilmesinin daha etkili olduğu belirtilmektedir (1). ÖKGDD'de Cu içeriğinin maksimum dönüşmeyen östenit miktarı üzerindeki etkisi Şekil 3.24'de görülmektedir. Tüm alaşımlar için östemperleme süresi 2.5 dakika ile 34.1 dakika arasında değişmektedir. % 1 Cu içeren KGDD'de % 35 dönüşmeyen östenit elde etmek için 6.6 dakikalık östemperleme süresinin nispeten kısa olduğunu belirtmiştir (86). % 3 Cu için östemperleme süresinin veya işlem aralığının 6.6 ve 16.6 dakika arasında değiştiği belirtilmiştir. Waanders ve arkadaşlarının (86) yaptıkları çalışmada ise % 20 maksimum dönüşmeyen östenit içeriği ve daha geniş işlem aralığı elde etmişlerdir. Waanders ve arkadaşlarının (86) çalışmasında daha geniş çalışma penceresinin elde edilmesinin malzeme içerisinde Cu içeriğinin fazla olasından ileri geldiği, bunun yanısıra Cu'ın aynı zamanda karbür oluşumunu engellediği ve γ_{yk}'yı daha kararlı hale getirdiği belirtilmiştir. Ni ve Cu ilavesinin en önemli avantajı Mn ve/veya Mo konsantrasyonunu minimum miktarda ilave edilmesini sağlamaktır. Buna bağlı olarak da:

i-hücre sınırlarında Mn ve/veya Mo segregasyonun dan kaçınılır,

ii-östemperleme reaksiyonunun tamamlanması daha kısa sürede gerçekleşir (1).

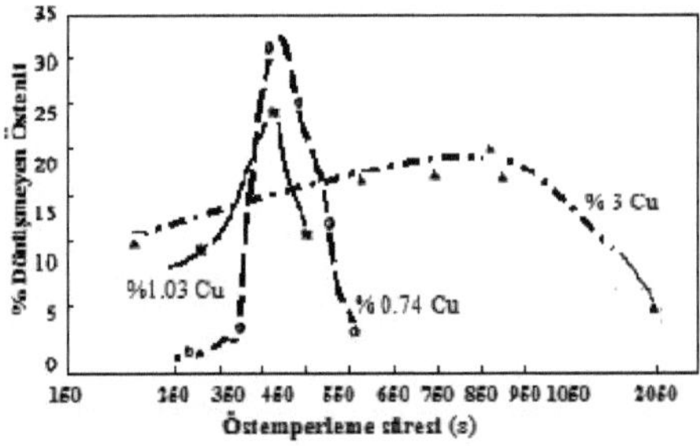

Şekil 3.24. Östemperleme süresiyle birlikte dönüşmeyen östenit miktarına Cu'nun etkisi (86)

Nikel (Ni): Ötektik karbürlerin önlenmesi için ÖKGDD'lere ilave edilen alaşım elementidir. ÖKGDD'lerin sertleşebilirliğin arttırmak için % 2 civarında Ni ilave edilir. Bunun yanı sıra Cu ile birlikte ilave edilmesinin daha etkili olduğu belirtilmiştir (1). Ni ilavesiyle östemperleme süresi artar ve nihai mikroyapı ve özellikleri elde etmek için östemperleme sıcaklığında malzemenin daha uzun süre tutulmasına imkan sağlayarak γ_{yk}'i daha kararlı hale getirir. Nikel 350°C'nin altındaki östemperleme sıcaklıklarında çekme dayanımında çok az düşme etkisi yapmasına rağmen, süneklik ve kırılma tokluğu ise yükseltir. Bunun yanı sıra yüksek Ni içeriği segragasyona neden olur, matris içerisinde dönüşüm hızını etkiler. Ösferritik dönüşüm, matris içerisindeki homojen olmayan östenit konsantrasyonu sebebiyle etkilenmektedir. Bu nedenle segragasyon etkisinin engellenmesi için Mn ile birlikte ilave edilmesi gerektiği belirtilmektedir. Ni ile Mo birlikte ilave edildiğinde molibden nikelin aşırı etkisini azaltır. 400°C'nin altındaki östemperleme sıcaklıklarında Ni ve Mo nin birlikte ilavesi, sünekliği artırır. Bu durum molibdenin karbür çökelmesini engellemesine atfedilir (110).

Krom (Cr): Cr dayanım ve östenitin sertleşebilirliğini arttırır. Optimum özellikler için % 0.5-0.8 aralığında ilave edilmelidir (75). Kırılma tokluğunu iyileştirmek için % 0.3 Cr ilavesinin faydalı olduğu belirtilmektedir (60).

3.5. ÖKGDD'lerin Aşınma Karakteristiği

ÖKGDD lerin aşınma karakteristiğine, östemperleme şartları, uygulanan yük, kayma hızı, ortam şartlarının kuru ve rutubetli olması gibi parametreler etki ederler. Yapılan çalışmalarda ÖKGDD'lerin hem adhesif hem de abrasif aşınmaya karşı oldukça yüksek dirence sahip oldukları tespit edilmiştir (85, 107-109, 115, 116). Yapıda bulunan yüksek karbonlu östenitin aşınma sırasında, numunenin aşınma yüzeyinde meydana gelen deformasyonun etkisiyle, martensite dönüşmesi sonucu ÖKGDD'lerin aşınma yüzey sertliğini arttırdığı ifade edilmektedir. Bunun yanı sıra bazı araştırmacılar, oluşan bu martensitin aşınma esnasında oluşan ısı nedeniyle kendi kendini temperleme etkisinin de söz konusu olabileceğini ve bu nedenle oluşan martensitin sertlikteki artışa katkısının fazla olmayacağını belirtmiştir. Aynı zamanda aşınma sırasında oluşan bu mekanizmanın tamamen anlaşılamadığını, bu nedenle bu konunun daha fazla araştırılmasına ihtiyaç duyulduğu belirtilmiştir (51). Aşınma sırasında oluşan bu dönüşüm sunucu, yüzey sertliğinde artış olmasına rağmen, malzemenin sünekliğinde belirgin bir değişim gözlenmemiştir (14, 109).

ÖKGDD'lerin kuru kayma aşınma davranışıyla ilgili yapılan çalışmalar aşağıda özetlenmiştir.

Haseeb ve arkadaşları (118) % 3.6 C, % 2.5 Si, % 0.6 Mn, % 0.015 S ve % 0.02 P bileşimine sahip KGDD'in aynı sertlik seviyesindeki tribolojik davranışını incelemişlerdir. Çalışmalarında östemperleme, su verme ve temperleme gibi iki farklı ısıl işlem uygulayarak 445KHV matris sertliği elde etmişlerdir. Aşınma deneyleri kuru kayma şartlarında disk üzerinde pim deney cihazında, 1.18 m/s doğrusal hızda, 7.5-30 N yük altında ve 2-6 km kayma mesafesinde aşınma testleri gerçekleştirilmiştir.

Tüm deney şartlarında, aynı kimyasal bileşim ve matris sertliklerinde (445KHV) ÖKGDD'lerin, su verilmiş ve temperlenmiş KGDD'lerden daha iyi aşınma direnci sergilediği tespit edilmiştir. Deneye tabi tutulan malzemelerin aşınma dirençleri arasındaki farklılık bu malzemelerin mikroyapıları ile birlikte aşınma sırasında meydana gelen sürtünme ile oluşan sıcaklık ve mekanik gerilme ile bu malzemelerin gösterdiği davranışın farklılık göstermesi ile açıklamışlardır. Çünkü su verilmiş ve temperlenmiş numunelerin mikroyapılarının başlıca temperlenmiş martensitten oluştuğu ve bu tip mikroyapıların ise oldukça kararsız olduğu ve aşınma deneyi sırasında sürtünmeyle oluşan sıcaklıkla birlikte martensitin sertliği azalır. Bunun doğal sonucu olarak da malzemenin aşınma direnci düşer (Şekil 3.25). Kayma mesafesi ve uygulanan yük arttığında aşınma miktarı artar (Şekil 3.26). ÖKGDD malzemenin mikroyapısı yüksek karbonlu östenit ve ferritten oluştuğu tespit edilmiş. Yüksek karbonlu östenit uygulanan yük altında martensite dönüşür. Ferrit ise aşınma sırasında pekleşir. Her iki mekanizmada malzemenin sertliğini arttırır. Bu nedenle hem gerinim nedeniyle yüksek karbonlu östenitin martensite dönüşmesi hem de ferritin pekleşmesinin ÖKGDD' nin sertliğini yükselttiğini, bunun sonucu olarak da ÖKGDD'in aşınma direncinin arttığını belirtmişlerdir. Ayrıca her iki numunenin aşınma debrislerinden alınan XRD analizleri sonuçları Çizelge 3.4'de verilmiştir. Debrislerin temel olarak Fe_2O_3 ve FeO içerdiğini ve her iki numunenin debris analizlerinde metalik demir pikine rastlanmadığını tespit etmişlerdir.

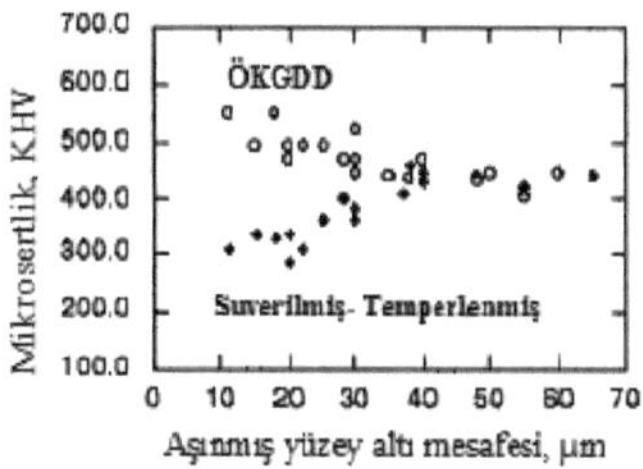

Şekil 3.25. Aşınmış yüzey altı mesafesinin mikrosertlik değerleri (118)

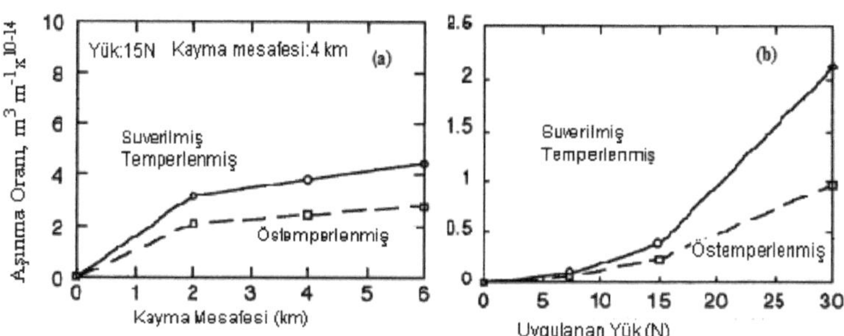

Şekil 3.26. Su verilmiş-Temperlenmiş ve Östemperlenmiş KGDD'lerin kayma mesafesinin fonksiyonu olarak aşınma oranı (118)

Çizelge 3.4. 6 Km kayma mesafesinde ve 15N yük altında yapılan deneylerden elde edilen aşınma debrisleri XRD analizi sonuçları (118)

Kırınım açısı, 2θ(°)	**Olası fazlar (hkl)**	**Nisbi pik yoğunluğu**
35.2	Fe_2O_3 (311)	Çok güçlü
41.2	FeO (200)	Güçlü
43.1	Fe_3O_4 (222)	Zayıf

Ahmadabadi ve arkadaşları (51), % 3.5 C, % 0.75 Mn, % 0.05 Cr, % 0.18 Cu ve % 0.04 Mg bileşimine sahip KGDD'in tribolojik davranışına kademeli östemperlemenin etkisini incelemişlerdir. Çalışmalarında farklı küre sayısına sahip KGDD'lere 315 ve 375°C'de geleneksel ve kademeli ısıl işlem uygulamışlardır. Aşınma deneyleri, bilezik üzerinde pim deney cihazında, kuru atmosferik şartlar altında, 0.6 ve 1.28 m/s kayma hızlarında, 100, 200 ve 300 N yükler altında ve optimum mekanik özelliklere sahip numuneler kullanılarak gerçekleştirilmiştir.

315°C'de östemperlenen numunelerin en yüksek aşınma direnci gösterdiği, 375°C'de östemperlenenlerin ise en düşük aşınma direnci gösterdiği tespit edilmiştir. Kademeli ısıl işlem uygulanan numunelerin mekanik özelliklerinin ve aşınma dirençlerinin iyileştiği görülmüştür. Bu malzemenin mikroyapısının alt ve üst ösferrit dubleks yapıdan oluşması, yüksek karbonlu östenit içermesi ve yüksek karbonlu östenit hacim oranı ve karbon içeriğinin iyileşemeye sebep olarak göz önüne alınması gereken ana faktörler olduğunu bildirmişlerdir. Bunun yanı sıra, uzun sürede katılaşma ve düşük küre sayısına numunelerin çok kısa katılaşma süresine sahip yüksek küre sayılı numunelerden daha düşük aşınma oranına sahip olduğu tespit edilmiştir (Şekil 3.27). Uzun katılaşma süresine sahip numunelerde küre sayısının azalmasının hücreler arası bölgelerde fazla miktarda Mn segregasyonunun artmasına sebep olduğu ve hücreler arası bölge içerisinde fazla miktarda Mn segregasyonunun, reaksiyona girmemiş östenit hacmini arttırdığı, müteakibinde oda sıcaklığına soğutmayla reaksiyona girmemiş östenitin martensite dönüştüğü şeklinde açıklamışlardır. Martensitle birlikte sertliğin yükselmesi ÖKGDD'nin aşınma direncini arttırdığı ifade edilmektedir. SEM çalışmalarında aşınmış yüzeylerin yakınında porozitelerin ve boşlukların görüldüğü ve bu porozitelerin kayma sırasında delaminasyon tabakasının oluşmasının temel sebebi olduğu ifade edilmiştir. Buna bağlı olarak da çalışmada ÖKGDD malzemelerin baskın aşınma mekanizmasının delaminasyon mekanizması olduğu ifade edilmiştir.

Çelik ve arkadaşlar (119) çalışmalarında, döküm durumundaki ve östemperlenmiş KGDD'lerin kuru aşınma davranışına çevre rutubeti, sertlik ve grafit hacim oranı gibi malzeme özelliklerinin etkilerini araştırmışlardır.

Döküm durumu KGDD ve ÖKGDD'lerin kuru sürtünme aşınma dirençlerinin, rutubetin artmasıyla birlikte arttığını, belirli bir rutubet aralığında (% 47-% 53) KGDD kuru aşınma direncinin sertlik ve grafit hacim oranının kombine etkisine bağlı olduğunu belirtmişlerdir. Çünkü kuru sürtünme şartlarında rutubet yağlayıcı ve yağ tutma görevi üstlenir, buna bağlı olarak KGDD'lerin aşınma dirençlerinin iyileştirdiğini bildirmişlerdir. KGDD'lerin aşınma dirençlerinin grafit hacim oranının artmasıyla birlikte arttığını, bunun yanı sıra östemperleme ısıl işlemiyle mikroyapı içerisinde ösferritik matris oluşturduğu buna bağlı olarak da KGDD'in hem sertliğinin hem de kuru kayma direncinin arttığını bildirmişlerdir.

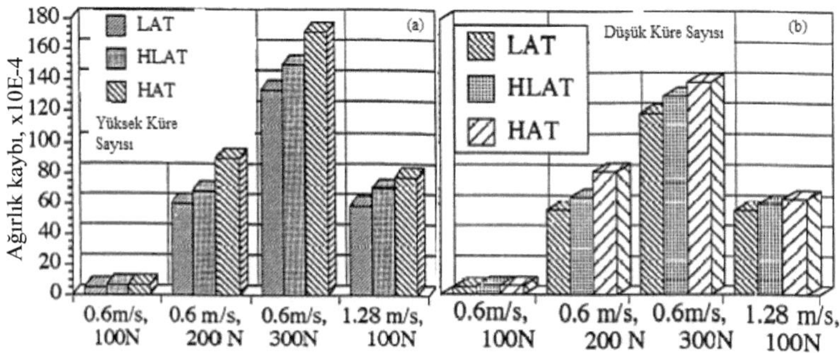

Şekil 3.27. 1000 m kayma mesafesinde, farklı malzemelerin, uygulanan yük ve kayma hızı aşınma kaybı arasındaki ilişki (51)

İslam ve arkadaşları (120) çalışmalarında, döküm durumundaki ve ısıl işlem yapılmış KGDD'lerin kuru kayma şartları altında aşınma davranışlarını incelemişlerdir. Aşınma deneyleri, disk üzerinde pim deney cihazında, 0.88 m/s doğrusal hızda, 1.5 kg'lık sabit yük altında ve 9500 m kayma mesafesinde gerçekleştirilmiştir.

Döküm durumunda 382 KHV sertliği olan numunelerin ısıl işlem yapılmış ve sertliği 580 KHV olan numunelerden 3 kat daha fazla aşındığını tespit etmişlerdir (Şekil 3.28). Aşınma miktarları arasındaki bu farklılığın malzemelerin matris yapılarından kaynaklandığı belirtilmiştir. Döküm durumundaki numunelerin yapılarının büyük oranda perlitten oluştuğu ve küresel grafitlerin etrafında da ferrit çevrelediğini belirtmişlerdir. Ferrit yumuşak bir faz olduğu için aşınma sırasında kolayca deformasyona uğramıştır. Isıl işlem yapılmış numunelerin temperlenmiş martensitik matrise sahip olmalarından dolayı sertliklerinin yüksek olup aşınmalarının azaldığı belirtilmiştir. Isıl işlem yapılmış numunelerin 9500 m kayma mesafesinden sonra çıkan aşınma debrislerinin XRD analizleri Çizelge 3.5'de verilmiştir. Debrisin temel olarak demir tozları, Fe_3O_4 ve FeO içerdiğini tespit etmişler. FeO ve Fe_3O_4'un Fe_2O_3 dan oluştuğunu ifade etmişlerdir. Isıl işlem yapılmış numunelerde ana aşınma mekanizması abrasif mekanizma olurken, döküm durumundaki numunelerde ise adhesif, delaminasyon/yüzey yorulmasının kombinasyonu şeklinde olduğunu tespit etmişlerdir.

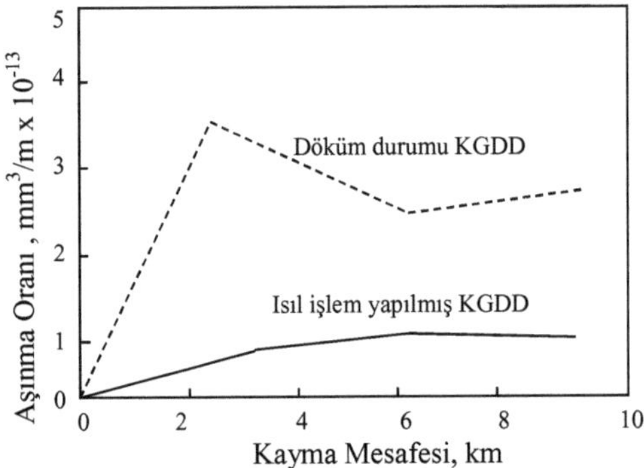

Şekil 3.28. Kayma mesafesinin fonksiyonu olarak KGDD'in aşınma oranı (120)

Çizelge 3.5. Isıl işlem yapılan numunelerin 9.5 km kayma mesafesinde aşınma debrisleri XRD analizi sonuçları(120)

Kırınım açısı, 2θ(°)	**Olası fazlar (hkl)**	**Pik yoğunluğu**
35.6	Fe_3O_4 (311)	Zayıf
41.91	FeO (200)	Güçlü
44.7	Fe (110)	Çok güçlü
82.5	Fe (211)	Zayıf

Baydoğan ve Çimenoğlu (20), % 3.72 C- % 2.51 Si - % 0.43 Mn - %0.29 Cu- % 0.05 Mg bileşimine sahip KGDD'nin mekanik özellikleri ve aşınma davranışı üzerine östemperleme süresinin etkisini araştırmışlardır. Çalışmalarında 900°C'de 100 dakika östenitleme'den sonra 300°C'de değişik sürelerde östemperleme ısıl işlemi yapmışlardır. Aşınma deneylerini disk üzerinde pim deney cihazında, 1 m/s kayma hızında 20, 40 ve 80 N yükler altında ve 3600 m kayma mesafesinde gerçekleştirmişlerdir.

Östemperleme uygulanan numunelerin döküm durumundaki numunelerden daha mükemmel kuru kayma aşınma direnci sergilediği tespit edilmiştir. Östemperlenen numunelerin daha iyi aşınma direnci göstermesinde, bu numunelerin mikroyapılarını oluşturan iğnemsi ferrit morfolojisinin ve yüksek miktarda kalıntı/yüksek karbonlu östenitin (%20-25) etkili olduğu belirtilmiştir. Östemperleme süresinin artmasıyla aşınma direncinin iyileşmesinin özellikle en yüksek test yükünde (80 N) belirgin bir şekilde ortaya çıktığını ifade etmişlerdir (Şekil 3.29). Bu davranışın muhtemelen östemperleme sırasında mikroyapıdaki değişimden kaynaklandığı, bunun yanı sıra östemperleme süresinin artmasıyla dönüşmeyen östenit bölgelerinin azalmasının etkili olabileceği şeklinde açıklamışlardır.

ÖKGDD'in aşınma direncinin mükemmel olması asiküler ferrit morfolojisi ve yüksek miktarda yüksek karbonlu kalıntı östenite atfedilmiştir. Yüksek karbonlu kalıntı östenitin pekleşmeyle veya gerinim nedeniyle martensite dönüşüm mekanizmasıyla aşınma direncinin iyileşmesinde katıkta bulunduğu belirtilmişdir. Östemperleme şartlarında, östemperleme süresinin artmasıyla süneklikle birlikte aşınma direnci iyileştirmişdir. Aşınmış numunelerin uzunlamasına kesitlerinin SEM ile incelenmesi ile aşınmış yüzeylerin altında kesme deformasyonu meydana geldiğini tespit etmişlerdir.

Hatete ve arkadaşları (121) östemperlenmiş dökme demirlerin aşınma karakteristiğine grafit morfolojisinin etkisini araştırmışlardır. Çalışmalarında küresel, vermiküler ve lamel grafitli dökme demir olmak üzere 3 farklı malzeme kullanmışlardır. Bu malzemeleri 900°C'de 1 saat östenitleme işlemini müteakiben 300°C'de tuz banyosunda 1 saat östemperlemişlerdir. Aşınma testleri kuru ve ıslak şartlarda olmak üzere Nishiara türü aşınma cihazında gerçekleştirilmiştir. Hem kuru hem de ıslak deney şartlarında, grafitlerin küreselden lamel yapıya dönüşmesiyle aşınma kaybının arttığını tespit etmişlerdir. Aşınmanın ilk periyodunda grafitlerin küreleşmesi azaldığından (KGDD- vermiküler - lamel grafit) aşınma kaybının arttığı tespit edilmiştir. Çünkü grafitlerin küreleşmesi azaldığında, grafitlerle matris arasındaki ortalama mesafenin kısalacağı ve bunun da, grafitin uç kısımlarında daha fazla gerilim konsantrasyonu oluşmasına neden olacağı belirtilmiştir.

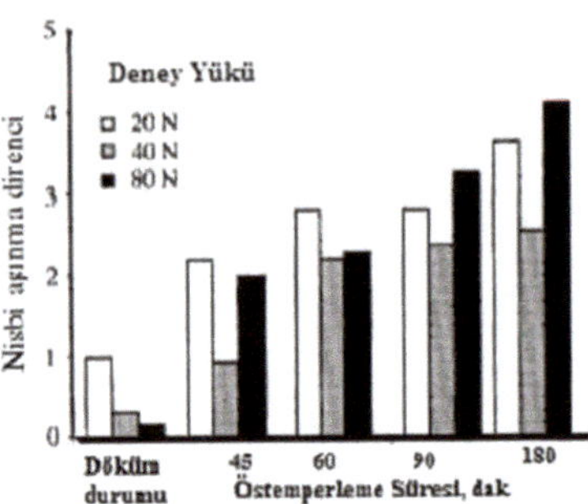

Şekil 3.29. Döküm durumu ve östemperlenmiş KGDD'lerin nispi aşınma direnci (20)

Ghaderi ve arkadaşları (122) östemperlenmiş dökme demirlerin aşına davranışı üzerine grafit morfolojisinin etkisini araştırmışlardır. Çalışmalarında farklı kimyasal kompozisyonlara sahip, gri, KGDD ve vermiküler grafitli dökme demirlere 375°C'de farklı sürelerde östemperleme işlemi uygulamışlardır. Kayma aşınma testleri bilezik üzerinde balata cihazında kuru atmosferik şartlar altında, 250 ve 950 rpm/dak hızlarında 90 N yük altında ve 1 km kayma mesafesinde gerçekleştirilmiştir. Deneyler sonucunda, özellikle düşük hızlarda östemperlenmiş dökme demirin perlitik gri dökme demirden daha mükemmel aşınma direncine sahip olduğunu tespit etmişlerdir. Östemperlenmiş dökme demir ve vermiküler dökme demir en iyi aşınma direnci gösterirken gri ve KGDD'ler düşük aşınma direnci göstermiştir.

Ping ve arkadaşları (123) yüksek silisyumlu ÖKGDD ve çelik malzemelerin sürtünme ve aşınma davranışlarını incelemişlerdir. KGDD numuneler 900°C'de 2 saat östenitlenmiş müteakiben de 370°C'de tuz banyosunda 0.5-72 saat aralığında östemperlenmiştir. Aşınma testleri disk üzerinde pim aşınma cihazında 1.15 m/s kayma hızında ve 10.5 ve 19.6 N yükler altında gerçekleştirilmiştir.

Deneyler sonucunda, östemperlenmiş KGDD numunelerin östemperlenmiş yüksek Si'lu çelikten daha fazla aşındığı tespit edilmiştir. ÖKGDD'nin aşınmasının yüksek olması numunelerin aşınmış yüzeylerinde yüzey deformasyonunun fazla olmasına, mikro çatlak oluşumuna ve debris boyutunun iri olmasına atfedilmiştir.

Lu ve Zhang (124) lazerle sertleştirilmiş ve sertleştirme yapılmamış ÖKGDD'lerin kuru kayma karakteristiğini incelemişlerdir. Çalışmalarında, iki farklı ısıl işlem uygulamışlar, Cu-Mo içeren numuneler 890°C'de 130 dakika östenitleme, müteakiben de 360°C'de 2 saat östemperlenmiş ve daha sonra bu numuneler lazerle sertleştirilmiştir. Aşınma deneyleri, üst disk hızı 360 rpm/dak, alt çelik disk hızı 400 dev/dak olan Amsler türü iki-diskli aşınma cihazında 1,193 m/s kayma hızında ve 2-14 kgf yükler altında gerçekleştirilmiştir. Çalışma sonucuna, östemperlenmiş numunelerin normalize edilmiş numunelerden daha düşük aşınma kaybı oranına sahip olduğunu, lazerle sertleştirilmiş numunelerin ise aşınma direncinin daha yüksek olduğunu belirtmişlerdir. Östemperlenmiş ve lazerle sertleştirilmiş numunelerin iyi aşınma direnci göstermesinin, aşınma sırasında östenitin gerinim sebebiyle martensite dönüşmesiyle açıklamışlardır.

Fordyce ve Allen (125), östemperlenmiş KGDD'in kuru kayma aşınma davranışını incelemişlerdir. Çalışmalarında numuneler önce 900°C'de 1 saat östenitlenmiş daha sonra yağ banyosunda sertleştirilmiş ve 250 ve 350°C'deki tuz banyolarında soğutularak, bu sıcaklıklarda 30 dakika bekletilmiştir. Aşınma deneyleri, disk üzerinde pim deney cihazında, 0.5 m/s ve 2 m/s kayma hızlarında 20 N yük altında gerçekleştirilmiştir.

Özellikle yüksek hızlarda ÖKGDD'in aşınma direncinin kendisinden daha sert olan çelikten daha mükemmel olduğunu tespit etmişlerdir. Düşük hızlarda matriste tespit edilen % 20 kalıntı östenitin martensite dönüşmesi, yüzeyde magnetite (Fe_3O_4) oksidinin oluşması (bu oksit 200°C'de oluşur) kayma sırasında metal-metal yüzeyleri arasında oksit filmi oluşmasına neden olduğu, ayrıca düşük hızlarda sürtünme yüzeylerinin sıcaklığının fazla yükseldiği belirtilmiştir. Kayma hızı 2 m/s ye yükseldiğinde aşınma yüzeylerindeki çıkıntıların sıcaklığını ani olarak yükseltmekti ve ortalama yüzey sıcaklığının arttığını ve baskın olarak wustite (FeO) oksidi (bu oksit 570°C'de oluşur) oluşumuna neden olduğu, bunun yanında yüzey sıcaklığının yükselmesi yüzeyin oksitlenme hızını arttırır, buna bağlı olarak çok ince oksit tabakası oluşur. Yüzeyde oksit tabakası oluşması; metalik çıkıntıların birleşmesini önler ve temas yüzeylerinin deformasyonunu kolaylaştırır, ayrıca oluşan oksitler sınırları yağlama etkisi gösterir,buna bağlı olarak da metalik temasların sayısını, sürtünme kuvvetini ve aşınma hızını azaltır.

Takeuchi (126), KGDD'lerin kuru kayma aşınma mekanizmasını çalışmıştır. Çalışmasında ferritik KGDD'lere 550°C'de 1 saat gerilim giderme tavlaması uygulamış, daha sonra 900°C'de 2 saat östenitlemiş ve müteakiben de 750°C'de 5 saat ferritik ısıl işlem uygulamıştır. Tornada numuneleri işledikten sonra 550°C'de 1 saat gerilim giderme ısıl işlemi uygulamıştır. Aşınma testlerini, pim ve bilezik türü aşınma cihazlarında, % 100 sürtünme/kayma şartlarında, 5-200 N temas basınçları altında, 0.05 ile 4 m/s kayma hızlarında ve 500 m toplam kayma mesafesinde gerçekleştirilmiştir.

Kayma hızı 3 m/s den daha yüksek olduğunda kayma yüzeyinde 0,02 mm kalınlığında martensit tabakasının oluştuğunu, bu oluşumun KGDD'in özgün özelliği olduğu belirtilmiştir. Ferritik KGDD 1m/s kayma hızında ve yüksek temas basınçlarında perlitik KGDD'e göre hem sınırlı oksit aşınması hem de kararlı sınırlı aşınma meydana geldiği, bununla birlikte ferritik KGDD'de aşınma eğiliminin adhesif aşınma mekanizması olduğu tespit edilmiştir. Aşınma debrislerinin analizi sonucu, demir oksit içeriğinin kayma mesafesinin artmasıyla γ-Fe_2O_3'den α-Fe_2O_3'e dönüştüğü belirtilmiştir.

Prasanma ve arkadaşları (127) % 3.6 C- % 2.7 Si- % 0.49 Mn -% 0.005 S kompozisyonuna sahip KGDD'in mikroyapı ve aşınma karakteristiklerine östemperleme sıcaklığının etkisini, döküm durumundaki KGDD malzemelerle karşılaştırmışlardır. Deneylerde kullanılan KGDD malzemeler 3 farklı kalıp malzemesi kullanarak üretilerek 920°C'de 2 saat östenitlenmiş ve müteakiben de 280, 310 ve 340°C sıcaklıklara soğutulmuştur. Artıca bu sıcaklıklarda 2 saat süreyle östemperlenmiştir. Aşınma deneyleri ise, disk üzerinde pim deney cihazında, kuru kayma şartlarında, 200 rpm/dak ve 300 rpm/dak hızlarında 10 N ve 30 N yükler altında 1 saat süreyle aşınmaya tabi tutularak gerçekleştirilmiştir. Ayrıca her 10 dakika da bir tartım yapılarak aşınma miktarlarını tespit etmişlerdir.

Çalışmada elde edilen mikroyapıda alt ösferritik yapıdan üst ösferritik yapıya ciddi şekilde dönüşme eğiliminde olduğunu belirtmişlerdir. Metalik kalıplara dökülen numunelerin karbondioksitle sertleştirilmiş kum kalıplara ve yaş kum kalıplara dökülen numunelerden hem döküm durumunda hem de ısıl işlem yapılmış şartlarda daha yüksek sertliğe sahip olduğunu tespit etmişlerdir. Numunelerin aşınma miktarları, östemperleme sıcaklığının artmasıyla kademe kademe azalmış ve en az aşınma metalik kalıplarda üretilen ve 310 ve 340°C'da östemperlenen numunelerde tüm hızlarda ve uygulanan yüklerde elde edildiği belirtilmiştir. Östemperleme sıcaklığının yükselmesiyle sertliğin yükselmesi bu duruma sebep gösterilmiştir.

Prado ve arkadaşları (128), % 3.52 C-.% 2.60 Si- % 0.02 Mn - % 0.01 P- % 0.01 S-% 0.03 Cr- % 0.20 Mo- % 0.40 Ni- % 0.73Cu bileşimine sahip ve 4 farklı sıcaklıkta östemperlenmiş KGDD'lerin kuru kayma aşınma davranışını incelemişlerdir. Aşınma testleri kuru-silindirik-kayma aşınma cihazında, 110, 300, 500 ve 800 N yükler altında, 30 mm çapında pim kullanılarak 0.11 m/s sabit hızda gerçekleştirilmiştir.

Uygulanan düşük yüklerde aşınma direncinin östemperleme sıcaklığından bağımsız olduğunu ve yüksek yüklerde (500 ve 800 N) ise östemperleme sıcaklıklarına çok fazla bağlı olduğunu tespit etmişlerdir. 340°C'de östemperlenmiş ve yüksek yükler uygulanmış numunelerde en iyi aşınma direncinin elde edildiğini tespit etmişlerdir. Malzemenin döküm sertliğinin olağan dışı yüksek olmasının bu durumun sebebi olduğu sonucuna varmışlardır. Aşınmış yüzeylerin SEM ile incelenmesinde, aşınmanın yüzey alt yorulması olduğunu küresel grafitlerin ciddi şekilde plastik deformasyona uğradığını ve çatlakların karbon kürelerinin etrafında ilerlediğini tespit etmişlerdir. Deney şartları altında ÖKGDD aşınmasında yüzey altı yorulması ile birlikte plastik deformasyona uğramış grafit küreleri etrafında çatlakların kolayca çekirdeklenmesinin etkili olduğunu belirtmişlerdir.

Şenel ve arkadaşları (129), farklı matris mikroyapılarına sahip (ferritik, perlitik, suda sertleştirilmiş ve temperlenmiş martensit) KGDD'lerin kuru kayma aşınma davranışlarını incelemişlerdir. Aşınma testleri, disk üzerinde pim deney cihazında, 1 m/s doğrusal kayma hızında, 20, 40 ne 60 N yükler altında ve 3600 m kayma mesafesinde gerçekleştirilmiştir.

Aynı kimyasal bileşime ve farklı matris sertliğine sahip olmakla beraber, tüm test şartları altında temperlenmiş martensitik KGDD'in martensitik, ferritik ve perlitik küresel grafitli dökme demirlerden daha yüksek aşınma direnci gösterdiğini tespit etmişlerdir. Buna sebep olarak da, matris sertlikleri arasındaki farklılık gösterilmiştir. Martensitik matrisli numunelerin en yüksek sertliğe sahip olmalarına rağmen aşınma deneyi sırasında sürtünme nedeniyle sıcaklık artmasından dolayı sertlikleri azalmış ve dolayısıyla aşınma dirençleri de azalmıştır. Ayrıca temperlenmiş numunelerde aşınma sırasında sıcaklığın yükselmesiyle diğer numunelere göre daha fazla oksit oluştuğu ve izler üzerinde bu oksitlerin yapışarak oksit tabakası oluşturduğunu tespit etmişler bu nedenle bu numuneler daha az aşınma göstermiştir.

Zimba ve arkadaşları (109) alaşımsız ÖKGDD'lerın kuru kayma aşınma davranışını incelemişlerdir. Deneylerde kullanılan numuneler 900°C'de Sodyum Klorid tuz banyosunda 60 dakika östenitlemişlerdir. Östemperleme işlemini 325, 350 ve 375°C sıcaklıklarda 55 dakika bekletmişlerdir. Kuru kayma aşınma deneylerini, alternatif hareketli aşınma cihazında, 40-140 N yükler arasında ve 0,05 m/s doğrusal hızda gerçekleştirmişlerdir. Aşınma testi sırasında sürtünme katsayısındaki değişimi doğrusal değişkenli farklı transdüser (LVDT) kullanarak tespit emişlerdir.

Alaşımsız ÖKGDD'nin aşınma direncinin 325-375°C östemperleme sıcaklık aralığında önemli derecede iyileştiğini belirtmişlerdir. Sürtünme katsayısının, aşınma direncinin artmasıyla azaldığını tespit emişlerdir. Östemperleme işlemi alaşımsız KGDD numunenin aşınma direncini döküm durumu numuneye göre önemli miktarda iyileştirmiştir (Şekil 3.30(b)). Özgül aşınma oranlarındaki değişim ise Şekil 3.30 (a) ve Şekil 3.31(a) ve (b) de verilmiştir. Aşınma performansındaki iyileşmenin küresel grafitlerinin doğal yağlayıcı olmasına, başlangıç sertliğinin ösferritik yapı oluşumu ve yüzeyin pekleşmesi, plastik deformasyonla kalıntı östenitin martensite dönüşmesiyle sertliğin artmasına ve prosesin özgül aşınma oranının yüke duyarlı olmasına atfetmişlerdir.

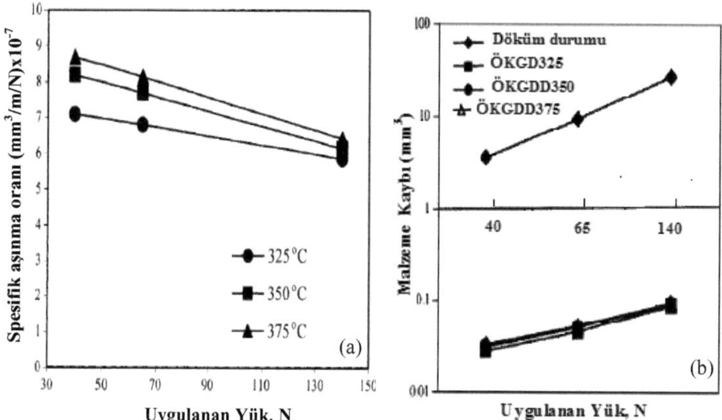

Şekil 3.30. Uygulanan yükle birlikte (a) özgül aşınma oranındaki ve (b) aşınma kaybındaki değişim (109)

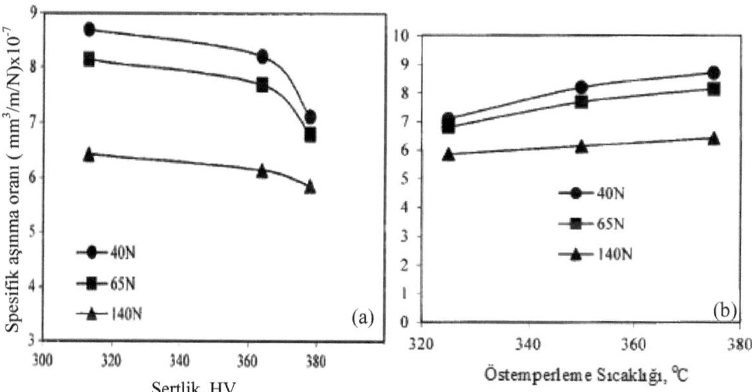

Şekil 3.31. Uygulanan yüke bağlı olarak (a) özgül aşınma oranı ile sertlik ve (b) özgül aşınma oranı ile östemperleme sıcaklığı arasındaki ilişki (109)

Schmidt ve Schuchert (18), ÖKGDD'in aşınma davranışına östemperleme sıcaklığını ve süresinin etkisini araştırmışlardır. Çalışmalarında numuneler önce 860°C'de 1saat östenitlenmiş daha sonra tuz banyosunda 310 ve 450°C sıcaklık aralığında 2.5 ile 60 dakika aralığında östemperleme işlemine tabi tutulmuştur. Daha sonra numuneleri su içerisinde oda sıcaklığına soğutmuşlardır. Aşınma deneyleri shaping cihazı üzerinde pim-test aparatında, 0.18 m/s kayma hızında, 119 ve 213 N yükler altında ve oda sıcaklığında % 45-55 rutubet şartlarında yapılmıştır. ÖKGDD mikroyapının asiküler ferrit plakalarından oluşan matris içerisinde küresel grafit ve yüksek karbonlu östenit ten oluşan homojen olmayan mikroyapısının aşınma direnci üzerinde etkiliği olduğu belirtilmiştir. Bunun yanı sıra, yapı içerisinde mevcut grafitin kendi kendine yağlama etkisi (bu özellik çeliklerde yoktur) göstermesinin bu malzemenin aşınma direncini iyileştirdiği belirtilmiştir. Deney sıcaklığının 310°C'den 450°C'e yükseltildiğinde yüksek karbonlu östenit içeriğinin % 5 den % 30'a yükseldiği tespit edilmiştir. Ayrıca 370°C sıcaklığın altında mikroyapının yüksek karbonlu östenit içerisinde dağınık halde çok ince ferrit iğneleri veya plakalarından oluştuğu tespit edilmiştir. Bu durumda oluşan yapı içerisinde yüksek karbonlu östenitin sert/kararlı olduğu, buna bağlı olarak da bu malzemede martensitik dönüşüm oluşmadığını tespit etmişlerdir. Östemperleme sıcaklığının 310-450°C'e yükseltilmesiyle ferrit plakalarının kabalaştığı ve asiküler morfolojinin azaldığı yüksek karbonlu östenit içeriğinin yükseldiği buna bağlı olarak bu malzemenin makro sertliğinin ve aşınma direncinin azaldığı belirtilmiştir (Şekil 3.32). Ayrıca uygulanan yükün 119 N'dan 213 N'a yükseltilmesiyle aşınan numune yüzeyinde ince martensit tabakası oluştuğu tespit edilmiştir.

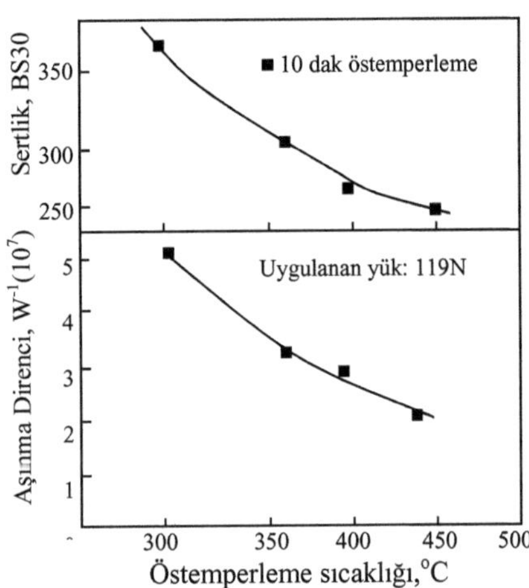

Şekil 3.32. Östemperleme sıcaklığıyla aşınma direnci ve sertlik arasındaki ilişki (18)

Bosnjak ve arkadaşları (130) ÖKGDD malzemenin aşınma davranışı üzerine östemperleme prosesinin etkisini araştırmışlardır. Çalışmalarında, % 0.8 Ni ve % 0.25 Mo içeren düşük alaşımlı KGDD 300 ve 400°C'de 120 dakika tekli ve iki kademeli olarak östemperlemişlerdir. Aşınma deneyleri disk üzerinde pim deney cihazında, kuru atmosferik şartlar altında, 0.6, 0.7 ve 1.0 m/s hızlarda ve 15.82 ve 22.84 N yükler altında gerçekleştirilmiştir. Deney süreleri 30, 60, 120 dakika olarak alınmıştır.

Kademeli olarak östemperlenen numunelerin aşınma direncinin 400°C'de östemperlenen numunelerden daha yüksek olduğu ve 300°C'de östemperlenen numunelere yaklaşık eşit olduğu tespit edilmiştir. İki kademeli proseste östemperlenen numunelerin daha yüksek darbe enerjisine sahip olduğu aynı zamanda en iyi mekanik özellikler sergilediği belirtilmiştir. İki kademeli proses sırasında, birinci aşama reaksiyonunun (ösferrit oluşumu) hücreler arası bölgede ve arzu edilmeyen ikinci aşama reaksiyonundan (karbürlerin çökelmesi) önce tamamlandığı belirtilmiştir. Mekanik özelliklerin ve aşınma direncinin iyi olmasının nedeni olarak, iki kademeli işlem sonucunda karbür içermeyen üst ve alt ösferritten oluşan dubleks yapının oluşması iki kademeli prosesle üretilen numunelerin daha yüksek aşınma direncini arttırdığını ifade etmişlerdir. Lancester aşınma faktörü K (mm^3 /Nm) Şekil 3.33'de gösterilmiştir. Aşınma mekanizmasının baskın olarak delaminasyon olduğunu tespit etmişlerdir.

3.6. ÖKGDD'lerin Mekanik Özellikleri

ÖKGDD'ler uygulamada mükemmel mekanik özelliklerin kombinasyonu ile birlikte iyi aşınma direnci ve çeliklere göre düşük üretim maliyeti ve % 10 daha hafif olma özelliklerini birleştiren önemli bir mühendislik malzemesidir. ÖKGDD'lere uygulanan östemperleme ısıl işlemiyle mikroyapıda oluşan değişiklik sonucu bu malzemenin dayanımı ve sertliği artar. ÖKGDD'lerin mekanik özellikleri, ısıl işlem sonucu oluşan mikroyapıya bağlı olarak değişime uğrar. Alt ösferritik yapıya sahip ÖKGDD malzeme maksimum dayanım ve düşük süneklik gösterirken üst ösferritik yapıya sahip malzeme ise yüksek süneklik ve tokluk gösterirken dayanımı biraz

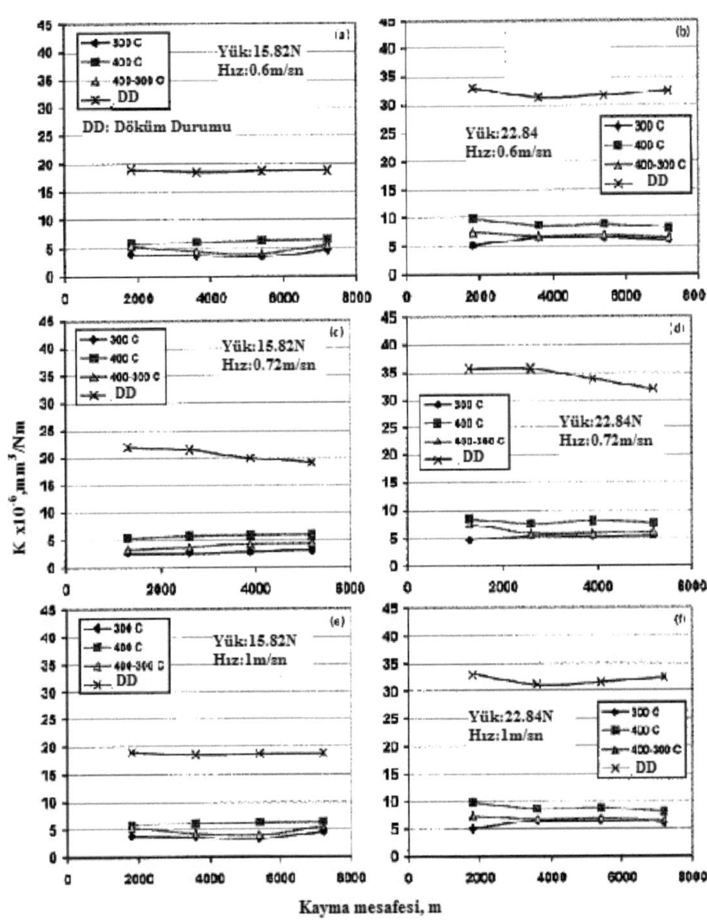

Şekil 3.33. Östemperleme sıcaklıkları ve kayma şartları için kayma mesafesinin fonksiyonu olarak Lancester aşınma faktörü K (mm^3 /Nm) (130)

düşer. Düşük sertliğe sahip ÖKGDD'ler yapısal uygulama alanlarında kullanılırken daha yüksek sertliğe sahip türleri ise aşınma direnci gerektiren uygulamalarda kullanılmaktadır (1,59). Yüksek dayanım ve süneklik gibi özellikler ÖKGDD'lere yüksek tokluk kazandırmaktadır. ÖKGDD'lerin kırılma tokluğu, diğer KGDD türlerine göre oldukça iyidir. ÖKGDD'in mikroyapısı, çeliğin mikroyapısından farklıdır, çünkü östemperleme prosesi ile çelikte ferrit ve karbür karışımı mikroyapı elde edilirken, ÖKGDD'de ise ferrit ve yüksek karbonlu östenit karışımı mikroyapı elde edilir. Bunun yanı sıra östemperleme reaksiyonu ile ÖKGDD de elde edilen östenit yüksek kararlılığa sahiptir. Bu benzersiz ferrit ve yüksek karbonlu ve kararlı östenit kombinasyonu ÖKGDD'de istenilen mikroyapıdır ve buna bağlı olarak da ÖKGDD mükemmel özellikler sergilemektedir. ÖKGDD'lerde II. reaksiyon arzu edilmez, bu reaksiyonla karbürler oluşur. Oluşan karbürler kırılgan fazdır ve ÖKGDD'in sünekliği ve kırılma tokluğunu düşürür. Östemperleme süresine bağlı olarak mekanik özelliklere etkisi Şekil 3.34'de verilmiştir.

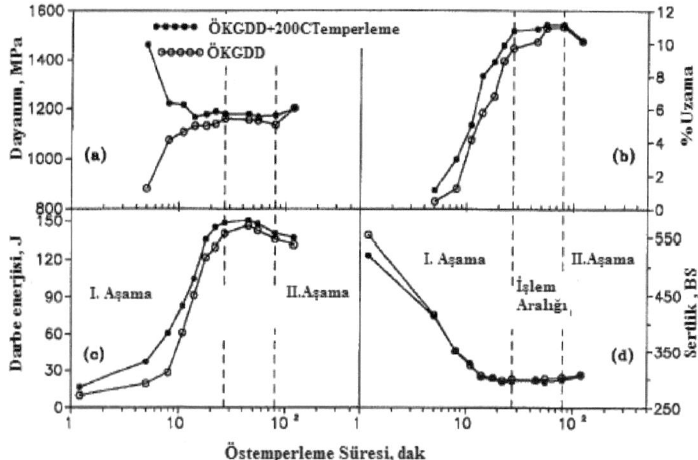

Şekil 3.34. Östemperleme süresiyle birlikte, (a) çekme dayanımı, (b) uzama, (c) darbe enerjisi, (d) sertlikteki değişim (71)

Isıl işleme bağlı olarak ferrit ve yüksek karbonlu östenit miktarı değişim göstermektedir. Bu nedenle östemperleme ısıl işlem döngüsüne bağlı olarak ÖKGDD özellikleri geniş bir aralıkta değişkenlik sergilemektedir. ÖKGDD'in çekme dayanımı 850-1600 MPa, uzaması % 1-10 arasında değişir (1-4, 58-61). Aşınma uygulamaları için düşük sıcaklıklarda (örneğin 260°C) östemperleme ile yüksek sertlik elde edilebilmektedir (58-61). Yüksek östemperleme sıcaklıklarında dayanımla birlikte mükemmel süneklik ve dinamik özellikler elde edilirken düşük sıcaklıklarda daha yüksek dayanım ve aşınma direnci elde edilir. 900 ile 1200 MPa arasında çekme dayanımı ve % 16 üzerinde uzama elde edildiğinde malzemenin sertliği düşer (15, 28, 42, 58, 59).

Uygulamalar için süneklik oldukça önemlidir. İstenilen bu özelliğin elde edilmesi için östemperleme üst ösferritik bölge içerisinde (örneğin 360°C ve üzerinde) yapıldığında 1000 MPa gibi düşük dayanım ve % 14 ve üzerinde uzama elde edilebilmektedir.Yapılan çalışmalarda mekanik özelliklerle ilgili genel sonuçlar aşağıda verilmiştir (10):

i- Dayanım östemperleme sıcaklığının azalmasıyla birlikte artar,
ii- Süneklik östemperleme sıcaklığının artmasıyla birlikte artar,
iii- Mn ve Mo gibi alaşım elementlerinin ilavesiyle dayanım ve süneklik azalırken sertleşebilirlik artar,
iv- Özellikler kesit kalınlığı, alaşım içeriği ve östemperleme süresine bağlı olarak geniş bir aralıkta değişikliğe uğrar,
v- Çentikli tokluğu genel olarak zayıftır.

Bu malzemenin en önemli avantajı, ferrit ve yüksek karbonlu östenit (~ % 2) ilk önce östenitlenmiş matristen oluşur. Yapı içersinde Si bulunması demir karbür oluşum hızını azaltır. Pratik amaçlar için iki tür ÖKGDD vardır:

Sınıf I: KGDD düşük östemperleme sıcaklıklarında dönüştüğünde alt ösferrit matris elde edilir. Bu malzeme yüksek sertliğe ($\geq$ 400 BS) sahiptir. Özellikle dişli çark üretiminde ve diğer yüksek temas gerilimine ihtiyaç duyulan uygulamalarda kullanılmaktadır.

Sınıf II: KGDD yüksek östemperleme sıcaklıklarında östenitin dönüşmesiyle üst ösferrit matris elde edilir. Bu malzemenin sertliği 200 ile 350 BS arasında değişmektedir. Bu malzeme yüksek süneklik ve tokluk ile birlikte yüksek yorulma dayanımı ve aşınma direnci özelliklerine sahiptir. Bu malzemelerin işlenebilirliği iyidir ve yaygın olarak yapısal uygulamalarda kullanılır.

ÖKGDD'lerin sınıflandırılmasında farklı ülkelerde kabul edilen değişik standartlar kullanılmaktadır. ÖKGDD'lerin sınıflandırılmasında ABD, Japonya, Almanya ve İsveç tarafından yapılmış dört değişik standart bulunmaktadır. Bu standartların dışında KGDD'lerin sınıflandırılmasında değişik yaklaşımlar da vardır. ÖKGDD'ler için hazırlanmış standartların tamamında çekme dayanımı, akma dayanımı, süneklik, darbe enerjisi ve Brinell Sertlik (BS) değerleri dikkate alınmıştır. ÖKGDD'ler ile ilgili en yaygın olarak kullanılan standart ASTM tarafından geliştirilen ASTM A 894 ve ASTM A 897 M'dir (16). Burada ki "M" harfi "metrik" sistemi tanımlamaktadır ve içerdiği beş tür ÖKGDD sınıfı, minimum çekme ve akma dayanımı, maksimum % uzama, çentiksiz darbe enerjisi ve Brinell sertlik değerlerine göre sınıflandırılmıştır ve bu sınıflandırma Çizelge 3.6'da verilmiştir.

Çizelge 3.6. ASTM A 897 ve A897 M'e göre sınıflandırılan ÖKGDD'lerin mekanik özellikleri (46)

Sınıf	Minimum Çekme Dayanımı		Minimum Akma Dayanımı		Minimum % Uzama	Çentiksiz Charpy Darbe enerjisi		Brinell Sertlik Değeri
	(MPa)	(ksi)	(MPa)	(ksi)		(J)	(ft.lbf)	
125/80/10	850	125	550	80	10	100	75	269-321
150/100/7	1050	150	700	100	7	80	60	302-363
175/125/4	1200	175	850	125	4	60	45	341-444
200/155/1	1400	200	1100	155	1	35	25	388-477
230/185/-	1600	230	1300	185	-	-	-	444-555

Japon endüstriyel standartlarında (JIM), minimum çekme dayanımı esas alınarak ÖKGDD'ler 3 gruba ayrılmıştır. Almanya'da da aynı şekilde minimum çekme dayanımı göz önüne alınarak alaşımsız ve alaşımlı ÖKGDD türleri için VDG (Verein Deutscher Giesserifachleute) standartları W 52 şeklinde kabul edilmiştir. ÖKGDD'ler için İngiliz standartları (BS-EN-1564) Çizelge 3.7'de verilmiş bu değerler minimum değerleri göstermektedir. Bu sınıflardaki "B" harfi beynitik yapıyı belirtmektedir. İsveç SIS standartlarında ise 2 tür ÖKGDD sınıfı kullanılmaktadır (Çizelge 3.8) (16).

Çizelge 3.7. ÖKGDD için BS-EN-1564:1997 standartları (46)

Malzeme	Numarası	Çekme dayanımı MPa (Min)	%0.2 Deneme akma dayanımı MPa (Min)	% Uzama (Min)
EN-GJS-800-8	EN-JS1000	800	500	8
EN-GJS-000-5	EN-JS11100	1000	700	5
EN-GJS-800-8	EN-JS1120	1200	850	2
EN-GJS-800-8	EN-JS1130	1400	1100	1

Çizelge 3.8. Japon (JIS) ve Alman (VDG) ve İsveç (SIS) standartlarına göre ÖKGDD malzemelerin mekanik özellikleri (46)

Sınıf	Minimum Çekme Dayanımı (kg/mm^2)	Minimum Akma Dayanımı (kg/mm^2)	Minimum % Uzama	Çentiksiz Charpy Darbe Enerjisi (J)	Sertlik (BS)
		JIS G 5503			
FCD 900 A	90	60	8	100	-
FCD 1000 A	100	70	5	-	-
FCD 1200 A	120	90	2	-	340
		VDG W 50			
GGG-80 B	80	50	6-15	-	250-310
GGG-90 B	90	60	5-12	-	270-340
GGG-120 B	120	95	2-5	-	330-390
GGG-140 B	140	12	1-2	-	43-47HRC
GGG-150 B	150	-	-	-	45-51HRC
		SIS			
	90	60	8	-	280-320
	140	120	1	-	45HRC

3.7. ÖKGDD Malzemelerin uygulamaları

ÖKGDD'lerin uygulama alanları belirtilmeden önce, bu malzemenin en önemli fiziksel özelliklerinin bu malzemenin mekanik özellikleriyle birlikte hatırlanmasında yarar vardır. Bu özellikleri nedeniyle çok farklı endüstriyel alanlarında kullanılan bu malzemenin özellikle otomotiv parçalarında kullanımı daha yaygındır (88,92). ÖKGDD'lerin genel özellikleri aşağıda verilmiştir:

(a) İyi dökülebilirlik ve üretilen parçaların yaklaşık net döküm yüzey kalitesinin elde edilebilmesi

(b) Çeliklere göre % 10 daha düşük yoğunluğa sahip olması

(c) Çeliklere göre daha yüksek titreşim sönümleme kapasitesine sahip olması (böylece enerji absorbe etme kabiliyeti çeliklere göre 2-5 kat daha fazla olmakta ve bu nedenle dişli kutularında gürültü seviyesini yaklaşık 8-10 desibel azalmaktadır).

Bu karakteristiklerin kombinasyonu östemperleme ısıl işlemiyle değiştirilerek, büyük ÖKGDD ailesi elde edilir. Ayrıca mekanik performanslarının yanında düşük üretim maliyetleriyle de dövme çelikler ve alüminyum parçalarla rekabet edebilmektedir. Başlıca uygulama alanları (88);

i- Otomotiv: krank milleri, kam milleri, hipoid dişli ve volan dişli çerçevesi, dizel motorlar için tevzi dişlisi,

ii- Kamyonlarda: Yay yatağı muhafazası, U-civatası plakası, aks (tekerlek) pimi, sıkma plakası, biyel kolu, motor süspansiyonu ve dişlileri,

iii- Demiryolu: Uzun yatak koruyucu kapağı, ray plakları, motor gürültüsü destekleri, hat ayırma kolu, ray yatağı ve süspansiyon elemanları,

iv- Madencilik: Dişli çarklar, zincirler, zincirli taşıyıcılar, raylı taşıma plakları, aşınma plakaları,

iv- Pompalar ve Kompresörler: Pervaneler, valf gövdesi, kompresör muhafazası, dişliler ve delme kafaları,

vi- Konstruksiyon /yapı elemanları: Ray makarası, hidrolik silindiri, ray ayakları, ayar mili, kaya muhafazası, pim muhafazası, dairesel sürücü dişlisi, yatak kapağı ve destek kolları.

4. TRİBOLOJİ

4.1. Sürtünme ve Aşınmanın Önemi

Triboloji, birbirine göre izafi hareket yapan ve temasta olan yüzeylerde sürtünme, aşınma ve yağlama konuları ile bunlara bağlı konuları inceleyen bilim dalıdır (131-135). Triboloji, malzemenin aşınmasında en az anlaşılan, henüz tartışılmakta ve gelişmekte olan yeni bir disiplindir. Bununla birlikte malzemelerin aşınma direnci basit bir malzeme özelliği olmayıp sistem içerisindeki bileşenleri ve tüm malzemeleri kapsar (136-138).

İstenmeden meydana gelen aşınma, özellikle makina ve teçhizatın kullanımı sırasında kırılma kadar önemli bir problem olmasa bile, çok büyük ekonomik kayıplara sebep olmaktadır (139). Bu konu, makine tasarımında çok önemlidir. Çünkü temas eden yüzeylerde, sürtünme kuvvetleri güç kaybına, aşınma ise, işleme toleranslarının kötüleşmesine neden olmaktadır. Bu nedenle de aşınma, göz önüne alınması gereken çok önemli parametrelerden biridir. Aşınma ve tribolojinin sınıflandırılması ve etkileyen faktörler şematik olarak Şekil 4.1- Şekil 4.3'de gösterilmektedir

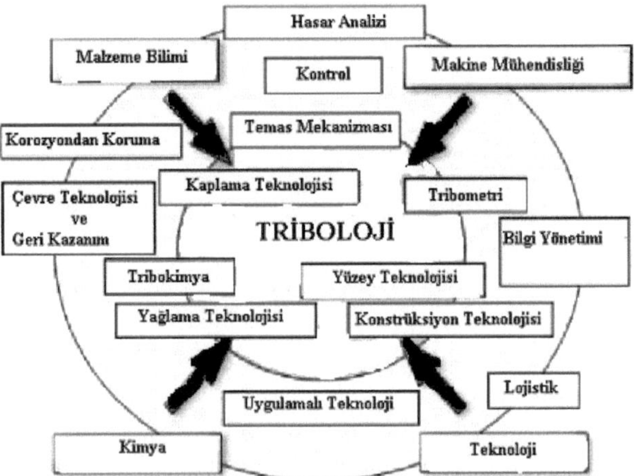

Şekil 4.1. Triboloji ile diğer bilimlerin birbirlerine etkilerinin şematik gösterimi (140)

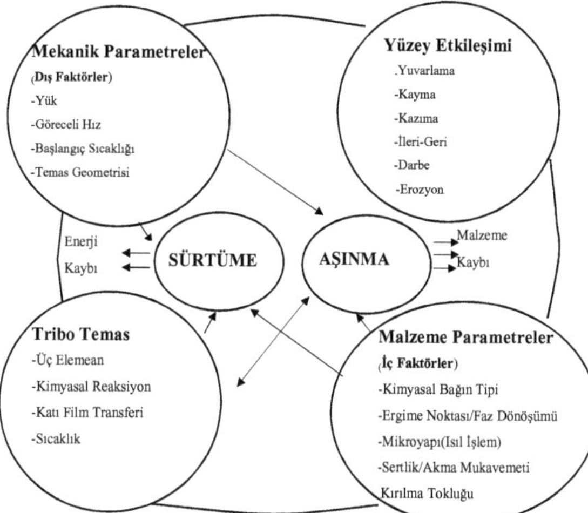

Şekil 4.2. Sürtünme ve aşınmayı etkileyen temel faktörler (141)

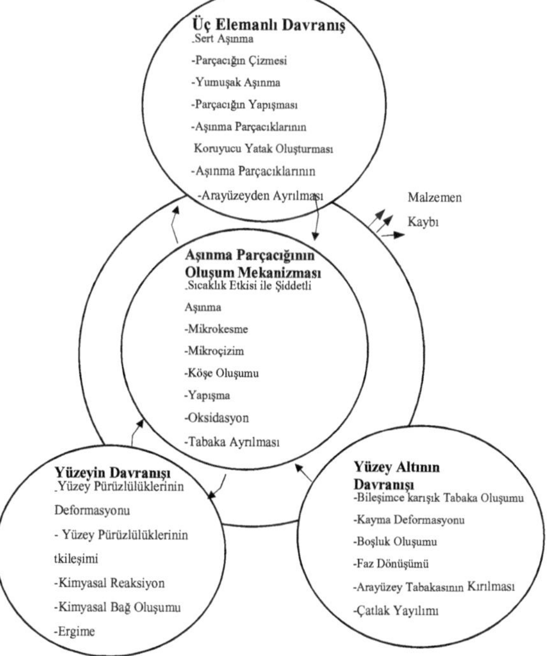

Şekil 4.3. Aşınma mekanizmasını belirleyen bileşenler (141)

4.2.Sürtünme

Birbirleri ile temasta olan ve aralarında izafi hareket yapan cisimlerin hareketlerine ters yönde etki eden kuvvete "sürtünme kuvveti" veya "sürtünme" denir (139, 142). DIN 50281'e göre sürtünme; birbirleri üzerinde kayan, yuvarlanan elemanların izafi hareketini yavaşlatan (dinamik sürtünme) veya engelleyen (statik sürtünme) bir direnç olarak kabul edilir. Sürtünme bazen istenen bazen de istenmeyen bir olaydır. Fren, kavrama ve sürtünmeli çarklar gibi makina elemanlarında istenilen bir olay olduğu için sürtünme arttırılmaya çalışılır. Oysa, diğer izafi hareketler yapan bütün sistemlerde sürtünme istenmeyen bir olaydır ve azaltılması istenilir (143).

Sürtünmeyi yenen kuvvete sürtünme kuvveti denir. Sürtünme kuvveti, hareketin cinsine göre (kayma ve yuvarlanma), temas yüzeylerinin durumuna göre (kuru, yağlı v.b.) değişebilir (132, 133). Sürtünme sonucu dinamik enerjinin bir kısmı ısı enerjisine dönüşerek aşınmayı teşvik eder, dolayısıyla aşınma sürtünmenin bir ürünüdür (144).

4.2.1. Yüzeylerin Sürtünme Özellikleri

Sürtünme özelliklerine en büyük etki, sürtünen yüzeylerin tabaka yapılarıdır. Metallerin iç yapısı dışında, çalışma sırasında oluşan sertleşmiş bir tabaka ve metal ile oksijen reaksiyonunun meydana getirdiği oksit tabakasına rastlanır. Bu tabakadan sonra atmosferden kaynaklanan absorbe olmuş ve başlıca bileşenleri su buharı ve oksijen molekülleri olan bir tabaka ve en dışta kirli bir tabaka bulunur. İstenmeyen yabancı maddelerden arınmış iki yüzeyin sürtünmesi sonucu karşılaşılan sürtünme, yüzeylerin yapısına, yüzey alanlarına, yüzey pürüzlülüğüne ve hız gibi değişkenlere bağlıdır (144).

4.2.2.Yüzey Durumunun Sürtünmeye Etkisi

Normal çevre ortamında, yüksek sıcaklıktan vakum ortamına kadar değişik şartlarda yapılan deneyler, üst yüzeyle ara tabakaların sürtünme katsayısını önemli bir şekilde etkilediğini göstermiştir. Metalik malzemelerin yüzeyleri ne kadar temizlenmiş olursa olsun sürekli absorbe edilmiş gaz, su buharı ve yağ molekülleri ihtiva eder. Bu sebeplerden, temas noktalarındaki yüksek bölgesel basınçların sonucunda tabakaların parçalanması gerçekleşir.

Kayan bölge içerisinde, metaller genellikle oksit filmiyle kaplanır ayrıca absorbe edilen gazlar ve yağlarla ikinci film tabakasıyla kaplanır. Bu filmlerin kalınlığı yaklaşık ≈ 10 nm'dir. Kalınlıktaki değişim ve bu filmin özellikleri geniş bir aralıkta sürtünme verilerinin bir sonucudur.

İki yüzey birbiri üzerinde kaydığında, bu yüzeyler arasında çok dar bir bölgede temas meydana gelir. Temas basıncı oldukça yüksek olduğundan bu tabaka kırılabilir ve özellikle karşılık durumundaki malzemede plastik deformasyon meydana gelir. İki malzeme yüzeyinde bölgesel temas meydana gelir ve yapışma oluşur. Yapışan bu bölgenin dayanımı malzemeye bağlıdır. Temas eden yüzeylerin birbirine benzerliği bağ oluşumunu etkiler.

İki yüzeyin yüklenerek belirli bir kayma hızında birbirine göre nispi hareketinde adhesif aşınma oranı ile malzeme özellikleri, yük ve kayma hızı arasındaki ilişkinin belirlenmesinde yaygın olarak Archard eşitliği kullanılır (145, 146). Adhesif aşınma eşitliği Archard tarafından geliştirilmiştir. Bu eşitlik aşınma oranını (birim süredeki hacim kaybını) verir (145, 146, 147):

$$\gamma = k \frac{LV}{H} \qquad [4.1]$$

burada γ :aşınma oranı; L: Uygulanan yük, V: Kayma mesafesi; H: En yumuşak malzemenin sertliği ve k : sabittir (çoğu zaman aşınma katsayısı olarak alınır). Pratik sistemlerde aşınma oranları $\leq 10^{-3}$'den küçük veya eşit olmaktadır.

Altın ve platin gibi değerli metaller, diğer metallerle kaplanır böylece yüzeyde oksit filmi oluşturulur ve oksijenli atmosfer içerisinde herhangi bir reaksiyon oluşumu önlenir. Oksit filmi görülemeyecek kadar incedir, metal parlak ve saf şekilde görülür. Bu film birkaç nanometre kalınlığında olabilir, metaller arasındaki gerçek teması önler ancak sert aşınmayı önleyemez. Vakum içersinde yapılan deneylerde yüzey kirliliklerinin derecesi azaltılır, metalik yüzeyler arasındaki yapışmanın daha az olduğu tespit edilmiştir (144).

Metaller arasında güçlü yapışmanın görülmesi temas yüzeyleri arasındaki elektron transferiyle açıklanabilir. Metal içerisinde birçok serbest elektron bulunur ve temas yüzeyleri üzerinde elektronlar iki katı arasında geçiş yapabilir. Metallerin hepsinde temas yüzeyi üzerinde diğer katı ile güçlü şekilde yapışma eğilimi vardır, fakat özellikle elementler arasında önemli farklılıklar vardır. Metaller temel olarak 4 tür kristal yapıya sahiptir. YMK, HMK, HSP ve TSP. Yapılan deneylerde HSP yapıya sahip metaller diğer kristal yapılı metallerden daha az adhesyona maruz kaldığı tespit edilmiştir. Yüksek sertlik, yüksek elastikiyet modülü metalin yüzey enerjisi adhesyonunu önler. Adhesyon katsayısı kopma kuvveti ve temas kuvveti oranı ile belirlenir. Benzer sertlikte fakat farklı kristal yapıdaki metaller, örneğin, Al Zn , Pb ve Sn'un yapışması arasında önemli farklılıklar kristal yapılarından kaynaklanır. Benzer sertlikteki metaller arasındaki adhesyonun farklılığı gerçek temastan önce çıkıntılar arasındaki plastik deformasyon derecesiyle belirlenebileceğine inanılmaktadır. HSP metaller daha az kayma sistemine sahiptir ve bu nedenle YMK ve HMK metallerden daha az sünektir bunun sonucu HSP'ler daha az adhesyona uğrar (144).

Metaller arasındaki adhesyonu, metallerin kendine özgü kimyasal reaktiflik veya elektro pozitiflik derecesi etkilemektedir. Kimyasal aktif metaller örneğin Al bağ oluşturmaya daha çok hazırdır ve bu nedenle soygaz metallerden daha güçlü seviyede adhesyon gösterir. Bu YMK kristal kafesli metal yüksek seviyede kimyasal aktiviteyle birlikte özellikle güçlü adhesyona uğrar. Yağlamasız kayma temasları için metaller uygun değildir (144, 147). Metaller arasında elektron geçişi farklı metalik elementler arasında veya yüzeyler arasında güçlü bir adhesyon bağı oluşumunu

sağlar. Adhesyon sınırı faktörü, minimum yükle plastik akmaya sebep olmakta böylece yüzeyler arasındaki gerçek temas tespit edilir .
Aşınan yüzeylerdeki çıkıntılar arasındaki güçlü adhesyon 2 etkiye sahiptir: a) cisim büyük bir sürtünme kuvveti meydana getirir ve çıkıntılar yüzeyler arasında taşınır ve b) aşınma partikülleri veya geçiş tabakası oluşabilir (144).

4.2.3. Adhesyonla oluşan sürtünme

Sürtünmenin adhesif teorisi Bowden ve Tabor tarafından geliştirilmiştir (148). Sürtünme katsayısı basit olarak aşağıdaki gibi tanımlanabilir:

$$\mu=\tau/P_y \qquad [4.2]$$

burada; τ= Malzemenin kayma gerilmesi (P_a), P_y = Malzemenin plastik akma gerilimidir. Yüzeyler üzerinde kayma gerilimi etkin rol oynar ve döküm değeri yaklaşık 0.2 ile akma dayanımı değeri aynıdır yani μ= 0.2'dir. Aynı metaller arasında güçlü adhesyon oluşur oysa bimetalik bileşenler en zayıf adhesyon sergilerler, bu nedenle sürtünme düşüktür. Çelikler ve dökme demirler gibi heterojen malzemeler de iç yüzeylerdeki inklüzyon ve mikroyapıdaki metalik olmayan fazlar bulunmasından dolayı orta derecede bir adhesyon görülür. Bu metallerin sürtünme katsayıları da düşüktür. Literatürde bu sürtünmenin adhesif teorisi ile ilgili kuşkular vardır. Yağlama yapıldığında veya atmosferik şartlarda sürtünme direnci, çıkıntıların deformasyonunun dan ziyade daha çok adhesif bağlarının kırılmasından dolayı yüksek olduğu tespit edilmiştir (144).

Yüksek vakumda numuneler arasında tamamen temas meydana gelir. Oksijen demir yüzeyinde demir oksit filmi oluşumunu destekler, bunun sonucu sürtünme katsayısı azalır. Bu film belirli bir kalınlığa ulaştığında metalik demir arasında ki güçlü adhesyon, demir oksit arasında adhesyonun zayıflamasıyla değişir (144). Temiz demir yüzeyleri arasında sürtünme katsayısı "μ = 3" gibi oldukça yüksektir. Bu durum çıkıntıların yapışmasının büyümesiyle açıklanabilir. Hem normal hem de teğetsel gerilimlerde plastik deformasyon oluşumuyla adhesyon meydana gelir.

Çıkıntıların birleşerek büyümesi prosesi: çıkıntılar üzerinde normal yükün rolü vardır, yani çıkıntıların plastik deformasyonu için normal yük yeterince yüksektir ifadesiyle açıklanabilir. Çünkü temas plastik haldedir, örneğin temas bölgesinde malzemenin akması, teğetsel yükün devreye girmesiyle daha kolay artar, temas bölgesinin artması sonucu normal basınç azalır (aynı yükte temas bölgesinin artmasıyla). Temas bölgesinin artmasında daha çok teğetsel kuvvetin etkili olduğu belirtilmiştir. Teğetsel kuvvet ve temas bölgesi maksimum olarak, malzemenin kesme dayanımına kadar büyür. Teğetsel kuvvetin yükselmesiyle adhesyon gerçek temas bölgesinin büyümesinden dolayı artar. Teğetsel kuvvetin artması, çıkıntılar arasında yüzeylerin birleşmesini sağlayarak gerçek temas bölgesinin kesme dayanımına kadar uzamasını sağlar.

4.2.4. Çıkıntıların deformasyonu ve aşınma partiküllerinin oluşumu

Malzeme içerisindeki yumuşaklık veya keskin çıkıntılar deforme olarak bir seri kayma bandı oluşturur. Buradaki çıkıntıların temas çizgisi boyunca kayma yoktur. Her bir kayma bandı belirli bir sınıra ulaştığında çatlak oluşur veya çatlak oluşana kadar ilerler böylece yeni bir kayma bandı oluşur. Çatlak, çıkıntıların yan kısımlarında büyür ve deforme olan çıkıntılardan bir kısım partiküller ayrılır. Çıkıntılar belirli bir eğimle açı oluşturur, örneğin keskin çıkıntılar muhtemelen malzemeden belirli bir açıyla ayrılır. Adhesif aşınmasında malzeme özellikleri ve çıkıntıların deformasyonu kuvvetli etkiye sahiptir. Yapışan çıkıntı modellemesi çalışmasında kırılgan malzemelerde çıkıntıların teması çok az bir deformasyonla kesilip uzaklaştırılır iken sünek malzemelerde ise çok az aşınma partikülü oluştuğu tespit edilmiştir (144).

Transfer filminin oluşması adhesif aşınmanın karakteristik bir özelliğidir. Bir yüzeyinden diğer yüzeye aşınma partikülü serbest kalmadan önce transfer gerçekleşir. Bu adhesif aşınmayı diğer aşınma mekanizmalarından ayırt etmektedir.

Bu olayla ilgili daha önce yapılan çalışmada, pirinç malzeme çelik karşılık diski üzerinde yapılan deneyde çelik yüzeyinde pirinçten transfer film oluştuğu ve aşınma izlerine yapıştığı tespit edilmiştir (144). Transfer olan pirinç malzemenin yüksek derecede pekleşme gösterdiği ve muhtemelen pirinç numunenin kendi kendini yeterince aşındırdığı belirtilmiştir. Metallerin kayma ile yapılan değişik testlerinde izler üzerinde oluşan tabakanın inter-metalik bileşik olduğu tespit edilmiştir.

Farklı metallerin diğerinin üzerinde kaymasıyla mekanik alaşımlama oluşur. Transfer partikülleri iki metalin karışımını içerir. Her iki yüzeyin küçük parçalarından transfer partikülleri birikimi meydana gelir, devamında ise transfer partikülleri büyür, kayan yüzeyler arasında yassılaşmış şekil alır.

Disk üzerinde pim cihazında yapılan deneylerde aşınmış yüzeyler üzerinden alınan filmlerden transfer filminin aşağıdaki belirtilen spesifik karakteristiğe sahip olduğu belirlenmiştir:

- Disk veya bilezikte transfer oranı pimin aşınma oranına eşittir,
- Disk veya bilezik üzerindeki transfer tabakasından tamamen aşınma partikülü oluşur fakat, bu pimin aşınma yönünde değildir,
- Transfer tabakası yamaları bireysel transfer partiküllerinden büyüktür, bu nedenle disk veya bilezik yüzeyinde toparlanmış partiküller oluşur,
- Aşınma partikülleri genellikle transfer partiküllerinden büyüktür,
- Transfer partikülleri çoğunlukla aynı büyüklüktedir. Gerçek temas alanında yükle birlikte sadece çok az transfer partikülü olduğu ileri sürülmektedir,
- Yükle birlikte transfer filminin artmasıyla transfer partiküllerinin miktarı ve bölgeye sıvanması artmasına rağmen transfer filmi kalınlığı yaklaşık sabit kalır,
- Transfer partikülleri genellikle altlık durumdaki malzemeden serttir. Bu sertlik pekleşme ve yüzeyde oluk açama kapasitesini arttırmaktadır.

Oluk oluşum mekanizması, yumuşak altlık durumundaki malzemede transfer partiküllerinin pekleşmesiyle ve bu partiküllerin yumuşak altlık malzeme yüzeyinden kazımayla oluk açmasıyla açıklanır (144,148).

4.2.5. Yüzey pürüzlülüğü ve gerçek temas alanı

Çok iyi tornalanmış metalik bir malzemenin yüzeyi mikroskop altında incelenecek olursa, Şekil 4.4'de şematik olarak görüldüğü gibi, yüzeyde çok sayıda girinti ve çıkıntıların, yani pürüzlülüklerin olduğu görülür. Metal yüzeyi parlatıldığı zaman, pürüzlülüklerde on kat azalma olmakla beraber yine de yüzeyde pürüzlülükler bulunur (135).

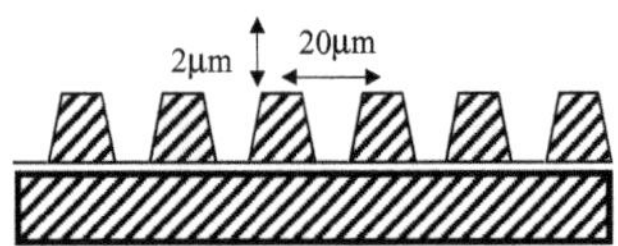

Şekil 4.4. Hassas olarak işlenmiş bir metal yüzeyinin mikroskop altında şematik görünüşü (139)

Ne kadar hassas işlenmiş veya parlatılmış olursa olsunlar, iki yüzey birbiriyle temas ettiğinde, gerçek temas bir takım pürüzlülüklerin birbirine temas ettiği noktalarda olur. Bu durumda yüzeye etki eden yük, sadece pürüzlülüklerin birbirine temas ettiği noktalardan desteklenir ve yüzey alanının küçük bir kısmı yükü taşır. Başlangıçta çok düşük yük seviyelerinde, pürüzler temas ettikleri noktalarda elastik deformasyona uğrarlar. Fakat daha büyük yüklerde, pürüzlerin uçlarında büyük oranlarda plastik deformasyona uğrar. Her bir pürüzün, yüzey boyunca birleşme bölgeleri oluşturacak şekilde plastik deformasyona uğraması halinde, yüzeye etkiyen toplam yük (F_t) (Şekil 4.5);

$$F_t = A \times \sigma_a \qquad [4.3]$$

Bağıntısı ile ifade edilebilir. Burada; A, gerçek temas alanı ve σ_a , basma akma gerilmesidir. Diğer bir ifade ile, gerçek temas alanı,

$$A = F_t / \sigma_a \qquad [4.4]$$

bağıntısı ile bulunur (135, 139, 149). İki yüzey bir birine temas ettiği zaman, temas eden yüzeylerde nispi harekete karşı bir direnç oluşur. Bir çok araştırmacının ortak düşüncesi, temas halindeki birim alanda gerçekleşen sürtünme kuvvetinin sabit olduğudur. Böylece,

$$F = A \times \tau \qquad [4.5]$$

şeklinde ifade edilir. Burada F: sürtünme kuvveti, A: birim alan ve τ: özgül sürtünme kuvvetidir.

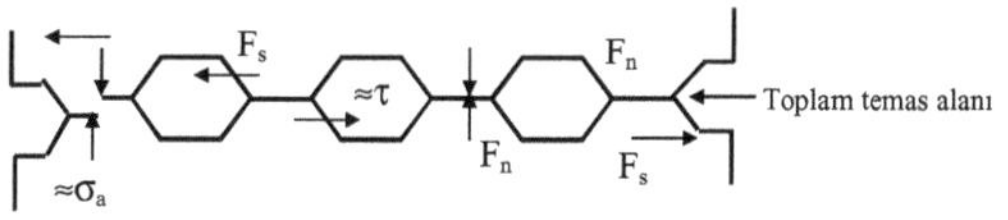

Şekil 4.5. Metal yüzeyindeki pürüzlerin birbirine temasının şematik gösterimi (139)

4.3. Sürtünme Katsayısı

Sürtünme katsayısı TS 555'de, disk veya kampana ile disk veya kampana fren balatası arasındaki sürtünme kuvvetinin normal kuvvete oranı olarak tanımlanır. Yine TS 555'e göre sürtünme katsayısı, sıcak veya soğuk sürtünme katsayısı olmak üzere ikiye ayrılmaktadır. Soğuk sürtünme katsayısı, aşınma deneyi sırasında 100, 150 ve 200°C'de ölçülen sürtünme katsayılarının aritmetik ortalamasıdır. Sıcak sürtünme katsayısı ise, 300, 350 ve 400°C sıcaklıklarda ölçülen sürtünme katsayılarının aritmetik ortalamasıdır (143). Sürtünme statik ve dinamik olarak tanımlanır ve Şekil 4.6'da gösterilmiştir. Statik sürtünme katsayısı, sıfır hızındaki iki yüzeyin sürtünme değeridir. Dinamik sürtünme katsayısı ise, sıfırdan büyük hızlarda ölçülen sürtünme değeridir. Sürtünme katsayısı; sürtünme hızı, basıncı ve sıcaklık gibi değişkenlere bağlıdır (143). Bilindiği gibi iki malzeme birbirine temas edecek şekilde yerleştirilirse, malzemelerin birbiri üzerinde kaymasını sağlamak için uygulanan kuvvet dik yönde olacak şekilde bir sürtünme direnci oluşur. Kaymayı başlatan kuvvet (F_s) ile temas yüzeyine etki eden kuvvet (F_n) arasında,

$$F_s=\mu_s.F_n \quad [4.6]$$

bağıntısı mevcuttur. Burada μ_s statik sürtünme katsayısıdır (139, 142, 151). Şekil 4.6(a)'daki malzemelerin herhangi birine teğetsel bir kuvvet uygulanırsa, iki durum ortaya çıkabilir. Birinci durumda, teğetsel kuvvete rağmen cisimler birbiri üzerinde kayamaz, yani hareket edemezler. Bu durumda hareket imkanı olmadığından yüzeyler arasında "statik sürtünme" ile ifade edilen bir direnç oluşur ve Newton kanuna göre F_s sürtünme kuvveti teğetsel sürtünme kuvvetine eşit ters yöndedir. Böylece;

$$F_s=F_t \quad [4.7]$$

yazılabilir. Kavrama ve fren gibi sürtünme ile çalışan sistemlerde gerçekte bu sürtünme durumu mevcuttur. Diğer durumda ise, F_t teğetsel kuvvetin etkisi altındaki yüzeyleri birbiri üzerinde kayarlar. Şekil 4.6(b)'de görüldüğü gibi, kinetik veya dinamik sürtünme kuvveti denilen bu halde, F_s sürtünme kuvveti F_t teğetsel kuvvetinden daha küçüktür ve harekete ters yöndedir. Kaymanın başlamasıyla birlikte sürtünme kuvvetinde bir azalma görülür ve bu durumda,

$$F_s=\mu_k .F_n \quad [4.8]$$

bağıntısı yazılabilir. Burada μ_k ($< \mu_s$) kinetik sürtünme katsayısıdır (Şekil 4.6).

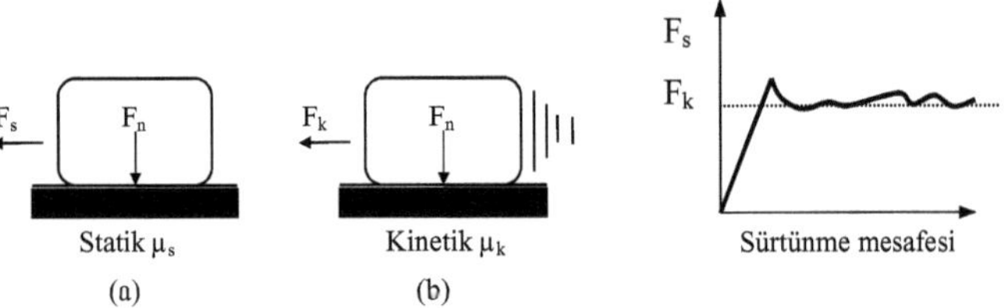

Şekil 4.6. Statik ve kinetik sürtünme katsayıları (139)

Kinetik sürtünme katsayısı μ_k , statik sürtünme katsayısı μ_s'den daha küşük değerdedir. Bunun sebebi, dinamik haldeki yüzeylerde bulunan küçük çıkıntılar statik haldeki gibi yapışmak için gerekli zamanı bulamazlar. Bu nedenle geçilmesi gereken temas alanı azalır. 1 nolu eşitlik göz önüne alındığında, μ_k değeri μ_s'ye göre daha küçük değer alacaktır. Kayma durur durmaz, sürtünme temas yüzeylerinin çok az büyümesine müsaade eder ve burada, yayınma mekanizması bağların kuvvetlenmesini sağlar. Böylece sürtünme katsayısı yeniden μ_s değerine ulaşır. Pratikte sürtünme denilince akla gelen kinetik sürtünmedir ve aşınmada enerji kaybı ve sıcaklık artışı gibi olaylar sürtünme sebebiyle oluşmaktadır. Bu açıklamaya bağlı olarak, uygulama alanları göz önüne alındığında sürtünmenin hem istenen, hem de istenmeyen bir olay olduğu söylenebilir. Fren, kavrama ve sürtünmeli çarklar gibi makina elemanlarında istenilen bir olay olduğu için, sürtünme artırılmaya çalışılır. Oysa, diğer izafi hareket yapan bütün sistemlerde, sürtünme istenmeyen bir olaydır ve azaltılması istenir (143).

Şekil 4.7'de farklı kimyasal kompozisyona sahip, 900°C'de 1 saat östenitlenmiş, mütakibende 375°C'de 0,5, 1 ve 2 saat östemperlenmiş gri, KGDD ve vermiküler grafitli gibi 3 farklı dökme demir ile işlemsiz gri dökme demirin (G3) farklı hızlarda sürtünme katsayısı değişimi verilmiştir. Şekilden görüldüğü gibi sabit hızda tüm dökme demir numunelerin sürtünme katsayıları benzerdir. Bu durum; aşınma yüzeyinin grafitin besleme içeriğiyle kontrol edildiği belirtilerek açıklanmıştır. Grafitin yüzeyi besleme/yağlama hızı her bir numunede farklı olmasına rağmen, temas yükü ve test edilen hızlarda, aşınma yüzeyinin yağlanması/kirletilmesi için minimum grafit miktarının yeterli olduğu, buna bağlı olarak da sürtünme katsayısı benzer çıktığı, tüm dökme demir numuneler için sürtünme katsayısı hızın arttırılmasıyla azalmakta, bunun da aşınmış yüzeyde oksit oluşması nedeniyle, daha fazla miktarda grafitin yüzeyi beslemesine bağlı olduğu ifade edilmektedir (122).

Döküm durumu küresel grafitli dökme demirlerin sürtünme katsayısının 3 ve 4 arasında olduğu tespit edilmiştir (109). Östemperlenmiş küresel grafitli dökme demirlerin sürtünme katsayısı ise 0.3 ve 0.4 arasında değişmektedir (109). Döküm durumu ve östemperlenmiş şartlarda KGDD'lerin sürtünme katsayısı ile aşınma süresi arasındaki ilişki Şekil 4.8'de gösterilmiştir.

4.4. Aşınma

Birbiriyle temasta olan malzeme yüzeyleri oksit filmleri veya yağlayıcılar ile korunsalar bile, mekanik yüklemeler altında oksit tabakasının veya yağlamanın bozulması, iki yüzeyin birbirlerine doğrudan temasına sebebiyet verebilir. Bu temas malzemenin çalışma şartlarındaki ömrünü ve performansını sınırlayan aşınmaya sebep olur. Aşınma, bir yüzeyden diğer yüzeye malzeme transferi veya aşınma parçacıklarının oluşumu sonucunda ortaya çıkan malzeme kaybıdır.

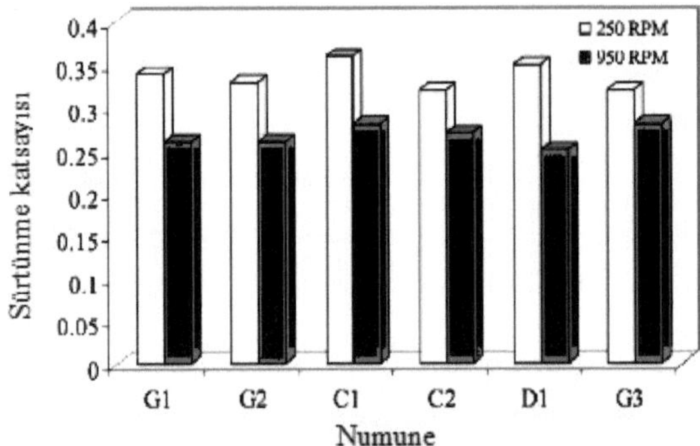

Şekil 4.7. 90 N yük altında ve farklı kayma hızlarında östemperlenmiş farklı dökme demir numunelerin sürtünme katsayıları (G1 ile D1 perlitik gri dökme demir, G3 ise demiryollarından temin edilen işlemsiz demiryolu fren papucudur) (122)

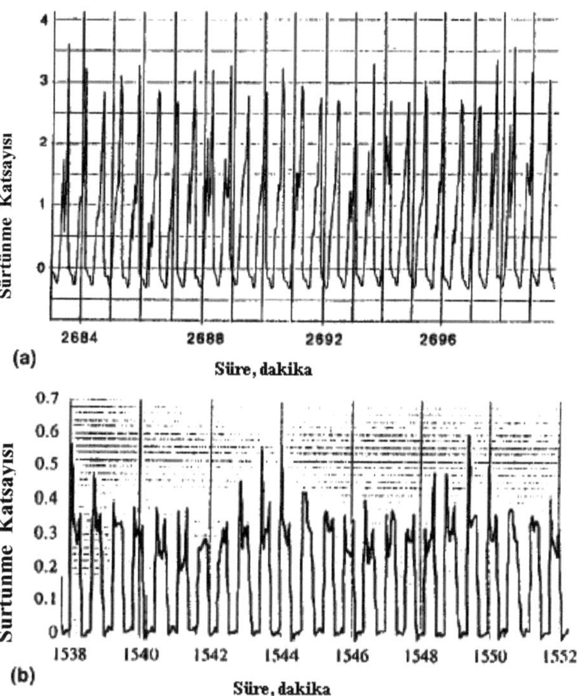

Şekil 4.8. Kayma süresi ile sürtünme katsayısı arasındaki değişimi (a) Döküm durumu KGDD ve (b) ÖKGDD (109)

Bir katı yüzeyden malzemenin ayrılması, ergime, kimyasal çözünme veya fiziksel kuvvetler nedeniyle yüzeyden atomların ayrılması, korozif bir ortamda mekanik ve kimyasal etkenlerin kombine etkisinden kaynaklanabilmektedir (144).

ASTM standartına göre aşınma, birbirine göre nisbi hareket yapan yüzeyler arasında katı yüzeylerin tahribata uğraması sonucu malzeme kaybı olarak tanımlanmaktadır (152). Aşınma, genellikle temas eden yüzeylerden mekanik etkilerle malzeme kaybı olarak tanımlanır. DIN 50320 ve ASTM G40-93 standartlarına göre aşınma "kullanılan malzemelerin başka malzemelerle (katı, sıvı, gaz) teması neticesinde mekanik etkenlerle yüzeyden küçük parçacıkların ayrılması sonucu meydana gelen ve istenilmeyen yüzey bozulması" şeklinde tanımlanmaktadır. Katı cisimlerin yüzeyleri oksitlerle yada yağlayıcılarla kaplansalar bile, oksit filminin mekanik yük altında parçalanır ve yağlayıcının koruyucu etkisinin zayıf olduğu yerlerde yer yer katı-katı teması olur. Bu temaslar ise aşınmaya neden olmaktadır (131, 132, 134, 135, 149-151, 153). Aşınmanın tanımlanması ve kendi aralarındaki karşılıklı ilişkinin şeması Şekil 4.9'da gösterilmiştir(154).

Malzemelerde meydana gelen yıpranma olayının aşınma sayılabilmesi için aşağıda belirtilen kriterlerin oluşması gerekmektedir:
i- Mekanik bir etkinin olması,
ii- Sürtünmenin olması,
iii- Yavaş yavaş fakat sürekli olması,
iv- Malzeme yüzeyinde değişiklik meydana getirmesi,
v- İstenmediği halde meydana gelmesi.

Bir malzemede aşınma miktarını etkileyen parametreler; sıcaklık, temas alanı, sürtünen yüzeylerin fiziksel veya kimyasal durumu (pürüzlülük durumu, oksit tabası gibi etkenler), malzemenin kristal yapısı ve mekanik özellikleri (sertlik gibi), yüzeyde bir yağ tabakasının bulunup bulunmaması ve aşınmayı önleyici ilavelerin bulunmasıdır (155).

Aşınmayı belirleyen sebepler; kazıma, çarpma gibi etkilerden dolayı dislokasyonların oluşması veya dislakasyon hareketi ile plastik deformasyon, kırılma, faz dönüşümleri ve kimyasal reaksiyonlar sebebi ile yüzeylerin fiziksel ve kimyasal değişimlere uğraması ve atomik ölçekte temas yüzeylerinden birbirlerine elektron transferi sebebiyle meydana gelen yapışmadır (144).

Aşınma oluşumunda, kullanılan malzemenin sertliği etkili olmaktadır. Genellikle metallerin sertliği arttığında aşınma miktarı azalır (144). Başka bir ifadeyle sertliği yüksek olan malzemeler sertliği düşük olan malzemelere göre daha az aşınır. Malzemenin yapısından kaynaklanan aşınma olaylarında deney yapılan ortamın etkisinin de dikkate alınması gerekir. Sürtünmeden veya çevre şartlarından kaynaklanan sıcaklık aşınmayı etkileyen en önemli parametrelerden birisidir. Sıcaklığın artmasıyla birlikte malzemede oluşan kayıplarda oldukça büyük artışlar

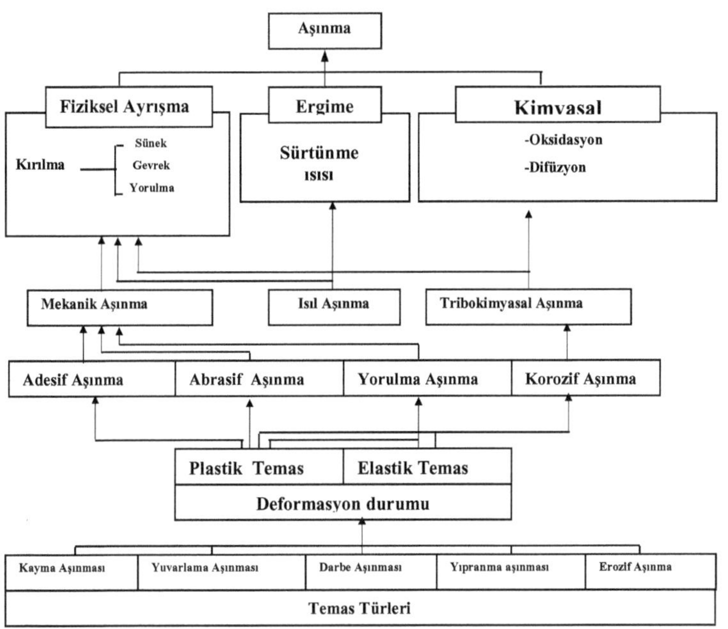

Şekil 4.9. Aşınmanın tanımlanması ve kendi aralarındaki karşılıklı ilişkinin şematik gösterimi (154)

meydana gelmektedir. Yüksek sıcaklıklarda malzemenin mikro yapısı ve sertliği değişime uğrayacağından oluşacak aşınma da değişime uğrayacaktır.

Aşınmayı analiz ederken, aşınmaya etkileyen parametrelerin bileşik etkileri dikkate alınmalıdır. Yani aşınma, bir sistem içerisinde değerlendirilmelidir. Temas halinde bulunan iki katı yüzeylde, malzeme kaybı üç şekilde geçekleşebilir. Bunlar bölgesel erimeler, kimyasal çözünme ve yüzeyden fiziksel anlamda oluşan ayrılmadır. Uygulamada aşınma kapsamına, daha çok yüzeyden fiziksel anlamda ayrılan malzemenin sebep olduğu hasarlar dahil edilmektedir (161).

Bir aşınma sisteminde; ana malzeme (aşınan), karşı malzeme (aşındıran), ara malzeme ve yük, hareket (çevre şartları) temel unsurlar olarak sayılabilir. Bütün bu unsurların oluşturduğu sistem, teknikte "tribolojik sistem" olarak adlandırılır ve Şekil 4.10'da böyle bir sistem şematik olarak gösterilmiştir.

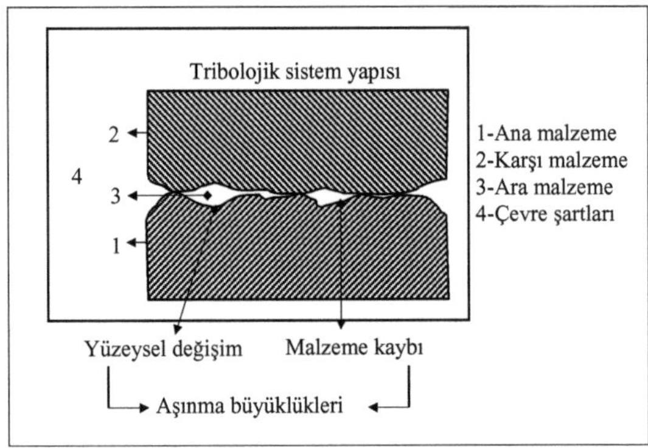

Şekil 4.10. Bir tribolojik sistemin şematik gösterimi (139)

Bu temas sonucunda oluşan sürtünme, malzemenin çalışma şartlarındaki ömrünü veya performansını sınırlayan aşınmaya sebep olur. Bu hasar uygun yağlama, filtreleme, uygun malzeme seçimi ve uygun tasarım gibi faktörlerle en aza indirilebilir, ancak tamamen önlenemez.

Aşınma, çeşitli yönleri ile korozyona benzer. Bu iki hasar türü de zamanla kendiliğinden gelişir, her ikisinin de oluşumu önceden bir derecede bilinebilir, her ikisinin de çeşitli türleri vardır. Aşınma da korozyon gibi bir yüzey olayı olduğundan, yüzeyi etkileyen her değişken aşınma davranışını da etkiler. Aşınma, temelde bir yüzey hasarıdır. Aşınma hasarları kapsamına giren yüzeyden malzeme kaybı, kırılma, talaş oluşumu, yorulma, kimyasal çözünme ve difüzyon yoluyla gerçekleşebilir.

Aşınma olayında, meydana gelen hasarı değerlendirmek oldukça önemlidir. Yüzeylerde oluşan hasar türleri ve her bir hasarı önlemek amacıyla kullanılacak koruma yöntemi, uygulamadan uygulamaya farklılık gösterir. İstenmeden meydana gelen aşınma olayı, çeşitli makina ve teçhizatın kullanımı sırasında çok büyük ekonomik kayıplara (enerji, işgücü, malzeme vs.) neden olmaktadır. Örneğin ABD'de de 1978 yılı itibariyle işleme maliyeti 70 milyar dolar/yıl ve takım maliyeti ise 900 milyon dolar/yıl gibi çok yüksek değerlere ulaşmıştır (139).

4.4.1. Aşınmayı etkileyen faktörler

Aşınma karmaşık bileşenler bütünüdür ve bu parametrelerin hepsinin etkisi farklı olmaktadır. Bu nedenle bu parametrelerin birbirinden bağımsız olarak dikkate alınması aşınmayı değerlendirmede objektif bir yaklaşım olmamaktadır. Aşınmayı etkileyen parametreler sınıflandırılırken tribolojik sistem bütünlüğü içersinde yapılması daha objektif bir yaklaşım olur. Bu faktörler, aşağıdaki gibi dört gruba ayrılmaktadır:

i-Ana malzemeye bağlı faktörler;

Malzemenin kristal yapısı, malzemenin sertliği, elastikiyet modülü, deformasyon davranışı, yüzey pürüzlülüğü, malzemenin boyutu,

ii- Karşı malzemeye bağlı faktörler ve aşındırıcının etkisi;

Aşındırıcının tane büyüklüğü(tane şekli, tane dağılımı),

iii- Ortamın etkisi;

Sıcaklık, nem, atmosfer

iv-Servis şartları;

Basınç, hız ve kayma mesafesi

4.4.2. Aşınma mekanizmaları

Aşınma hareketli makine parçalarının ömürlerini, performanslarını azaltan ve bu parçaların bozulmasına neden olan çok önemli bir faktördür. Bu sebeple, ekonomik açıdan aşınmanın neden olduğu kayıplar ve hasarla oldukça fazla olmaktadır.

Aşınmanın meydana gelmesi ve sürekliliği için parametrelerin tribolojik sistem içerisinde yaptığı kimyasal ve fiziksel etkilerin iletilmesine göre aşınma mekanizmaları aşağıda açıklanmıştır. Tribosistemi, daha çok dinamik parametreler, malzeme parametreleri ve atmosferik parametreler belirlemektedir. 4 tane ana ve önemli aşınma mekanizması vardır. Bunlar adhesif aşınma, abrasif aşınma, yorulma aşınması ve korozif aşınma olarak sınıflandırılmaktadır (154). Aşınma ve aşınma yüzeyleri arasındaki ilişki Çizelge 4.1'de verilmiştir.

Çizelge 4.1. Aşınma ve aşınma yüzeyleri arasındaki ilişki

Aşınma türleri	**Yüzey**	**Aşınma Partikülleri**
Adhesif	-Transfer, -plastik deformasyon	Normanl boyut (10μm ve daha fazla
Abrasif (iki gövdeli)	-yüzey sertliği -parelel yivler	-mikro kırıntılar
Abrasif (üç gövdeli)	-gelişi güzel yüzey -çentikler -plastik deformasyon	-tabaka tabaka ayrılma -Şiddetli plastik deformasyona uğramış malzeme
Aşındırıcı	-renklendirilmiş film yüzeyi -homojen olmayan görünüm	İnce talaş, kimyasal reaksiyon sonucu üretim
Delaminasyon-aşırı yorgunluk	-yüzeye paralel çatlaklar -ince tabakalar -plastik deformasyon	-levha partikülleri -çok ince
Kırılma aşınması	-at nalı kırıklar, yüzeye dik	-büyük partiküller -köşeli partiküller -kırık partiküller
Kemirme	-bir halka veya ayrılmış biçimde aşınma grafiği -çeşitli derinlikte yüzeydeki çatlak başlangıcı	İlişkinin dışındaki küme
Erozyon	-rasgele görünüm -etki izleri, paralel yivler, -plastik deformasyon	Mikro kırılma
Kavitasyon	-boşluklar -çöküntü bölgesindeki hatalar	Mikro ince tabakalar ve ölçüler

Adhesif aşınma

Aşınma birim zamanda veya birim kayma mesafesinde ağırlık veya hacim kaybı olarak nitelendirilir. Adhesif aşınma, en yaygın şekilde oluşan bir aşınma türüdür ve katı malzemenin diğer yüzey üzerinde kayması veya basınç uygulamasıyla oluşur (145, 146). Diğer bir tanımlama ise, kayan iki yüzey içerisinde abrasifler olmaksızın nispi yüksek hareketle partiküllerin uzaklaşmasıyla meydana gelir. Temas yüzeyleri içerisinde kaymayla aşınma oluştuğunda yapışan bölgeler dağınık şekildedir. Bu çok büyük aralık da aşınma hızının sonucudur (156). Sürtünme ve aşınma tribosistemi oluşturur. Sürtünme katsayısı ve aşınma tribosistem içerisinde temas durumunda tanımlanan parametrelerdir ve bu parametreler temas durumundaki cisimlerin malzeme sabiti değildir. Tribo-element olarak kullanılan birçok metalik alaşım vardır , bunlar Cu, Al, Sn, Zn demir ile veya diğer metallerle alaşımlandırılmıştır. Bu alaşımlar genel olarak iki veya daha fazlıdır ve bu fazlardan bir tanesi sert faz diğeri ise yumuşaktır (157).

İki yüzeyin yüklenerek belirli bir kayma hızında birbirine göre nispi hareketinde adhesif aşınma oranı ile malzeme özellikleri, yük ve kayma hızı arasında ilişkinin belirlenmesinde yaygın olarak Archard eşitliği kullanılır (145, 146). Metal adhesif aşınma oranı, yüzey üzerinde oksit tabakasının oluşmasına bağlı olarak sıcaklığın düşmesiyle yükselir. Bu fenomen oksidadif aşınma olarak bilinir ve Jian tarafın geliştirilmiş bir modeldir. Aşınma ürünlerinden büyük partiküller kırılarak küçük partiküller oluşur, bunlar oksitlenir, sinterlenir ve aşınma yüzeyini kaplarlar. Yüksek hızlarda aşınma oranı, sıcaklığın yükselmesiyle oksit tabakası oluşur ve adhesif aşınmadan oksidadif aşınmaya geçiş meydana gelir buna bağlı olarak da aşınma oranı azalır (157). Triboloji, malzemenin aşınmasında, en az anlaşılan fakat en önemli branştır. Bununla birlikte malzemelerin aşınma direnci basit bir malzeme özelliği değildir, ancak tüm malzemeleri ve sistem içerisindeki bileşenleri kapsar (136-138, 158)

Tasarımcıların ve mühendislerin aşınmaya dirençli malzeme seçiminde mikroyapı ve mikroyapının aşınma direnci üzerine etkisini çok iyi bilinmeleri önemlidir (138). Kayma aşınması sırasında sürtünmeyle oluşan ısı, normal yük ve teğetsel yükün oluşturduğu gerilim alanı sonucu mikroyapıda ve yüzey tabakası özelliklerinde değişime sebep olmaktadır (159). Temas halinde kayan yüzeyler arasındaki sıcaklığın ve gerilimin ölçümü oldukça zordur. Kayma sırasında oluşan dinamik değişimler aşınma mekanizmalarındaki değişimlerde oldukça aydınlatıcı bilgi vermektedir. Malzemenin aşınma direnci için malzemenin orijinal yapısı ve özelliklerinin bir kriter olamayacağı bunun yanı sıra özgül aşınma şartları altında dinamik değişkenlerin etkilerinin her bir malzeme için göz önüne alınması gerektiği belirtilmektedir (138, 159, 160). Diğer bir çalışmada ise yüzey tabakası içerisindeki mikroyapısal değişimler ve aşınma direnci arasında ilişki olduğu konusunda araştırmacılar hemfikirdirler. Tribolojistlerin çoğu malzemenin sürtünme ve aşınma karakteristiğinin bir sistem ile belirlenebileceğini belirtmişlerdir, bunun yanında malzeme ve sistem değişkenleri arasında karşılıklı ilişki çoğu zaman unutulur. Çünkü sürtünme ve aşınma dinamik prosestir, bu proses sırasında malzemelerin yüzey tabakalarında yapılar ve özellikler oluşur, bu yapıların ve özelliklerin aşınma üzerindeki etkileri oldukça önemlidir. Dinamik mikroyapısal değişimler ve aşınma davranışı arasındaki ilişkiyi anlayabilmek için sürtünme ve aşınma sırasında oluşan yapılar ve özelliklerin çok iyi anlaşılması gerekmektedir (138, 147, 159).

Adhesif aşınma, bir metal yüzeyinin bir başka metal yüzeyindeki bağıl hareketi sırasında, birbirlerine yapışmış yüzeydeki çıkıntıların kırılması sonucu ortaya çıkar. Uygulamada adhesif aşınma özellikle metaller arasındaki kayma sürtünmesi nedeniyle meydana gelir ve aşınma parçacıkları yumuşak olan metalden kopar. Eğer iki metal aynı sertlikte ise aşınma her iki yüzeyde de oluşur. Metaller arasındaki yağlamanın mükemmel olması, adhesif aşınmayı azaltmaktadır. Yüzeye etki eden yükün azaltılmasıyla da adhesif aşınma azalır Malzemenin sertliğinin arttırılması da adhesif aşınmayı azaltmaktadır. Adhesif aşınmanın yüzeye etkiyen normal yüke, kayma mesafesine ve aşınan malzemenin yüzey sertliğine bağlı olduğu ifade edilmektedir (144). Malzeme özelliklerinin adhesif aşınmaya etkileri Çizelge 4.2'de verilmiştir.

İki ayrı metal yüzeyi basınç altında Şekil 4.11'de olduğu gibi bir araya getirildiği zaman, iki ayrı yüzeyde bulunan karşılıklı çıkıntılar gerek sürtünme neticesinde oluşan ani ısı, gerekse soğuk yapışma etkisi nedeniyle birbirleriyle bağ yaparlar. Meydana gelen bu bağ, birleşen çıkıntıların diğer bölgelerdeki bağ yapısından daha güçlü olabilir. Yüzeylerin birbirlerine karşı olarak yaptığı hareketin devam etmesiyle birleşen iki çıkıntı, bağ kuvvetinin en zayıf olduğu noktadan kapar. Bu kopma kaynak noktasında meydana gelmedigi zaman, bir yüzeyden diger yüzeye malzeme transferi meydana gelir. Bu prosesin çalışma şartlarında birçok kez tekrarlanmasıyla, adhesif aşınma kendisini hissettirecek boyutlara ulaşır.

Çizelge 4.2. Malzeme özelliklerinin adhesif aşınmaya etkisi (139)

Özellik		**Adhesif aşınma**
Oksitli yüzey		Az
Kristal yapı	Kübik	Az
	Hegzagonal	Çok
Yüksek deformasyon sertleşmesi üssü		Çok
Yüksek sertlik		Az
Yüksek elastisite modülü		Az
Yüksek ergime noktası		Az
Yüksek yeniden kristalleşme sıcaklığı		Az
Küçük atom çapı		Az

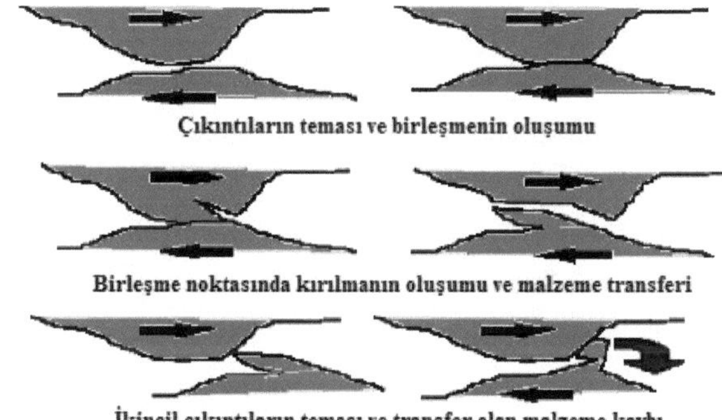

Şekil 4.11. Adhesif aşınmanın meydan gelişinin şematik olarak gösterimi
a) İki çıkıntının buluşması ve bağ oluşumu, b) Bağın koparak bir yüzeyden diğerine malzeme transferinin oluşumu ve c) Uzamış olan çıkıntının diğer yüzeydeki çıkıntıyla etkileşimi sonucunda yüzeyde kırıntı oluşumu (162)

Adhesif aşınma, özellikle birbiri ile kayma sürtünmesi yapan malzeme çiftinde meydana gelen yapışma olayının bir sonucudur. Birbiri üzerinde kayan iki yüzeyin, ancak küçük bir kısmı temas halindedir ve bu küçük temas yüzeylerindeki gerilmeler çok küçük yüklemelerde dahi akma dayanımı değerine ulaşırlar veya geçerler.

Böylece, moleküler yapışma kuvvetleri etkisini gösterir. Bu nedenle bir parçadan diğerine malzeme geçişi, soğuk yapışma ve küçük parçacıkların kesilmesi ile meydana gelir.

İki yüzeyin teması sonucu aşınma meydana gelir, yağlamalı ve kuru kayma aşınması olarak iki türdür. Bununla birlikte aşınma mekanizmaları ortam şartları dışında aynıdır. Yağlamalı şartlarda bazı yüzeylerde temas oluşur veya adhesif aşınma meydana gelir. Bununla birlikte, yağlamalı şartlarda yağ içersindeki sert partiküller nedeniyle abrasif aşınma da meydana gelebilir. Yüzey teması, başlangıcında düz yüzeyler nedeniyle mükemmeldir. Her bir yüzey de çıkıntılar oluşur, bu çıkıntılar mikroskobik büyüklüktedir. Yüzey basıncı oldukça makul ise ve basınç uygulandığında toplam bölge içersindeki basınç oldukça yüksek değerlere ulaştığı takdirde, her bir yüzey üzerindeki çıkıntılar deformasyona uğrayarak temas sağlanır. Birim gerilim malzemenin akma noktasını kolayca geçebilir, çıkıntılar deforme olur ve çalışma sertleşmesi meydana gelir ve bu nedenle temas sağlanır. Gerilim oldukça fazladır bu da bölgesel olarak metallerin ısınmasıyla yumuşama noktasına ulaşır. Oksidasyon meydana gelir veya yüzeylerde bölgesel yapışma sonucu kusma oluşur.

Kuru kayma şartlarında yapılan adhesif aşınma deneylerinde aşınma kaybının; deney yükü ve kayma mesafesiyle doğru orantılı ve aşınan yüzeyin sertliği ile ters orantılı olduğu belirtilmektedir. Bunlara ilaveten aşınma hızı ve test süresi de etkili olmaktadır. Aşınma ile malzeme kaybı, kayma mesafesiyle orantılıdır. Normal yük ile aşınma kaybı arasında belirli bir orantı olmamasına rağmen çoğu aşınma sisteminde aşınma hızı/kaybı yük ile doğrusal olarak değişir.

Birbirlerine göre farklı metalurjik, mekanik, kimyasal ve topoğrafik özelliğe sahip iki metal yüzeyinin birbirleri üzerinde kayması, oldukça karmaşık bir sistemdir. Bu sisteme yağlayıcıların da ilave edilmesiyle, sistem daha da karmaşık bir hal alır. İyi bir yağlamanın amacı, temas eden yüzeylerin tamamen ayrılmasını sağlamak olmalıdır. Bu sayede, sürtünme sebebiyle meydana gelen ısı oluşumu azaltılarak, sıcaklıkla aktif hale gelen kimyasal ve fiziksel değişkenler önlenebilir.

Adhesif aşınma 25'in üzerinde değişik şekillerde görülmekle birlikte bunların tamamının ölçülmesi zor veya imkansızdır. Bu nedenle genel olarak uygulanabilir bir eşitlik yoktur ve birbirine bezeyen/benzetilen deneyler yapılır. Örneğin çelikler için bazı gözlemler şöyledir:

- Yük arttığında aşınma oranı azalır, temas sıcaklığı artar ve bu nedenle östenit oluşur,
- Aşınma debrisleri oksitlerin karışımından meydana gelir,
- Sertlik arttığında aşınma oranı azalır, çünkü sertliğin yükselmesi sert aşınma geçişini azalmaktadır,
- Bu geçiş bölgesini asal gaz genişletmektedir, bu bölgede oksijen azalmaktadır,
- Yumuşak aşınma rejiminde eğer oksitler kimyasal olarak uzaklaştırılabilirse ilk aşınma oldukça yüksektir

Adhesif aşınmanın önlenmesi

Adhesif aşınmayı önlemek için aşağıdaki tedbirler alınır.

Yağlama: Adhesif aşınma, sıcaklığın bölgesel olarak arttığı bölgelerde meydana geldiğinden iyi bir yağlamanın yapılmasıyla hem yüzeyler arasındaki sürtünme azaltılabilir, hem de oluşan ısı sistemden uzaklaştırılır. Neticede de, mikro-kaynak bölgelerinin oluşumu engellenmiş olur.

Birbirleri içerisinde çözünmeyen metaller kullanmak: Birbirleri içerisinde çözünmeyen iki metalin bir arada kullanılmasıyla, adhesif aşınmayı meydana getiren mikro-kaynak prosesinin oluşumunun engellenmesi neticesinde, adhesif aşınmanın meydana gelişi tamamen ortadan kaldırılabilir. Fakat bu yöntemin uygulanması pratikte çok sınırlıdır.

Düz yüzeyler kullanmak: Eğer birbirleriyle etkileşen yüzeylerde soğuk kaynaşmayı meydana getirecek şekilde karşılaşacak çıkıntılar yok ise, adhesif aşınma meydana gelmeyecektir. Bu düz yüzeyler arasına yağlayıcıların da ilave edilmesiyle, yüzeyler birbirleri üzerinde temassız olarak kayarlar. Bu önlem pratikte en çok kullanılan yöntemdir.

Metal- metal temasını önlemek: Adhesif aşınmayı meydana getiren metal-metal temasını engellemek amacıyla metal yüzeylerindeki kimyasal filmler oluşturmak aşınmayı engeller. Adhesif aşınma yüzeye etkiyen normal yük, kayma mesafesi ve aşınan malzemenin yüzey sertliğiyle orantılıdır.

Abrasif aşınma

Yırtılma veya çizilme aşınması olarak da isimlendirilen abrasif aşınma, sistemde hızlı hasara neden olan çok önemli bir aşınma türüdür. Abrasif aşınma en genel olarak, malzeme yüzeylerinin kendisinden daha sert olan partiküllerle basınç altında etkileşmesiyle, sert partiküllerin malzeme yüzeylerinden parçalar koparması şeklinde tanımlanabilir. Bu tip aşınmada sert ve keskin partiküller, malzeme yüzeyinden mikron boyutlu talaş kaldırma etkileri gösterirler. Bu aşınma, iki elemanlı ve üç elemanlı olmak üzere ikiye ayrılır.

İki elemanlı abrasif aşınma, sürtünen elemanların doğrudan birbirleriyle etkileşimleri sonucu meydana gelir. Üç elemanlı abrasif aşınmada ise ana ve karşı malzeme arasında serbest ara malzeme olması söz konusu olabileceği gibi, aşınma sonucu yüzeylerden ayrılan parçacıkların birer ara malzeme gibi davranmaları ve üçüncü eleman olarak görev yapmaları mümkündür.

Metal-metal sürtünmelerinde aşınma iki gövdeli abrasif veya adhesif olarak başlayıp, üç elemanlı abrasif olarak devam eder. Bu durumda, araya giren toz, mineral taneleri, çizilme sonucu serbest hale geçen mikro talaşlar ve parçalanmış oksit parçacıkları üçüncü elemanı (ara malzemeyi) oluşturabilir. Serbest hale geçen mikro talaş parçacıkları, genellikle ana malzemeden daha sert olduklarından dolayı aşınmayı hızlandırır. Şekil 4.12'de ise abrasif aşınma mekanizması ve abrasif aşınmanın kesme veya kazıma ile oluşumu şematik olarak gösterilmiştir.

Abrasif aşınmayı etkileyen iki temel faktör, aşındırıcı partikül ile metal yüzeyi arasındaki sertlik farklılığı ve teması meydana getiren basıncın büyüklüğüdür. Abrasif aşınma hızı, malzeme yüzeyine etki eden normal yük azaltılarak düşürülebilir. Böylece parçacıkların yüzeye daha az batması ve çapak kaldırılmasıyla açısından daha az iz bırakması sağlanır. ÖKGDD malzemenin abrasif aşınma direncinin sertleştirilmiş ve temperlenmiş çelik ve KGDD ile karşılaştırılması Şekil 4.13'de gösterilmiştir.

Yorulma aşınması

Yorulma aşınması, sürtünme sırasında oluşan gerilimlerin kırılmaya neden olduğu aşınmadır. Sünek malzemelerde yüzeysel kırılma aşınması veya delaminasyon meydana gelir. Sürtünmenin olduğu bölgelerde plakalar oluşur. Gevrek malzemelerde kırılmalar, yüksek çekme gerilimlerinin oluştuğu bölgelerde meydana gelir. Değişken, tekrarlı yüklemeler sonucunda meydana gelir.

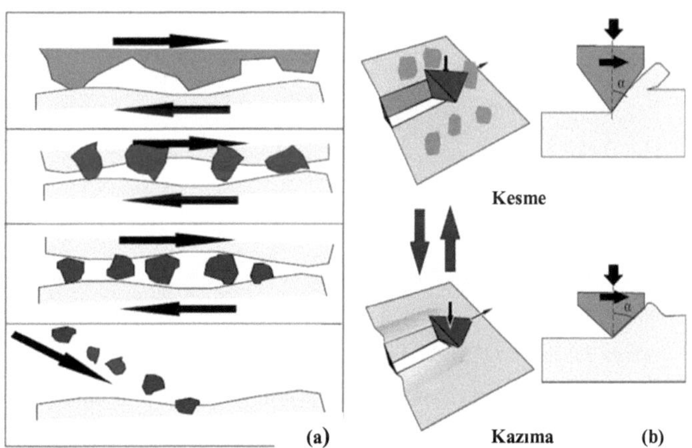

Şekil 4.12. Abrasif aşınma, (a) mekanizmanın oluşumu ve (b)Abrasif aşınmanın kesme veya kazıma ile gerçekleşmesi (162)

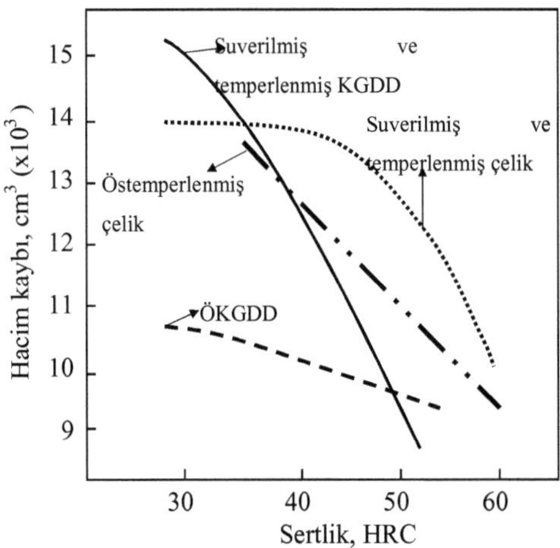

Şekil 4.13. ÖKGDD malzemenin abrasif aşınma direncinin sertleştirilmiş ve temperlenmiş çelik ve KGDD ile karşılaştırılması (83)

Tribolojik zorlamalar genel olarak yüzeyde görülen, büyüklüğü zamana ve konuma göre değişen mekanik gerilimler sonucu meydana geldiklerinden, yorulma aşınması birçok aşınma prosesinde görülür. Neticede malzeme yüzeyinde çatlaklar oluşur; bu ise, yüzeyden parçacıkların ayrılması, çukur ve oyukların meydana gelmesine sebep olur (Şekil 4.14).

Maksimum kayma gerilmelerinin bulunduğu yerde, plastik deformasyon ve dislokasyon olaylarına bağlı olarak çok küçük boşluklar meydana gelir. Bu boşlukların zamanla yüzeye doğru ilerleyerek büyümesi, yüzeyde küçük çukurların ortaya sebep olur. Bu tür aşınma daha çok dişli çarklarda, rulmanlı yataklarda ve yuvarlanma hareketi yapan mekanizmaların yüzeylerinde görülür.

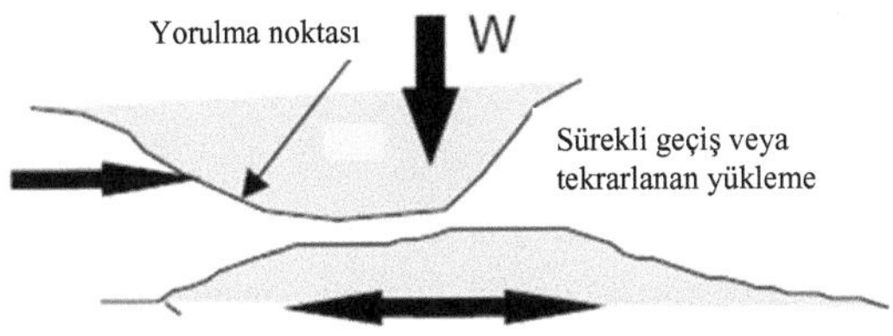

Şekil 4.14. Yorulma aşınmasının şematik gösterimi (162)

Korozif aşınma

Daha önce açıklanan aşınma mekanizmalarında aşınma oluşumu, birbirleriyle temas halindeki yüzeylerde karşılıklı etkileşime bağlı olarak meydana gelen plastik deformasyon sonucunda gerçekleşirken, korozif aşınma da ise; çalışma ortamı ile parçaların yüzeyleri arasındaki etkileşim önemli rol oynamaktadır (161). Korozif aşınma iki aşamada meydana gelir (Şekil 4.15):

i- Temas halindeki yüzeyler ortamla reaksiyona girerler ve yüzeyde reaksiyon ürünlerinden oluşan bir tabaka meydana gelir.

ii- Müteakiben temas noktasında çatlak oluşur veya abrasif etkilerden dolayı reaksiyon tabakası hasara uğrar.

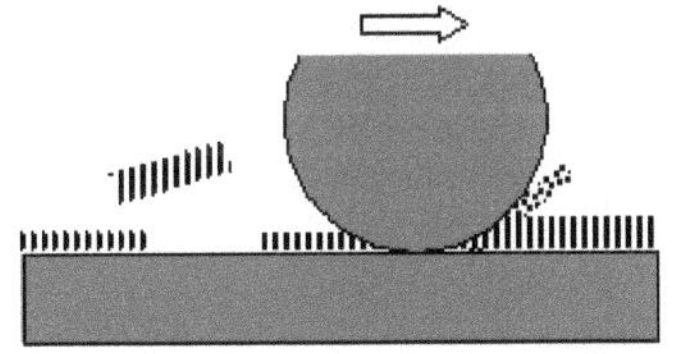

Şekil 4.15. Korozif aşınma mekanizması (154)

Tribo-oksidasyon aşınması adı verilen korozif aşınma durumunda, ana malzeme ile karşı malzeme arasındaki tribolojik zorlamalardan dolayı meydana gelen kimyasal reaksiyon etkindir. Malzeme yüzeylerinin hava ile reaksiyona girerek oluşturduğu yüzey tabakaları (oksit tabakası) aşınmayı azaltmasına rağmen bu yüzey tabakalarının tribo-oksidasyon sonucu özelliklerin değişmesi aşınmayı hızlandırmaktadır.

Yağ gibi kimyasal maddeler bulunan ortamda çalışan makina parçalarının yüzeylerinde oluşan tabakaların bir kısmının tribolojik zorlamalarla kırılması ve aşındırıcı parçacıklar oluşturması aşınmayı arttırır. Tribo-oksidasyon aşınması, özellikle metalik malzeme yüzeylerinde görülür. Neticede malzeme yüzeyinde çatlaklar oluşur; bu ise yüzeyden parçacıkların ayrılması, çukur ve oyukların meydana gelmesine sebep olur.

4.5. Aşınmayı Ölçme Yöntemleri

Malzeme kaybı olarak tanımlanan aşınmanın ölçümü, temas eden parçalardan birinde veya her ikisindeki hacim veya ağırlıklı kaybı esas alınarak yapılır. Aşınmaya maruz kalmış malzemelerdeki fark yada farklar incelenir (139,161). Aşınma, doğrudan veya dolaylı ölçümlerle verilebilir. Aşınma en yaygın olarak aşınma hızı (dw/dt) olarak ifade edilir.

$$W = \frac{dw}{dt} = \frac{\Delta m}{s.A.\rho} \qquad [4.9]$$

Burada;

Δm . Ağırlık kaybı (gr),

S : Kayma mesafesi (mm),

A : Temas alanı (mm^2),

ρ : Aşınan malzemenin yoğunluğu (gr/mm^3) dur.

Diğer taraftan bir malzemeden aşınarak kaybedilen hacim miktarının (ΔV);

$$\Delta V = k.W.s \ (mm^3) \qquad [4.10]$$

şeklindeki bir bağıntı ile ifade edilebileceği belirtilmiştir. Burada:

ΔV : Hacim kaybı (mm^3)

k : Aşınma katsayısı

W : Yük(kg)

S : Kayma mesafesi (mm) dir.

Bu bağıntı, kuru veya yağlı kayma durumlarındaki hafif aşınma ve kuru kayma durumundaki şiddetli aşınma için geçerlidir.

Aşınma deney yöntemlerini, genel olarak iki grupta toplamak mümkündür:

a) Yağlamalı veya yağlamasız bir ortamda ana ve karşı malzemenin adhesif (metal-metal) aşınma değerlerinin ölçüldüğü deneyler.

b) Katı, sıvı veya gaz halindeki maddelerin etkisi altında yalnız karşı malzemenin aşınma değerinin ölçüldüğü deneylerdir.

Endüstride kullanılan alet ve makinalarda aranılan özelliklerin bir tanesi de bunların, kullanım ömürleridir. Makine parçalarının çabuk aşınması makinenin ömrünü kısaltarak maliyetini arttırdığı gibi, onarım için geçen süre de üretimin önemli ölçüde aksamasına neden olmaktadır. Bu sebepten dolayı, makine imalatında aşınmaya maruz kalabilecek yerlerde aşınma direnci yüksek malzemeler kullanılmalıdır. Bu malzemelerin tespiti için de birçok laboratuar deneylerinin yapılması gerekir.

Mühendislik malzemelerinin aşınma davranışlarının incelenmesi amacıyla çok sayıda deneysel yöntem geliştirilmiştir. Bu yöntemlerin en yaygın olarak kullanılan sınıflandırılma şekli ise aşağıdaki gibidir:

I- Kayma düzlemlerinin simetrik olarak düzenlendiği yöntemler (örneğin halka üzerinde halka)

II- Kayma sisteminin asimetrik olarak düzenlendiği yöntemler (Örneğin disk üzerinde pim).

4.5.1. Ağırlık farkı yöntemi

Ekonomik olması ve ölçülen büyüklüğün, alet duyarlılık kapasitesi dahilinde bulunması sebebiyle en çok kullanılan yöntemdir. Deney numunelerinin her ölçümü için numunenin yerinden çıkarılıp ölçme yapılması, yani numune yerindeyken üzerinden ölçüm yapılamaması bu yöntemin dezavantajıdır. Ağırlık kaybı ölçülmesinde 10^{-3} veya 10^{-4} gr hassasiyetindeki oldukça duyarlı bir terazi kullanılır.

Aşınma miktarı gram veya miligram cinsinden ifade edilirse, metre veya kilometre olarak tespit edilen sürtünme yoluna göre, birim sürtünme yoluna karşılık gelen ağırlık kaybı miktarı (gr/km), (mg/m) ile ifade edilir. Ağırlık kaybı birim alan için hesaplanacaksa (gr/cm^2) gibi bir birim kullanılır. Ağırlık kaybı hacimsel aşınma miktarı olarak belirtilmek istendiğinde, yine ağırlık kaybından hareketle kullanılan malzemenin yoğunluğu ve deney numunesi üzerine etki eden yükleme ağırlığı hesaba ilave edilerek, birim yol ve birim yükleme ağırlına karşılık gelen hacim kaybında gidilerek de bulunabilir (139,161). Bu tanımlamalara göre, en çok kullanılan ağırlık farkı ölçme metodunda kullanılan bağıntı aşağıdaki gibidir:

$$W_a = \frac{\Delta m}{M.s.\rho} \qquad [4.11]$$

Burada;

W_a : Aşınma oranı ($mm^3/N.m$), Δm : Ağırlık kaybı (gr), M : Uygulanan ağırlık (N), s : Aşınma yolu (m), ρ : Yoğunluk (gr/cm^3) olarak verilmiştir. Aşınma oranının (W_a) tersi ise, aşınma direnci (W_r) olarak gösterilir.

$$W_r = 1/W_a \ (N.m/mm^3) \qquad [4.12]$$

Başka bir bağıntı olarak da, bir km kayma yoluna karşılık gelen yükseklik kaybı bağıntısı vardır ki; genellikle iki elemanlı abrasif aşınmanın hesaplanmasında kullanılır:

$$V_s = \frac{10^4 \Delta G}{F.d.s} (\mu m / km) \quad [4.13]$$

Burada;

V_s : 1 km aşınma yoluna karşılık gelen yükseklik kaybı (μm),

ΔG : Ağırlık kaybı (gr), F: Aşınma yüzeyi (cm^2), d : Yoğunluk (gr/cm^3), s:Kayma yolu (km) olarak alınır. Deney malzemesi yükseklik kaybının, karşılaştırılma malzemesi (Örneğin Fe 37 çeliği) yükseklik kaybına oranı, aşınma orantı katsayısını (W_s) verir.

$$W_s = V_s \text{ (deney numunesi) } / V_s \text{ (Fe 37)} \quad [4.14]$$

Bu orantı katsayısının tersi değeri ise, bağıl aşınma direnci (R) olarak tanımlanır.

$$R = 1 / W_s \quad [4.15]$$

Üç gövdeli abrasif aşınmada ise , genellikle DIN 50320'de verilen boyutsuz aşınma oranı formülü yaygın olarak kullanılır (139,161).

4.5.2. Kalınlık farkı yöntemi

Aşınma sırasında oluşacak boyut değişikliğinin ölçülmesi, başlangıç değeriyle karşılaştırılması yoluyla elde edilir. Kalınlık farkı olarak tespit edilen bu değerden hareketle, hacimsel kayıp değeri ve birim hacimdeki aşınma miktarı hesaplanır. Kalınlık, hassas ölçme aparatları yardımı ile ± μm duyarlılıkta ölçülmelidir (139, 161).

4.5.3. İz değişimi yöntemi

Sürtünme yüzeyinde, plastik deformasyon yoluyla geometrisi belirli bir iz oluşturur. Deney boyunca bu izin karakteristik bir boyutunun (çapının) değişimi ölçülür. Uygulamalarda iz bırakıcı olarak en çok kullanılan alet Vickers veya Brinell sertlik ölçme ucudur. Elmas piramit veya bilyenin bıraktığı iz boyutlarındaki değişim, mikroskop yardımıyla ölçülerek belirlenir (139, 161).

4.5.4. Radyoizotop yöntemi

Sürtünme yüzey bölgesinin proton, nötron veya yüklü α parçacıklarıyla bombardıman edilerek radyoaktif hale getirilmesi esasına dayanır. Aşınmanın büyük hassasiyetlerle ölçülebilmesi ve sistem içerisinde çalışma şartlarını değiştirmeden ölçü alınabilmesi avantajlı yönleridir. Fakat ekonomik olmaması nedeni ile ancak özel amaçlarla kullanılır. Diğer taraftan, bir malzemeden aşınarak kaybedilen hacim miktarının aşağıdaki bağıntı ile ifade edilebileceği belirtilmiştir (ΔV);

$$\Delta V = k.W.s \ (mm^3) \qquad [4.16]$$

Burada;

ΔV: Hacim kaybı (mm^3),
k: Aşınma katsayısı,
W: Yük(kg),
s : Kayma mesafesi (mm)

Bu bağıntı, kuru veya yağlı kayma durumlarındaki hafif aşınma ve de kuru kayma durumunda şiddetli aşınma için geçerlidir (139, 161).

5.DENEYSEL ÇALIŞMALAR

5.1. Döküm işlemi

Ergitme işlemi 600 kg kapasiteli orta frekanslı ergitme tipi Iductotherm marka indüksiyon ocağı kullanılarak yapılmıştır. İndüksiyon ocağına şarj girdisi olarak; sfero piki (külçe halinde), yassı saç malzeme ve KGDD hurda ilave edilmiştir. Sfero pikinin kimyasal analizi Çizelge 5.1'de verilmiştir. Döküm sıcaklığına ulaştıktan sonra (1490°C) ergimiş sıvı metale küreleştirme ve aşılama işlemleri yapılmıştır. Küreleştirme işlemi Tundish (40) tipi işlem potasında ve aşılama işlemi ise döküm potasında (Şekil 5.1) gerçekleştirilmiştir.

Çizelge 5.1. Sfero piki kimyasal bileşimi (ağırlıkça %)

Fe	**C**	**Si**	**Mn**	**S**	**P**	**Cu**	**Ni**	**Sn**
95	4.1	0.277	0.04	0.004	0.031	0.03	0.005-0.002	0.0005

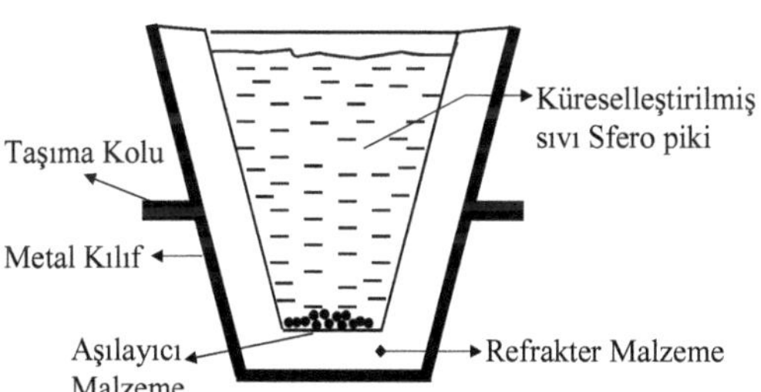

Şekil 5.1. Aşılama işleminin gerçekleştirildiği işlem potasının şematik gösterimi

Küreleştirme işleminde kullanılan küreleştirici malzemenin bileşimi ve aşılama işleminde kullanılan aşılayıcının kimyasal bileşimi sırasıyla Çizelge 5.2 ve Çizelge 5.3'de verilmiştir. Küreleştirme işlemi için ağırlıkça % 1.4 küreleştirici malzeme, aşılama işlemi için ağırlıkca % 0.2 aşılayıcı malzeme kullanılmıştır.

Çizelge 5.2. Küreleştirici malzemesi (FeSiMg) kimyasal bileşimi

%Si (min)	**% Mg**	**% Al**	**% C**	**% Fe**
43-48	6-7	0.5-1	3-3.5	Kalan

Çizelge 5.3. Aşılama malzemesi (FeSi) kimyasal bileşimi

% Si (min)	**% Al (max)**	**% P (max)**	**% S (max)**	**% Fe**
75	2	0.03	0.03	Kalan

Ayrıca ikinci döküm potasında bu işlemlere ilaveten perlitik matris yapısı elde etmek için saf bakır ilave edilmiştir. Daha sonra shell kalıplama ile hazırlanmış kalıplara döküm işlemi yapılmış ve oda sıcaklığına soğumaya bırakılmıştır. Numunelerin dökümü sırasında kimyasal bileşimi tespit için özel olarak hazırlanmış metal kalıba spektral analiz numuneleri dökülmüş, üretilen döküm durumundaki perlitik ve ferritik matris yapısına sahip KGDD'lerin kimyasal bileşimi Çizelge 5.4 ve Çizelge 5.5'de verilmiştir.

Çizelge 5.4. Bu çalışma için üretilen döküm durumu perlitik matris yapısına sahip KGDD numunenin kimyasal bileşimi (ağırlıkça %)

C	**Si**	**Mn**	**P**	**S**	**Mg**	**Cr**	**Ni**	**Mo**
3.20	2.90	0.372	0.024	0.018	0.040	0.027	0.025	<0.001
Al	**Cu**	**Ti**	**V**	**Nb**	**W**	**Co**	**Sn**	**Fe**
0.014	1.644	0.014	0.009	0.001	0.008	0.009	0.002	Kalan

Çizelge 5.5. Bu çalışma için üretilen döküm durumu ferritik matris yapısına sahip KGDD numunenin kimyasal bileşimi (ağırlıkça %)

C	**Si**	**Mn**	**P**	**S**	**Mg**	**Cr**	**Ni**	**Mo**
3.20	2.90	0.372	0.024	0.018	0.040	0.027	0.025	<0.001
Al	**Cu**	**Ti**	**V**	**Nb**	**W**	**Co**	**Sn**	**Fe**
0.014	0.033	0.014	0.009	0.001	0.008	0.009	0.002	Kalan

5.2. Deney Numunelerinin Hazırlanması

İki farklı başlangıç matris yapısına sahip 20 mm çapında 120 mm uzunluğundaki çubuklar tornalanarak, ASTM G 99 standartlarına uygun olarak, 6 mm çapında ve 40 mm uzunluğundaki KGDD numuneler hazırlanmıştır (Şekil 5.2).

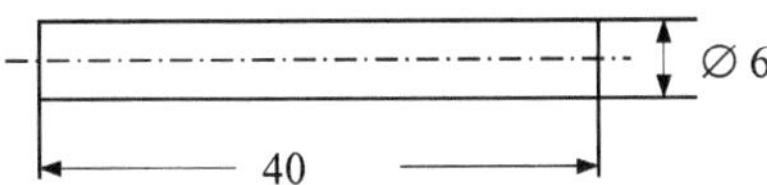

Şekil 5.2. ASTM G99 standartlarına göre hazırlanan aşınma deneyi numunesi şekil ve boyutları (163)

5.3. Isıl İşlemler

Östemperleme ısıl işlemi, östenitleme ve östemperleme olmak üzere iki aşamalı bir ısıl işlemdir. Kimyasal bileşimi Çizelge 5.4 ve Çizelge 5.5'de verilen küresel grafitli dökme demir malzemelere uygulanan ısıl işlemler Şekil 5.3'de şematik olarak verilmiştir.

5.3.1. Östenitleme

Östenitleme işlemleri için 5kW gücünde ve 200V ve 25A, PID kontrol sistemli ± 1 hassasiyetle çalışan, atmosfer kontrolü olmayan elektrik direnç fırını kullanılmıştır. Deneylerde K tipi (Cr-CrAl) ısıl çift kullanılmıştır. Numuneler önce numune tavasına konmuş daha sonra termokupul telleri numune yüzeyine gelecek şekilde yerleştirilmiştir. Numuneleri östenitleme ısıl işlemi sırasında dekarbürizasyondan korumak için kendi talaşlarının bulunduğu numune tavasına gömülmüştür. Numuneler, bütün ısıl işlemler boyunca fırın içerisinde daha önce sıcaklık ölçümlerinin yapıldığı aynı yere yerleştirilerek, östenitleme işleminin yapıldığı 850°C ve 900°C'da tutulmuştur.

5.3.2. Östemperleme

Bu çalışmada kullanılacak malzemelerin östemperleme ısıl işlemleri için Şekil 5.3'de şematik kesit görünüşü verilen 5kW gücünde ve 200V ve 25A, PID kontrol sistemli ± 1 hassasiyetle çalışan tuz banyoları imal edilmiştir. Östemperleme ısıl işleminde izotermal beklemeyi sağlamak için % 50 $NaNO_3$ + % 50 KNO_3 karışımı içeren tuz kullanılmıştır.

Östemperleme ısıl işlemleri öncesi tuz banyolarının kalibrasyonu yapılmış ve nüve ile tuz banyosundan ölçülen sıcaklık değerleri Çizelge 5.6'da verilmiştir. Östenitleme işleminin ardından tuz banyosuna daldırılan numuneler Şekil 5.4'de belirtilen sürelerde bekletildikten sonra oda sıcaklığına havada soğutulmuştur.

Çizelge 5.6. Nüve ve tuz banyosundan ölçülen sıcaklıklar

Nüve Sıcaklığı (°C)	**Tuz Banyosu Sıcaklığı (°C)**
500	421 ± 1
450	400 ± 1
420	370 ±1
375	320 ±1
310	250 ±1

5.4. Numune Kodları ve Tanımlanması

Bu çalışmada yapılan numune kodlanması, östenitleme sıcaklığı ve süresi ve östemperleme sıcaklığı ve süresine göre yapılmıştır.

Östenitleme sıcaklığı ve süresine göre yapılan kodlamada; 850°C'de östenitlenen numuneler (**I**) ve 900°C'de östenitlenen numuneler ise (**II**) ile kodlanmıştır. Östemperleme sıcaklık ve süresine göre yapılan kodlamada; 400°C (1), 370°C (2), 320°C (3) ve 250°C'de (4) olarak kodlanmıştır.

Örneğin PI30/1/60 ve FI30/1/60 kodu ile kodlanmış numunelerin açıklaması aşağıdaki gibidir.

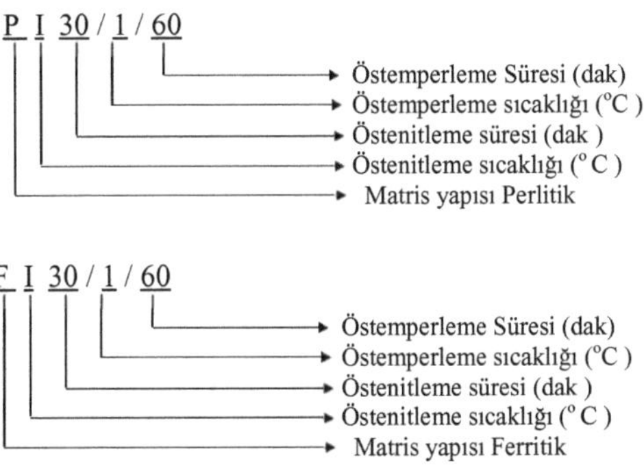

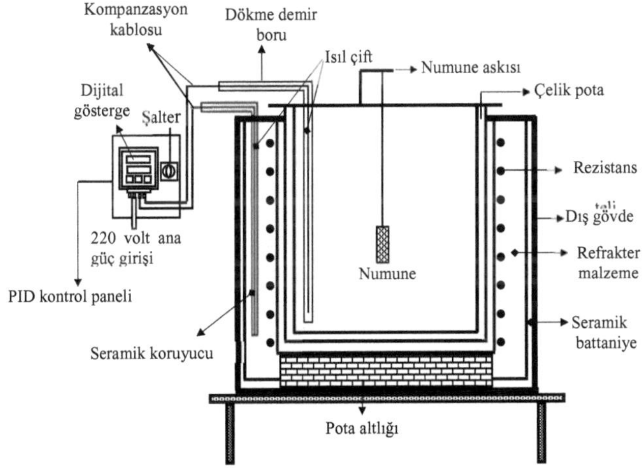

Şekil 5.3. Östemperleme ısıl işleminin yapıldığı tuz banyosu

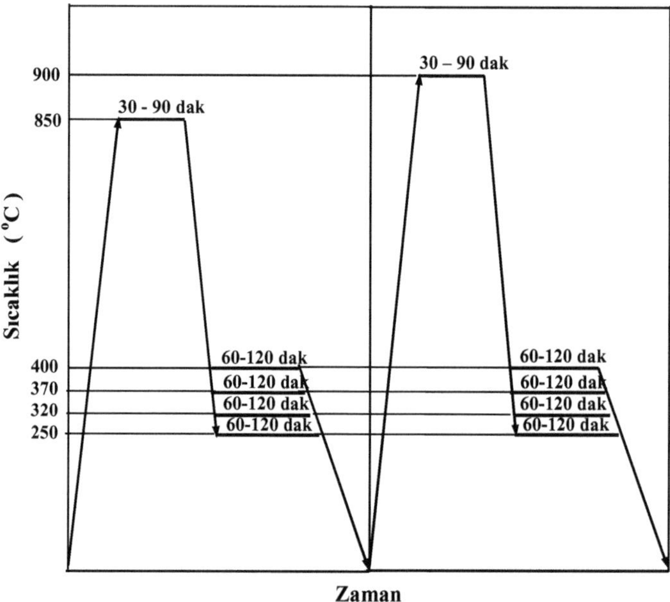

Şekil 5.4. Numunelere uygulanan ısıl işlemlerin şematik gösterimi

5.5. Sertlik Deneyi

Metalografik hazırlıkları tamamlanmış (parlatılmış ve dağlanmış), mikroyapı fotoğrafları çekilmiş numunelerin sertlik ölçümleri için Instron-Wolpert marka sertlik cihazı kullanılmış ve 20 kg yük altında bu çalışmada kullanılan numunelerin düzlemsel yüzeyleri üzerinden Brinell cinsinden sertlik değerleri ölçülmüştür. Cihazlar kalibrasyon bloğu ile kalibre edildikten sonra numunelerin sertlikleri ölçülmüştür. Her numuneden 5 veri alınarak, sonuçta bunların aritmetik ortalaması sertlik değeri olarak değerlendirilmiştir.

5.6. Aşınma Deneyleri

Aşınma deneyleri, disk üzerinde sürtünen pim (pin-on-disk) deney cihazında yapılmıştır. Aşınma deney cihazının şematik gösterimi Şekil 5.5'de verilmiştir. Aşınma cihazını oluşturan önemli parçalar; 3kW'lık AC motor, 3kW'lık Simens marka mikromaster, düşey dönel hareketi sağlayan sertleştirilmiş disk, destekleme kolu, pens mekanizması, tabla, kızak mekanizması, dengeleme parçası ve ağırlık, transduser, yük hücresi (load cell), bilgisayara dataları taşıyan kablolar, arayüz kartı ve PC'dir. Numuneleri bağlanacağı ve yükün asılacağı taşıyıcı kol bir noktadan yük rulmanıyla yataklanmıştır. Numunelerin bağlanması taşıyıcı kol üzerine monte edilen pens mekanizmasıyla sağlanmıştır. Kızak mekanizması üzerine yataklanan taşıyıcı kol hem 360° dönebilmekte, hem de kızak mekanizması yardımıyla ileri geri hareket edebilmektedir. Karşılık diskinin dönmesini sağlayan AC motora bağlanan mikromaster motorun değişken devirlerde kullanılabilmesine imkan sağlamaktadır.

Bu yöntemde aşınma deney numunesi, sabit hızda dönen bir çelik disk yüzeyine önceden belirlenmiş bir kuvvet altında bastırılmaktadır. Aşındırıcı disk olarak 62 HRC sertliğindeki AISI/SAE 5190 soğuk iş takım çeliği kullanılmıştır. Diskin yüzeyi deney öncesinde 0.5 μm taşlanmıştır

Aşınma deneylerinde diskin dönme hızı ve numuneye etki eden dikey kuvvet (yük) kolaylıkla değiştirilebilmektedir. Deneyler, oda sıcaklığında, 1 m/s sabit kayma hızında, 20, 40 ve 60 N yükler altında ve toplam 3.600 km kayma mesafesinde gerçekleştirilmiştir. Her bir numune için en az 3 deney yapılmış ve bu değerlerin ortalaması alınmıştır.

Aşınma deneylerinden önce numuneler 800 elek SiC zımpara üzerinde aşındırılmış ve numune yüzeyi ile karşılık diski paralel hale getirilmiştir. Numuneler daha sonra koldan çıkarılmış, etil alkolle temizlenip tartılmış. Daha sonra numune yüzeyi ve disk yüzeyi yine etil alkolle temizlenerek deneye hazır hale getirilmiştir. Aşınma deneyinden önce ve sonra her numunenin ağırlığı 0.1 mg hassasiyete sahip elektronik terazi ile ağırlık kayıpları ölçülerek belirlenmiştir. Aşınma deneyleri sonrasında aşınma yüzeyleri, Jeol JSM-6360LV tipi taramalı elektron mikroskobunda (SEM)'da incelenmiştir.

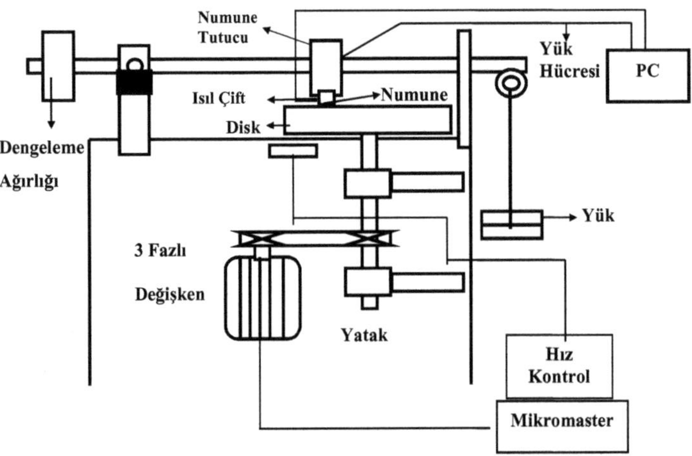

Şekil 5.5. Aşınma deney cihazının şematik gösterimi

5.7. Metalografik Çalışma

Metalografik inceleme, döküm halindeki ve östemperlemiş şartlardaki numunelerden metalografik inceleme için numuneler alınmış, bu numunelere soğuk gömme işlemi uygulanmıştır. Daha sonra numuneler sırasıyla, 180, 320,600, 800 ve 1200 elek zımpara kademelerinden geçirilerek zımparalanmış, parlatma cuhası üzerinde Al_2O_3 solüsyonu ile parlatılmıştır. Alkol ile temizlenen numuneler, % 2'lik nital (% 2 HN_3O_3 + % 98 CH_3OH) ile dağlanmış ve tekrar alkol ile yıkanıp ılık hava akımıyla kurutulduktan sonra mikroyapı incelemelerine hazır hale getirilmiştir. Mikroyapı incelemelerinde bilgisayar donanımına bağlantılı Olympus marka ters optik mikroskop kullanılmıştır.

5.8. Sürtünme Kuvveti ve Numune Sıcaklığının ölçülmesi

5.8.1. Deney setinin oluşturulması

Deney setinin kurulumuna geçilmeden önce, yük hücresi ile ölçüm yapılırken kullanılan donanımın seçim karakteristikleri belirlenmiştir. Buna göre sistem elemanlarını belirleme safhaları aşağıda gösterilmiştir:

Sürtünme kuvveti (F_s) ölçebilmek amacıyla seçilen yük hücresi (Şekil 5.6a) TEDEA firmasına ait 1 adet kiriş tipi BB 50 kg LOAD CELL olup yük hücrenin teknik özellikleri Çizelge 5.7'de görülmektedir. Deneylerde kullanılan yük hücresinin çalışma prensibi, özel olarak köprü devresi (Şekil 5.6b) bağlantıları yapılmış olarak içerisine monte edilmiş gerinim ölçerlerin yük hücresi ucundaki Şekil 5.6a'da gösterilen doğrultuda oluşan sürtünme kuvvet değiştirmeleri algılaması prensibine dayanır. Sistemin temelini oluşturan yük hücresinin analog girdisi kuvvet (N) olup analog çıkışı da gerilim (Volt) cinsindedir.

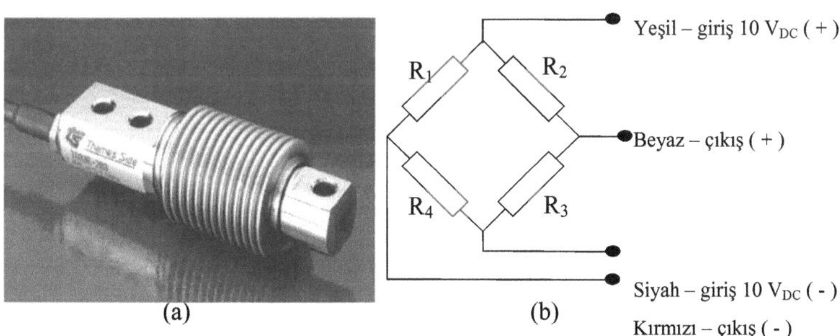

Şekil 5.6. Deneylerde kullanılan yük hücresi (165)
(a) Yük hücresinin fotoğrafı, (b)Yük hücresi köprü devresi

Sinyal işleme metodunun seçilmesi : Sistemde kullanılan yük hücresinin çıkışının mili volt (mV) seviyesinde olması (Çizelge 5.7) ve seçilen DAQ (Data Acquisition) kartının girişinin volt (V) düzeyinde olması nedeniyle bir çeşit amplifikatör olan

Çizelge 5.7. Seçilen yük hücresinin teknik özellikleri (165)

Model (355 Stainless Steel)	**Serial Number** (71650)	
Parametreler	**Birimler**	**Değeri**
Nominal yük	Kg	50
Uyarım gerilimi	V	10
Tam ölçü çıkışı (FS)	mV/V	2,0016
Doğrusal olmama	% FS	0,02
Histerize & Tekrar edilememe	% FS	0,01
Toplam hata	% FS	0,02
Sürünme (30 dakika)	% FS	0,02
Operasyon sıcaklık sınırı	^{o}C	-30 ... +80
Dengelenmiş sıcaklık sınırı	^{o}C	-10 ... +40
Termal denge değişimi	% FS/^{o}C	0,0140
Termal duyarlık değişimi	% FS/^{o}C	0,0100
Girdi direnci	Ohm	380 ± 10
Çıktı direnci	Ohm	350 ± 3
Güvenli yük	% FS	150
Kopma yükü	% FS	300
Maksimum yanal yük	% FS	100
Yalıtım	-	IP 68 (DIN 40050)
Kablo uzunluğu	M	6
Ağırlık	Kg	0,35

ADVANTECH ürünü ADAM-3016 izole edilmiş gerinim ölçer girdi modülü kullanılmıştır, kullanılan ADAM-3016 amplifikatörün doğruluğu ise tam ölçüm değerinin ± % 0.1'dir (Çizelge 5.8) (166). Ayrıca Sistemde kullanılan ısıl çift çıkışının mV seviyesinde olması seçilen DAQ kartının girişinin volt düzeyinde olması nedeniyle bir çeşit amplifikatör olan ADVANTECH ürünü ADAM-3011 izole edilmiş sıcaklık ölçer girdi modülü kullanılmıştır (167). Gerilim yükseltilmesi için dışarıdan uygulanacak uyarım 0-10 V (maksimum 60 mA) doğru akım olup, bu bir adaptör vasıtasıyla sağlanmıştır.

Çizelge 5.8. Kullanılan ADAM- 3016 gerinim ölçer girdi modülünün teknik özellikleri (165,166)

Giriş tipi	Tam köprü
Giriş sınırları	±10 mV, ±20 mV, ± 30 mV, ± 100 mV
Besleme	1 ~10 V_{DC} (max. 60 mA)
Çıkış gerilimi	Bipolar : ± 5 V, ± 10 V Unipolar : 0 - 10 V_{DC} Empedans : < 50 Ω
Çıkış akımı	0 - 20 mA
Çıkış izolasyonu	1000 V_{DC}
Doğruluk	± % 0,1
Kullanılan güç	24V_{DC} ±%10

Gerilim düzeyi ayarlandıktan sonra, I/O kartına gönderilecek olan verilerin kanal sayı sırasının düzenlenmesi, ADVANTECH ürünü olan ve I/O kartına birleşik 20 yassı kabloyla bağlanabilen uygun ve güvenilir sinyaller sağlayan PCLD-8710 vidalı "terminal board" ile gerçekleştirilmiştir (168). Bu elemanın özellikleri ise;

- ☑ Akım-gerilim çevrimi yapılabilmektedir,
- ☑ Gerilim hafifletme ve alçak frekans filtreleme gibi sinyal işleme devreleri için yedek alan bulunur,
- ☑ İki adet 20'li kablo bağlantı portu için 40 terminal noktası vardır,
- ☑ Endüstriyel uygulamalarda da kullanılabilir,
- ☑ Kelepçe terminal blokları kolay ve güvenilir bağlantılara izin vermektedir.

Uygun DAQ I/O elemanının seçilmesi : DAQ I/O elemanının belirlenmesi amacıyla kullanılan karakteristikler; doğruluk, veri edinme-alma süresi ve oranı, kanal sayısı, kullanım esnekliği, güvenilirlik, geliştirilebilirlik vb.'dir (165). Sistemde yük hücresinden alınan sinyallerin bilgisayar ortamında okunması ve analizlerinin yapılabilmesi amacıyla yine bir ADVANTECH ürünü, çoklu fonksiyon özelliği olan analog ve dijital I/O kartı "PCL-1710" kullanılmıştır (169). Kullanılan bu kartın ölçme ve kontrol fonksiyonel özellikleri arasında analog (A)-dijital (D-sayısal) çevrimi, dijital-analog çevrimi, dijital girdi, dijital çıktı ve sayaç gibi özellikler bulunmaktadır. Kart, oldukça düzenli bir şekilde oluşturulmuş 16 adet 12-bit analog giriş kanalı, 2 adet 12-bit analog çıkış kanalı, 16 dijital giriş ve 16 dijital çıkış kanalları ile programlanabilir bir sayıcıdan/zamanlayıcıdan ibarettir. Ayrıca farklı proses aşamaları veya farklı kanallar için farklı kazanca ihtiyaç duyan uygulamalarda, maksimum çözünürlük ve uygunluk sağlayabilmektedir.

Kartın bazı teknik özellikleri Çizelge 5.9'da gösterilmiş olup diğer temel özellikleri:

- Programlanabilir örnekleme sayısı 30Mhz.dir
- Operasyon sıcaklığı 0°C ile 50°C arasındadır.

Sistem için gerekli yazılımın seçilmesi : Yük hücresinden ve ısıl çiftten gelecek verileri gerinim ve sıcaklık olarak okuyarak sürtünme kuvvetini ve pin sıcaklığını ölçme işlemini yapmak amacıyla kurulan deney düzeneğinde, yine bir National Instruments ürünü olan "DASYLab Data Acquisition and Software Version 8.0" isimli ticari bir paket program kullanılmıştır. Kullanılan programda hazırlanan stratejinin genel çerçevesi Şekil 5.7'de gösterilmiştir.

Program editörünün sürükle-bırak mantığıyla çalışan bir programlama yapısı vardır. Programın "setup/devices" menüsünde, yük hücresinden ve ısıl çiftten gelen verileri alan ve gerekli düzenlemeleri yapan, I/O kartının kurulumu yapılır. Gerekli kurulum yapıldıktan yani veri alınmanın nereden gerçekleşeceğinin programa tanıtılmasından sonra programın "strateji tasarımcısı" isimli editöründe (Şekil 5.7) sürükle-bırak mantığıyla programlamaya geçilir.

Çizelge 5.9. Kullanılan I/O kartının bazı teknik özellikleri (169)

ANALOG GİRDİ	
Kanal sayı	16 tek uçlu veya 8 değişken analog giriş
A/D çevrimi	12-bit, 100 kHz çevrim zamanı
Giriş sınırı (Volt, yazılımla programlanabilir)	± 10, ± 5, ± 2.5, ± 1.25, ± 0.625, ± 0.3125
Veri transferi	Program kontrollü, aralık 2~7, 9~12, 14,15 yada tek kanal aralığı için DMA (Kanal 1 yada 3)
Doğruluk	Okunan ± 1 LSB için % 0.01
Giriş empedansı	> 10 MΩ
DİJİTAL ÇIKIŞ	
Kanal sayısı	16, TTL düzeyi
İşletim kapasitesi	8 mA @ 0.5 V (sink); 0.4 mA @ 2.4 V (source)

Programa kaç çeşit veri gelecekse bu veri sayısınca veriler kanallara ayrılır. Kanal sayısınca (kanal sayısı sırasına göre) analog girdiyi gösteren "analog girdi-AI" blokları (Şekil 5.7) konur ve her birinin üzerine "çift-click" yapılarak kanal numarası, giriş ranjı, I/O kaynağı ve tanımlayıcı diğer bilgiler girilir . I/O kartının kapasitesinin oldukça büyük (30 MHz) olması nedeniyle gelen veriler içerisinden istenilen sayıda (bu çalışmada bu sayı 1 saniyede 5 veri olarak uygulanmıştır) veri seçilerek bunların ortalamasını almak amacıyla bir "hareketli ortalama-Seprate00" bloğu kullanılır (Şekil 5.7) ve verinin geldiği kaynakla bağlantısı yapılır. Program, gelen veriler içerisinden her 5 verinin ortalamasını hesaplar ve bulduğu değerleri ileride bahsedilen "kaydetme-Write00" bloğunda (Şekil 5.7) ASC formatı olarak, adı program çalıştırılmadan önce sorulan, bir dosyaya kaydeder. Daha sonra saniyede 5 veri alınır, alınan veriler için bir karşılaştırılmanın yapıldığı "Separate 00" bloğunda ayrıştırma yapılır ve bu 5 verinin ortalaması alınarak saniyede bir veri olarak "Kaydetme-Write00" bloğunda kaydedilmeye hazır hale getirilir. "Kaydetme-Write00" bloğunda, program çalıştırıldığında kullanıcı tarafından kaydedilmesi istenen dosyaya, zaman ve kanallardan gelen verilerin hesaplanmış ortalamaları kaydedilir.

Programın "gösterim-DISP" bloğunda (Şekil 5.7) ise okunan verilerin ayrı ayrı farklı renklerde gösterimi yapılmış ve bu blokla açık-kapalı bloğu, hareketli ortalama bloğu ile analog girdi bloğunun bağlantıları yapılmıştır.

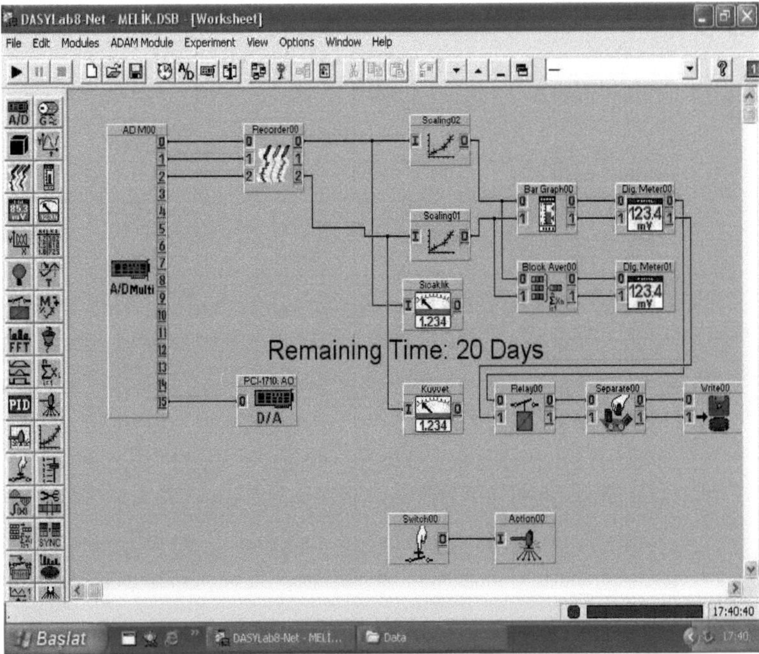

Şekil 5.7. Strateji tasarımcısında yer alan programın genel çerçevesi

Kullanılan bu strateji, aşınma deneyi esnasında elde edilen verilerin bilgisayar ortamında kaydedilerek değerlendirilmesi amaçlanmıştır. Bu strateji sayesinde, okutulmak istenen kanallar, birim saniyede alınması istenilen veri sayısı ve alınmak istenilen ortalama, kullanıcı tarafından belirlenebilmektedir (Şekil 5.8).

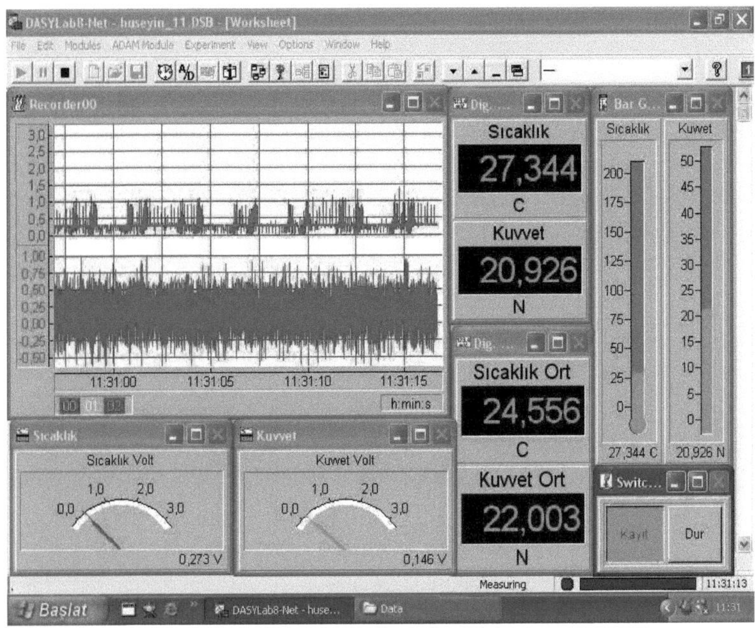

Şekil 5.8. DASYLab programında kaydedicinin görünümü

5.8.2. Yük hücresinin deney düzeneğine yerleştirilmesi

Aşınma deneyi sırasında etki eden sürtünme kuvveti ve pim sıcaklığını ölçebilmek amacıyla geliştirilen gerinim ölçer esaslı yük hücresinin ve ısıl çiftin disk üzerinde pim aşınma cihazına yerleşim konumu Şekil 5.5'de gösterilmiştir. Sürtünme kuvveti ölçme işleminde pim ile yük hücresi arasındaki temasın sağlanmasında AISI 1040 malzemeden bir pim eleman tasarlanmıştır. Daha sonra yük hücresinde yer alan yükün sezildiği deliğe boşluksuz geçecek tarzda imalatı yapılmıştır. Son olarak, imal edilen bu pim elemanın, yük hücresi üzerindeki yerine, civata-somun ile montajı gerçekleştirilmiştir. Yük hücresinin kalibrasyonun da statik şartlarda 0-200 N arasındaki değişen yükler uygulanmıştır, ve her bir yük değerine karşılık gelen gerilim değerleri volt (V) olarak okunmuş, elde edilen değerler Şekil 5.9'da gösterilmiştir.

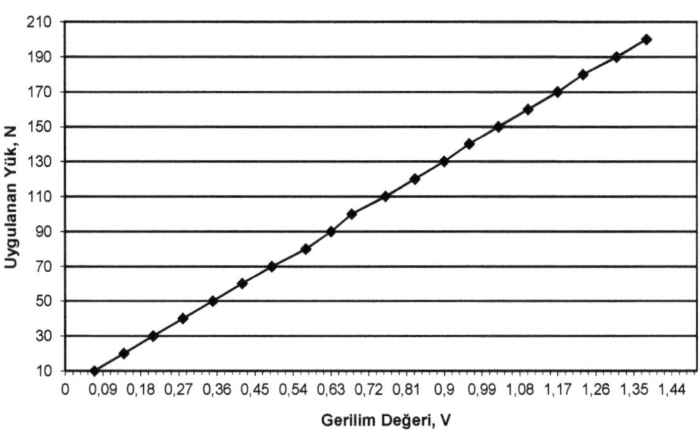

Şekil 5.9. Statik halde kalibrasyonda uygulanan yükler ve gerilimin değişmesi

5.8.3. Numune Sıcaklığının Ölçülmesi

Aşınma deneyleri esnasında, pim yüzeyinde meydana gelen sıcaklıkların ölçümü oldukça zordur. Literatür taramasında daha önce yapılan çalışmalarda ÖKGDD'lerin aşınma deneyi sırasında sürtünme nedeniyle oluşan sürtünme sıcaklığının ölçümüyle ilgili çalışmaya rastlanmamıştır. Ölçülecek noktanın belirlenmesi, alanın küçük olması ve pim uç bölgesinde yüksek sıcaklığın oluşması gibi faktörler sıcaklık ölçümünü zorlaştırmaktadır. Numune sıcaklığının ölçülmesinde ısıl çift yöntemi kullanılmıştır. Bu yöntemin temelinde, iki farklı metalin ara yüzeyinde, ara yüzey sıcaklığı değiştiği zaman elektro motor kuvveti (emk) oluşması bulunmaktadır (170). Isıl çift, elektrik iletkenliği olan iki farklı malzemenin birleştirilerek elektrik iletir hale getirilmesinden ibarettir.

Isıl çiftin pim üzerinde konumlanması için Teflon malzemeden yapılan aparat yardımıyla ısıl çifttin aşınma yüzeyinden 2 mm yükseklikte deney süresinde sabit kalması sağlanmıştır. Teflon malzeme 280°C'e sıcaklığa kadar dayanabildiği için seçilmiştir. Ayrıca aşınma deneyi esnasında pim sıcaklığının izolasyonunun sağlanması için pim Teflon içerisine yerleştirilmiştir. Şekil 5.10'de ısıl çiftin pim üzerinde yerleştirilmesi gösterilmiştir. Isıl çiftin kalibrasyonun da, ortam sıcaklığı 16 °C olarak ölçülmüş ve ısıl çift 16-350°C sıcaklık aralığı kalibre edilmiştir. Pürümüzle ısıtılan K-tipi ısıl çiftten her bir °C'ye karşılık gelen volt (V) değerleri belirlenmiş, ayrıca elde edilen değerlerden 16-300°C sıcaklık aralığı Şekil 5.11'de gösterilmiştir.

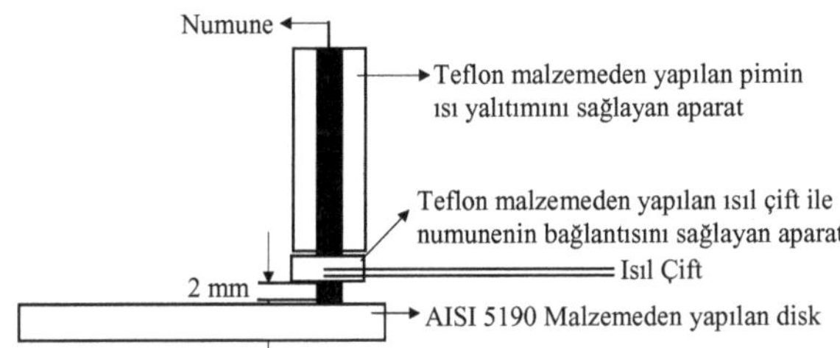

Şekil 5.10. Aşınma yüzeyinden 2 mm yükseklikte ısıl çiftin pim üzerine yerleştirilmesi

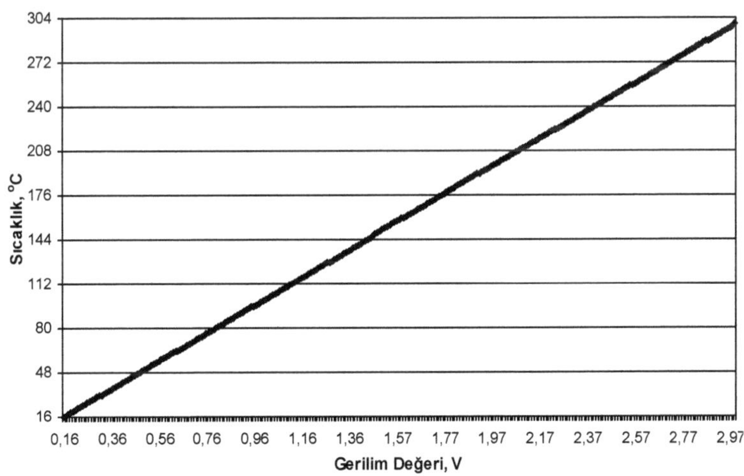

Şekil 5.11. Isıl çiftin ısıtılmasıyla okunan °C sıcaklıklara karşılık gerilim değerindeki değişim

6. DENEY SONUÇLARI

6.1. Metalografik İnceleme Sonuçları

6.1.1. Döküm durumu KGDD numuneler

Bu çalışmada kullanılan ve kimyasal bileşimleri Çizelge 5.4 ve Çizelge 5.5'de verilen döküm durumu Ferritik ve Perlitik matrisli küresel grafitli dökme demirlerin mikroyapı fotoğrafları Resim 6.1'de verilmiştir. Resim 6.1.(a)'dan görüldüğü gibi malzemenin mikroyapısı ferrit + grafitten meydana gelmektedir. Resim 6.1.(b)'de görülen malzemenin mikroyapısı ise grafit kürelerinin etrafının ferrit halkaları ile çevrili olduğu, diğer kısımlarda ise perlitin yer aldığı tipik "dana gözü" yapısına sahiptir.

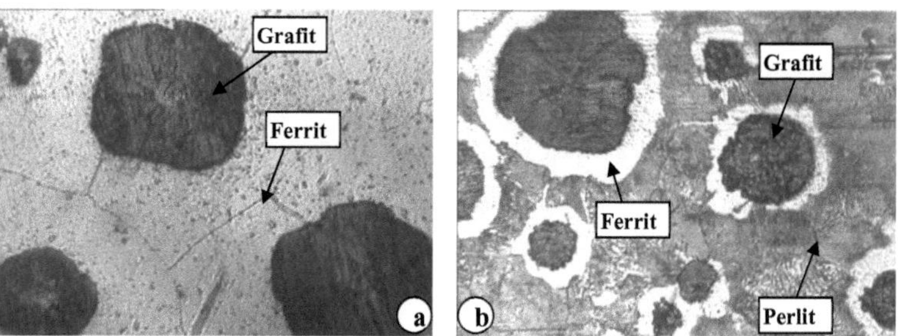

Resim 6.1. Döküm durumu KGDD numunelerin mikroyapıları (a) Ferritik KGDD ve (b) Perlitik KDGG (Dağlama : % 2 Nital X 350)

6.1.2. Östemperlenmiş küresel grafitli dökme demir numuneler

Döküm durumu mikroyapıları Ferritik ve Perlitik olan numunelere uygulanan östemperleme işleminin ÖKGDD'in sertlik ve aşınma davranışına etkilerini belirlemek amacıyla Şekil 5.4'de verilen östemperleme ısıl işlem şartları uygulanmıştır. FI-FII grubu ve PI-PII grubu numunelerin optik mikroskop inceleme sonuçları aşağıda verilmiştir.

850 ve 900°C'de östenitleme işlemine tabi tutulan ferritik (FI ve FII grubu) numuneler

Uygulanan östemperleme şartlarına bağlı olarak elde edilen FI30-90/1-4/60-120 ve FII30-90/1-4/60-120 grubu numunelerin mikroyapı fotoğrafları Resim 6.2-Resim 6.9'da verilmiştir. Resim 6.2-Resim 6.9'da görüldüğü gibi östenitleme+ östemperleme ısıl işlemi sonucu mikroyapı, asiküler ferrit plakaları ve yüksek karbonlu östenit ile birlikte küresel grafitlerden meydana gelmektedir. Çift fazlı matris morfolojisi yani ferrit ve yüksek karbonlu östenit içeriği veya görünümü östemperleme ısıl işlemine bağlı olarak değişikliğe uğramaktadır. 850°C'de östenitlenen ve müteakiben 250-400°C sıcaklık aralığında östemperlenen FI30-90/1-4/60-120 grubu numunelerin mikroyapıları, 900°C'de östenitlenen ve müteakiben 250-400°C sıcaklık aralığında östemperlenen FII30-90/1-4/60-120 grubu numunelerin mikroyapılarından daha ince yapılı olduğu görülmektedir (Resim 6.2-Resim 6.9).

850°C'de östenitlenen FI grubu numunelerde mikroyapı ferrit ve yüksek karbonlu östenitten oluştuğu görülmektedir. Östemperlenmiş küresel grafitli dökme demirin mikroyapı karakteristiğini östenitleme sıcaklığı ve süresi ve östemperleme sıcaklığı ve süresi gibi östemperleme parametreleri etkilemektedir. 850°C'de 30 dakika östenitlenen ve daha sonra 400°C'de 60 ve 120 dakika östemperlenen FI30/1/60 ve FI30/1/120 kodlu döküm durumu ferritik numunelerde ferrit'in bir kısmının yapıda östenite dönüşmeden kaldığı görülmektedir (Resim 6.2 a ve d). Aynı şekilde 850°C'de 30 dakika östenitlendikten sonra 370°C, 320°C ve 250°C'de 60 dakika östemperlenen FI30/2/60, FI30/3/60 ve FI/4/60 kodlu numunelerde de kısmen ferritin östenite dönüşmeden kaldığı görülmektedir (Resim 6.3 a, Resim 6.4 a, Resim 6.5.a). FI30-90/1-4/60-120 grubu numunelerde östenitleme süresinin 30 dakikadan 60 ve 90 dakikaya çıkarılmasıyla mikroyapının tamamen östenite dönüştüğü görülmektedir.

FI30-90/1-2/60-120–FI30-90/3-4/60-120 kodlu numunelerinin mikroyapı fotoğraflarından görüldüğü gibi östemperleme sıcaklığının 400°C ve 370°C'den 320°C ve/veya 250°C'ye düşürülmesiyle ösferrit morfolojisi değişime uğramakta, yani üst ösferrit'ten alt ösferrite dönüşmektedir. Morfolojideki değişime bağlı olarak da ösferriti oluşturan ferrit ve yüksek karbonlu östenit incelmektedir. Dolayısıyla morfolojinin değişimine bağlı olarak yapıdaki kabalaşma azalmakta ve yapı içerisinde ösferrit daha homojen bir şekilde dağılmaktadır (Resim 6.4 ve Resim 6.5). Östenitleme süresinin 30, 60 ve 90 dakikaya çıkarılmasıyla birlikte numunelerin mikroyapıları kabalaşmaktadır.

Östenitleme aşamasında östenitleme süresinin 30 dakikadan 60 ve 90 dakikaya ve aynı zamanda östemperleme sürenin 60 dakikadan 120 dakikaya çıkarılmasıyla mikroyapıda daha kaba bir yapı oluşmaktadır. Östemperleme aşamasında mikroyapıdaki kabalaşma özellikle üst ösferritik bölge içerisinde östemperlenen PI30-90/1-2/120 kodlu numunelerde daha belirgin olarak görülmektedir (Resim 6.2. ve Resim 6.3 d, e ve f).

900°C sıcaklıkta östenitlenen FII30-90/1-4 grubu numunelerde 30 dak östenitleme süresinin döküm durumu ferritik matrisin tamamen östenite dönüşmesi için yeterli olduğu görülmektedir (Resim 6.6-Resim 6.9). 900°C sıcaklığında 30 dakika östenitlenen FII30/1/60 kodlu numune ile 850°C sıcaklığında 30 dakika östenitlenen FI30/1/60 kodlu numune karşılaştırıldığında 900°C'de östenitlemenin dönüşüm için daha uygun olduğu söylenebilir (Resim 6.2a ve Resim 6.6a). Aynı sıcaklıkta östenitleme süresinin 60 ve 90 dakikaya çıkarılmasıyla döküm yapısının tamamının östenite dönüşmekle kalmayıp aynı zamanda mikroyapı kabalaşmaktadır (Resim 6.6 b, c, e ve f). FII60 ve FII90 kodlu numunelerde östenitleme süresinin 60 ve 90 dakikaya arttırılmasıyla mikroyapı da meydana gelen kabalaşma, östemperleme sıcaklığının düşürülmesiyle önlenebilmektedir (Resim 6.8 ve Resim 6.9). Yani yüksek östenitleme sıcaklığı ve bu sıcaklıkta uzun süre bekletmeyle meydana gelen mikroyapıdaki kabalaşma, östemperleme sıcaklığının düşürülmesiyle önlenmekte ve ayrıca oluşan ösferrit bileşenleri yapı içerisinde daha düzgün dağılım sergilemektedir.

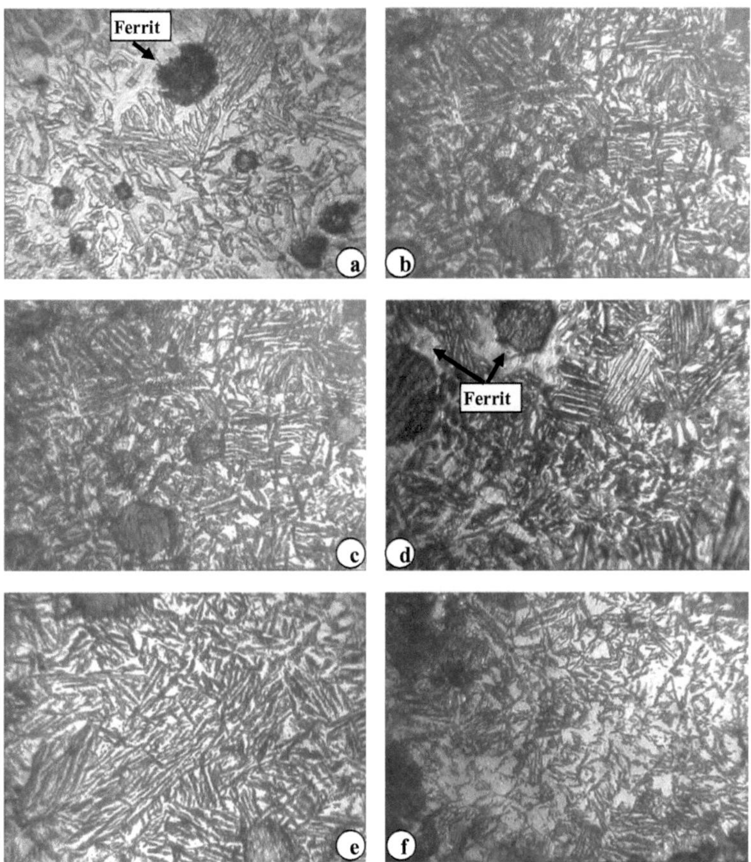

Resim 6.2. FI1/60 ve FI1/120 kodlu numunelere ait mikroyapılar, 850°C'de (a) 30 dak, (b) 60 dak, (c) 90 dak östenitleme ve 400°C'de 60 dak östemperleme; 850°C'de (d) 30 dak, (e) 60 dak, (f) 90 dak östenitleme ve 400°C'de 120 dak östemperleme (Dağlama:% 2 Nital X350)

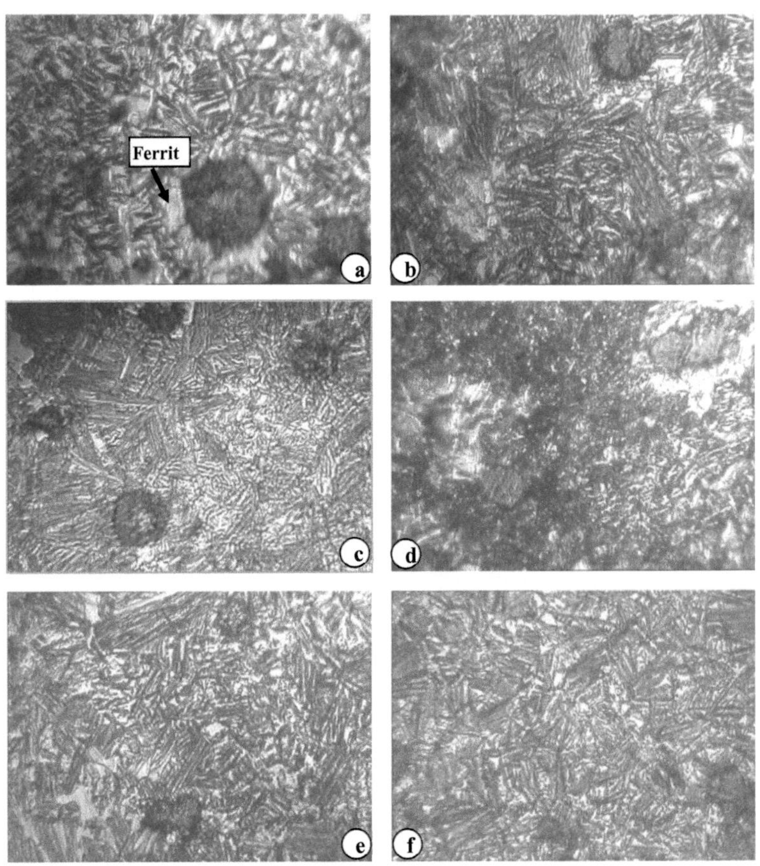

Resim 6.3. FI2/60 ve FI2/120 kodlu numunelere ait mikroyapılar, 850°C'de (a) 30 dak, (b) 60 dak, (c) 90 dak östenitleme ve 370°C'de 60 dak östemperleme; 850°C'de (d) 30 dak, (e) 60 dak, (f) 90 dak östenitleme ve 370°C'de 120 dak östemperleme (Dağlama: % 2 Nital X350)

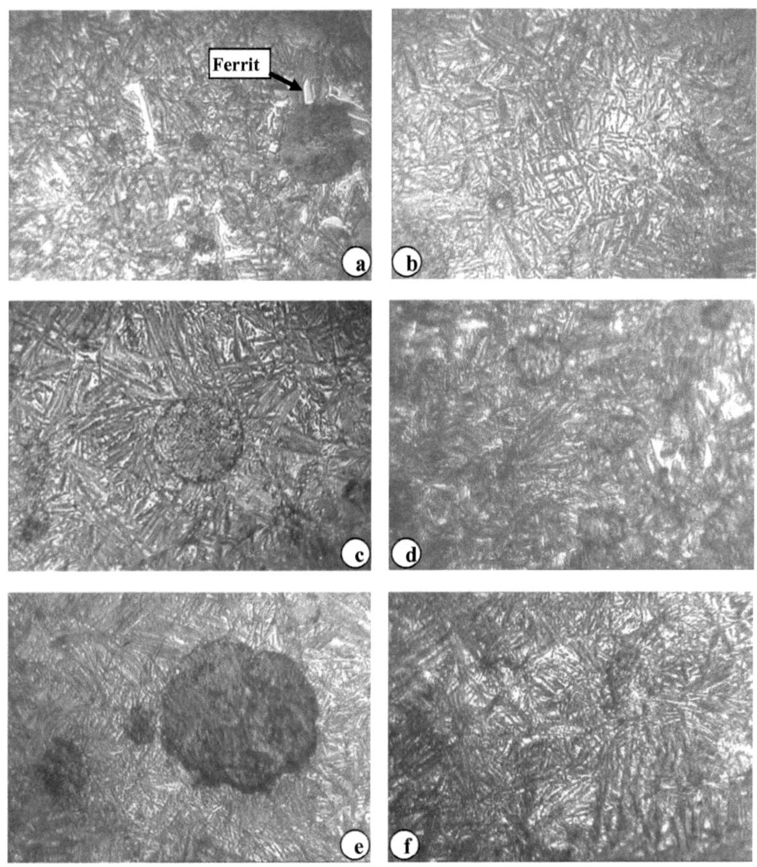

Resim 6.4. FI3/60 ve FI3/120 kodlu numunelere ait mikroyapılar,850°C'da (a) 30 dak, (b) 60 dak, (c) 90 dak östenitleme ve 320°C'da 60 dak östemperleme; 850°C'da (d) 30 dak, (e) 60 dak, (f) 90 dak östenitleme ve 320°C'de 120 dak östemperleme (Dağlama: % 2 Nital X350)

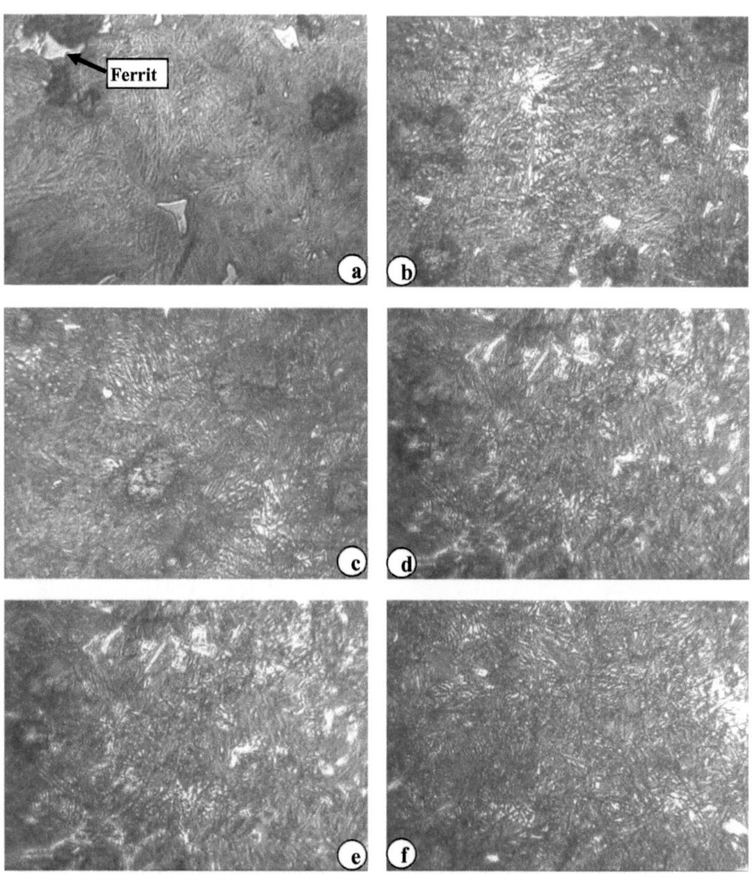

Resim 6.5. FI4/60 ve FI4/120 kodlu numunelere ait mikroyapılar, 850°C'de (a) 30 dak, (b) 60 dak, (c) 90 dak östenitleme ve 250°C'de 60 dak östemperleme; 850°C'de (d) 30 dak, (e) 60 dak, (f) 90 dak östenitleme ve 250°C'de 120 dak östemperleme (Dağlama: % 2 Nital X350)

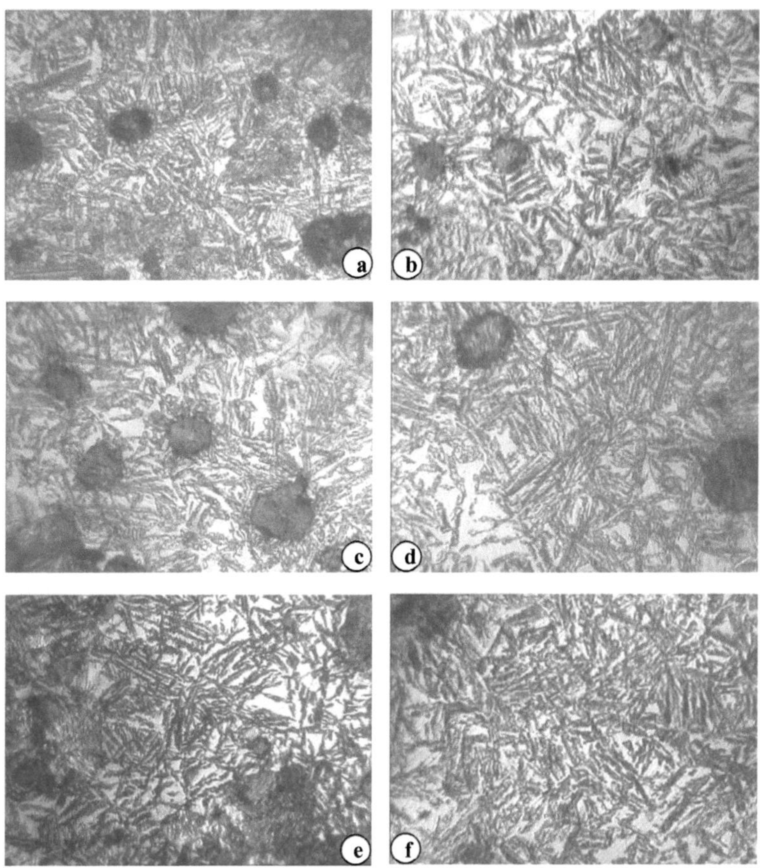

Resim 6.6. FII1/60 ve FII1/120 kodlu numunelere ait mikroyapılar, 900°C'de (a) 30 dak, (b) 60 dak, (c) 90 dak östenitleme ve 400°C'de 60 dak östemperleme; 900°C'de (d) 30 dak, (e) 60 dak, (f) 90 dak östenitleme ve 400°C'de 120 dak östemperleme (Dağlama: %2 Nital X350)

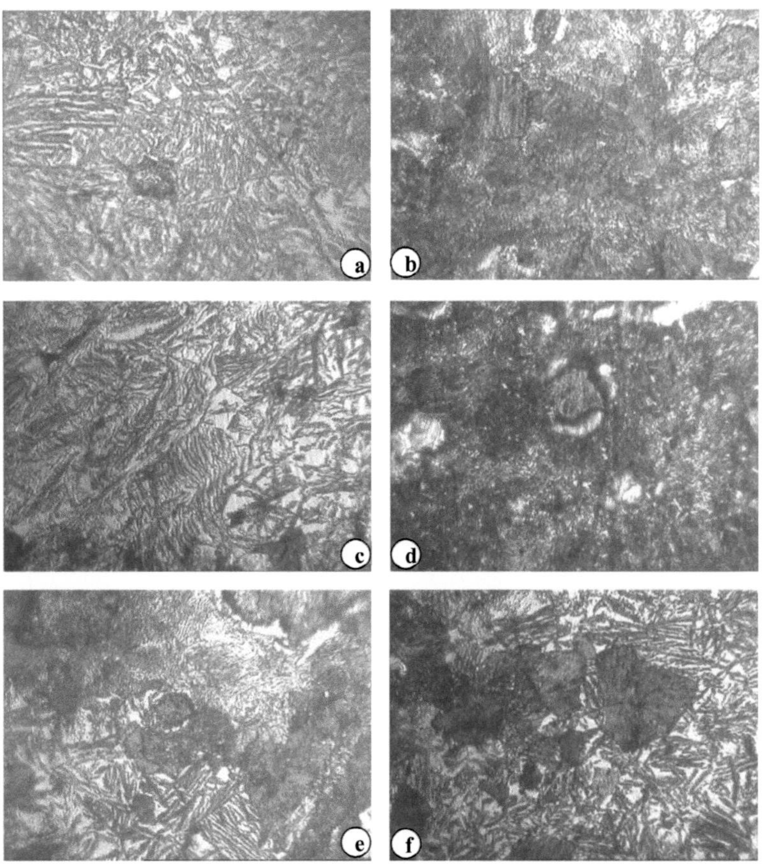

Resim 6.7. FII2/60 ve FII2/120 kodlu numunelere ait mikroyapılar, 900°C'de (a) 30 dak, (b) 60 dak, (c) 90 dak östenitleme ve 370°C'de 60 dak östemperleme; 900°C'de (d) 30 dak, (e) 60 dak, (f) 90 dak östenitleme ve 370°C'de 120 dak östemperleme (Dağlama: % 2 Nital X350)

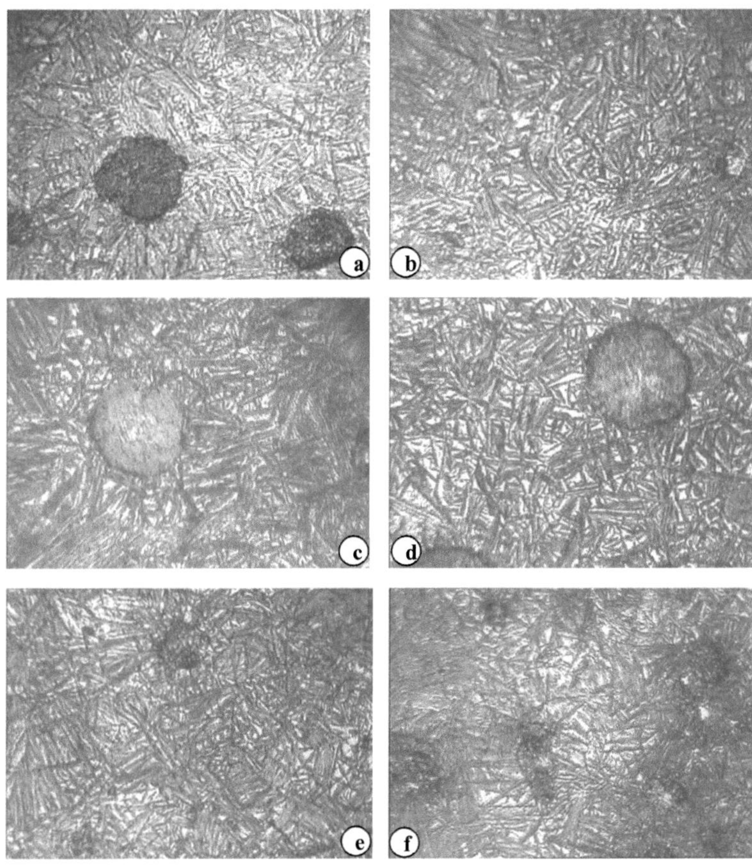

Resim 6.8. FII3/60 ve FII3/120 kodlu numunelere ait mikroyapılar, 900°C'de (a) 30 dak, (b) 60 dak, (c) 90 dak östenitleme ve 320°C'de 60 dak östemperleme; 900°C'da (d) 30 dak, (e) 60 dak, (f) 90 dak östenitleme ve 320°C'de 120 dak östemperleme (Dağlama: % 2 Nital X350)

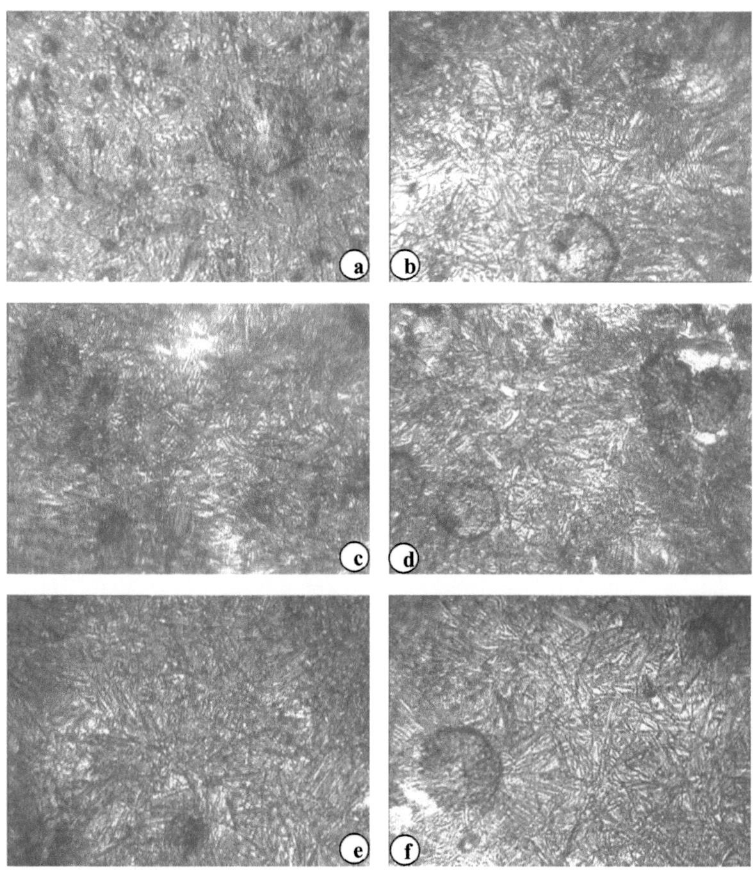

Resim 6.9. FII4/60 ve FII4/120 kodlu numunelere ait mikroyapılar, 900°C'de (a) 30 dak, (b) 60 dak, (c) 90 dak östenitleme ve 250°C'de 60 dak östemperleme; 900°C'de (d) 30 dak, (e) 60 dak, (f) 90 dak östenitleme ve 250°C'de 120 dak östemperleme (Dağlama: % 2 Nital X350)

850 ve 900°C'de östenitleme işlemine tabi tutulan perlitik (PI ve PII grubu) numuneler

Uygulanan östemperleme şartlarına bağlı olarak PI30-90/1-4/60-120 ve PII30-90/1-4 /60-120 grubu numunelerin mikroyapı fotoğrafları Resim 6.10-Resim 6.17'de verilmiştir. Resimlerden görüldüğü gibi östenitlemenin 850°C veya 900°C sıcaklığın da yapılması durumunda dahi PI30-90/1-4/60-120 ve PII30-90/1-4 /60-120 grubu numunelerin mikroyapılarının ferrit ve yüksek karbonlu östenitten meydana geldiği görülmektedir. 850°C'de östenitlenen PI30-90/1-2/60 kodlu numunelerde östenitleme süresinin 30 dakikadan 60 ve 90 dakikaya artmasına bağlı olarak mikroyapının kabalaştığı görülmektedir (Resim 6.10 ve Resim 6.12 b ve c). PI30-90/1-2/60-120 kodlu numuneler 370°C ve 400°C'de 60 dakika östemperleme işlemi uygulandığında mikroyapıda kabalaşma olmazken 120 dakika östemperlendiklerinde numunelerin mikroyapısının kabalaştığı görülmektedir (Resim 6.10-Resim 6.11 e ve f). 850°C'de 30-90 dakika östenitlemeden sonra 320°C ve 250°C'de yapılan östemperleme işlemlerinde mikroyapı kabalaşmamaktadır. Östemperleme sıcaklığının azalmasıyla yapı daha da incelmekte ve aynı zamanda daha düzgün dağılım sergilemektedir (Resim 6.12 ve 6.13).

900°C'de östenitlenen PII30-90/1-4/60-120 grubu numunelerde östenitleme süresinin 30 dakikadan 60 ve 90 dakikaya artmasına bağlı olarak mikroyapının daha fazla kabalaştığı görülmektedir (Resim 6.14 - Resim 6.17). Bunun yanı sıra östemperleme sıcaklığı ve süresi dikkate alınarak yapılan mikroyapı incelemesinde ise üst ösferritik bölge içerisinde östemperlenen PI30-90/1-2/60-120-PII30-90/1-2/60-120 grubu numunelerin alt ösferritik bölge içerisinde östemperlenen PI30-90/3-4/60-120-PII30-90/3-4/60-120 grubu numunelerden daha fazla kabalaştığı görülmüştür (Resim 10- Resim 6.17). Östenitleme süresinin arttırılması ve yüksek sıcaklıkta yapılan östemperleme işlemi (370 ve 400°C'de sıcaklıklarında) aynı anda göz önüne alındığında her iki östemperleme parametresinin de östemperlenmiş KGDD numunelerin mikroyapısını oluşturan ferrit ve yüksek karbonlu östenitin kabalaşmasında etkili olduğunu söylemek mümkündür (Resim 6.10, Resim 6.11 , Resim 6.14 ve Resim 6.15). 900°C'de östenitleme işleminden sonra alt ösferritik bölge içerisinde östemperlenen (250-320°C sıcaklığında) numunelerin mikroyapısını oluşturan ferrit ve yüksek karbonlu östenitin daha ince görünümde olduğu ve yapı içerisinde daha düzgün dağılım sergilediği Resim 6.12, Resim 6.13, Resim 6.16 ve Resim 6.17'de görülmektedir.

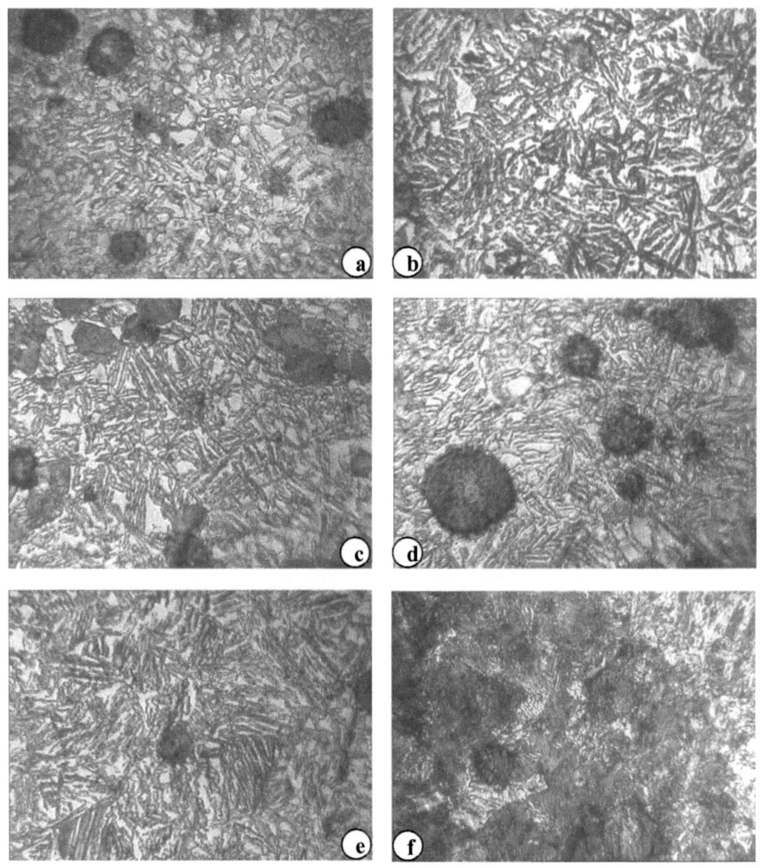

Resim 6.10. PI1/60 ve PI1/120 kodlu numunelere ait mikroyapılar, 850°C'de (a) 30 dak, (b) 60 dak, (c) 90 dak östenitleme ve 400°C'de 60 dak östemperleme; 850°C'de (d) 30 dak, (e) 60 dak, (f) 90 dak östenitleme ve 400°C'de 120 dak östemperleme (Dağlama: % 2 Nital X350)

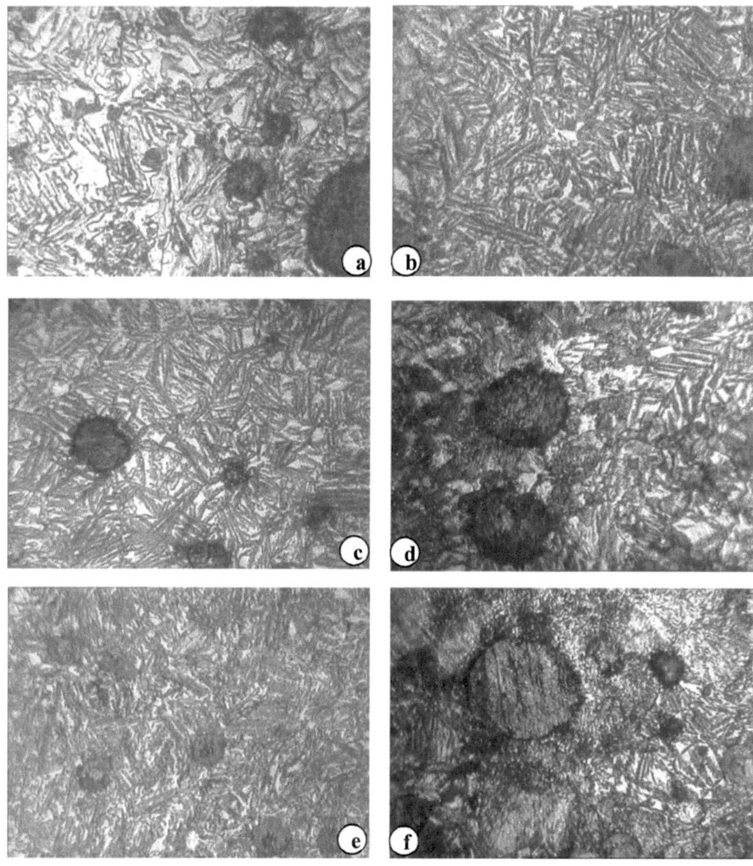

Resim 6.11. PI2/60 ve PI2/120 kodlu numunelere ait mikroyapılar, 850°C'de (a) 30 dak, (b) 60 dak, (c) 90 dak östenitleme ve 370°C'de 60 dak östemperleme; 850°C'de (d) 30 dak, (e) 60 dak, (f) 90 dak östenitleme ve 370°C'de 120 dak östemperleme (Dağlama: % 2 Nital X350)

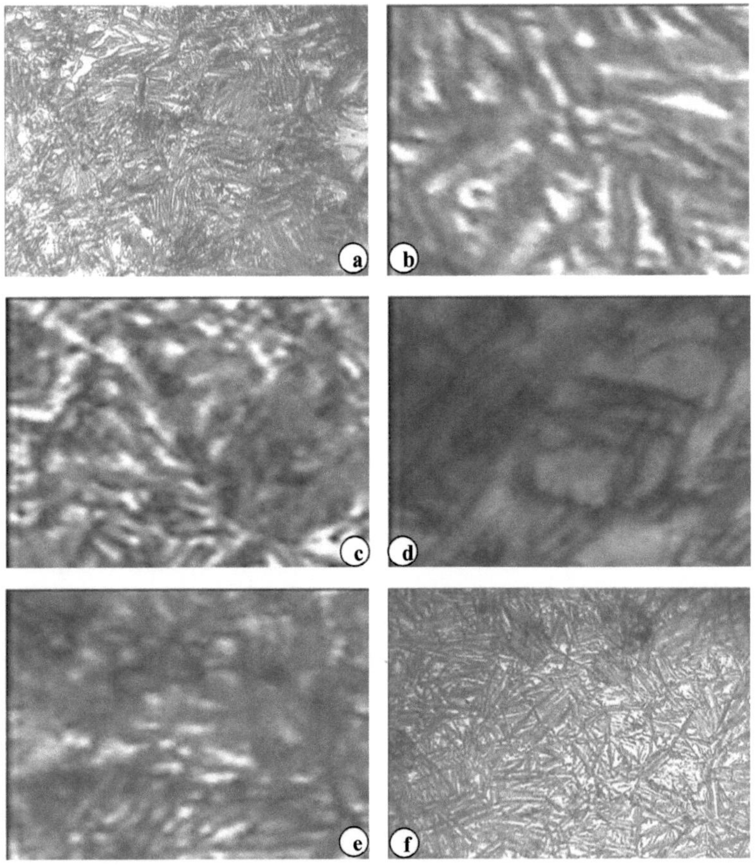

Resim 6.12. PI3/60 ve PI3/120 kodlu numunelere ait mikroyapılar, 850°C'de (a) 30 dak, (b) 60 dak, (c) 90 dak östenitleme ve 320°C'de 60 dak östemperleme; 850°C'de (d) 30 dak, (e) 60 dak, (f) 90 dak östenitleme ve 320°C'de 120 dak östemperleme (Dağlama: % 2 Nital X350)

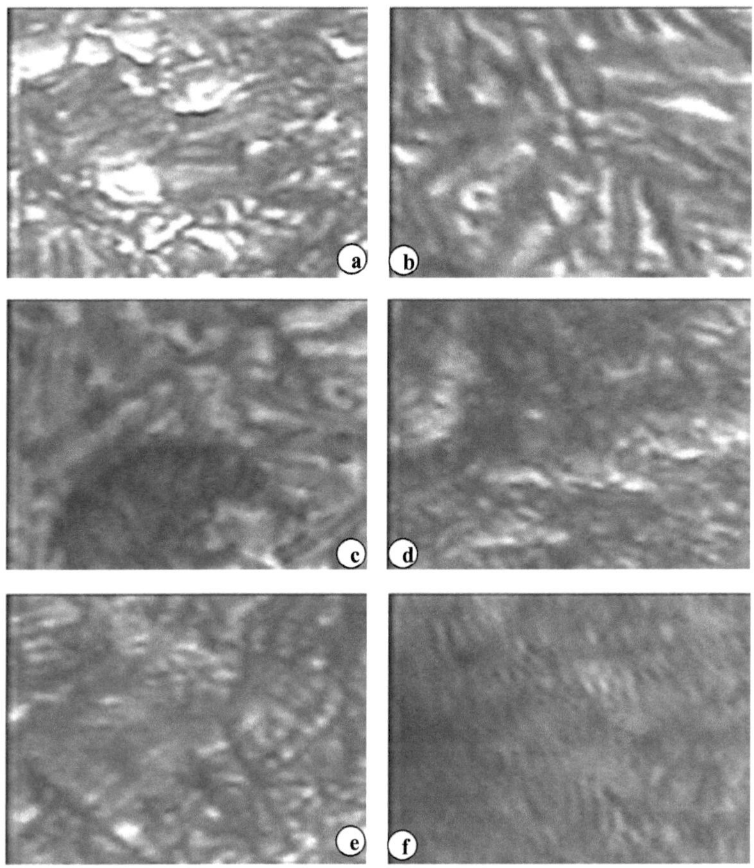

Resim 6.13. PI4/60 ve PI4/120 kodlu numunelerine ait mikroyapılar, 850°C'de (a) 30 dak, (b) 60 dak, (c) 90 dak östenitleme ve 250°C'de 60 dak östemperleme; 850°C'de (d) 30 dak, (e) 60 dak, (f) 90 dak östenitleme ve 250°C'de 120 dak östemperleme(Dağlama: % 2 Nital X350)

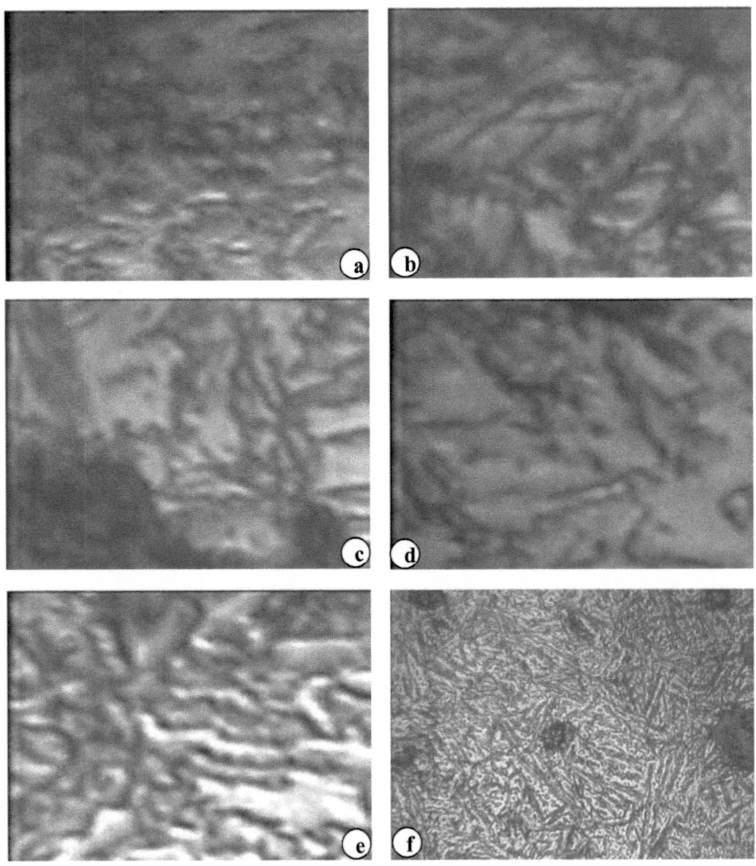

Resim 6.14. PII1/60 ve PII1/120 kodlu numunelere ait mikroyapılar, 900°C'da (a) 30 dak, (b) 60 dak, (c) 90 dak östenitleme ve 400°C'da 60 dak östemperleme; 900°C'da (d) 30 dak, (e) 60 dak, (f) 90 dak östenitleme ve 400°C'de 120 dak östemperleme (Dağlama: % 2 Nital X350)

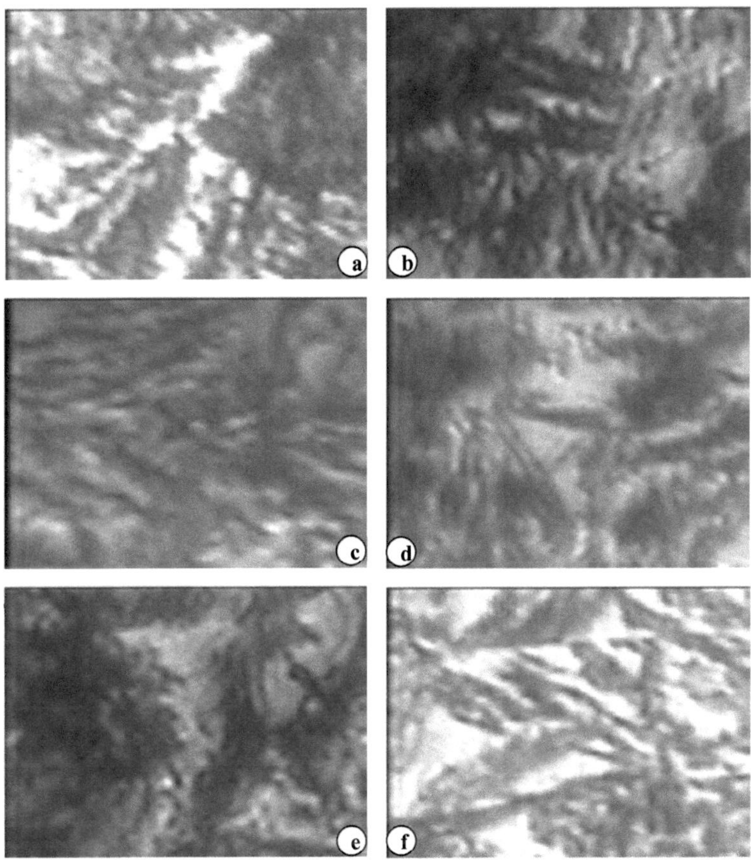

Resim 6.15. PII2/60 ve PII2/120 kodlu numunelere ait mikroyapılar, 900°C'de (a) 30 dak, (b) 60 dak, (c) 90 dak östenitleme ve 370°C'de 60 dak östemperleme; 900°C'de (d) 30 dak, (e) 60 dak, (f) 90 dak östenitleme ve 370°C'de 120 dak östemperleme (Dağlama: % 2 Nital X350)

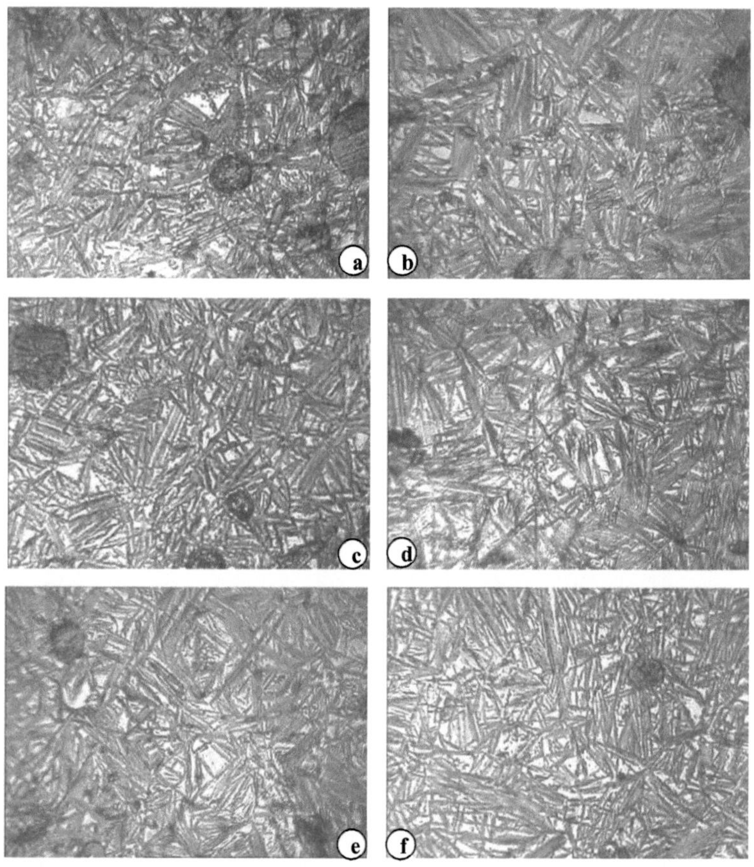

Resim 6.16. PII3/60 ve PII3/120 kodlu numunelere ait mikroyapılar, 900°C'de (a) 30 dak,(b) 60 dak, (c)90 dak östenitleme ve 320°C'de 60 dak östemperleme; 900°C'de (d) 30 dak, (e) 60 dak, (f) 90 dak östenitleme ve 320°C'de 120 dak östemperleme (Dağlama: % 2 Nital X350)

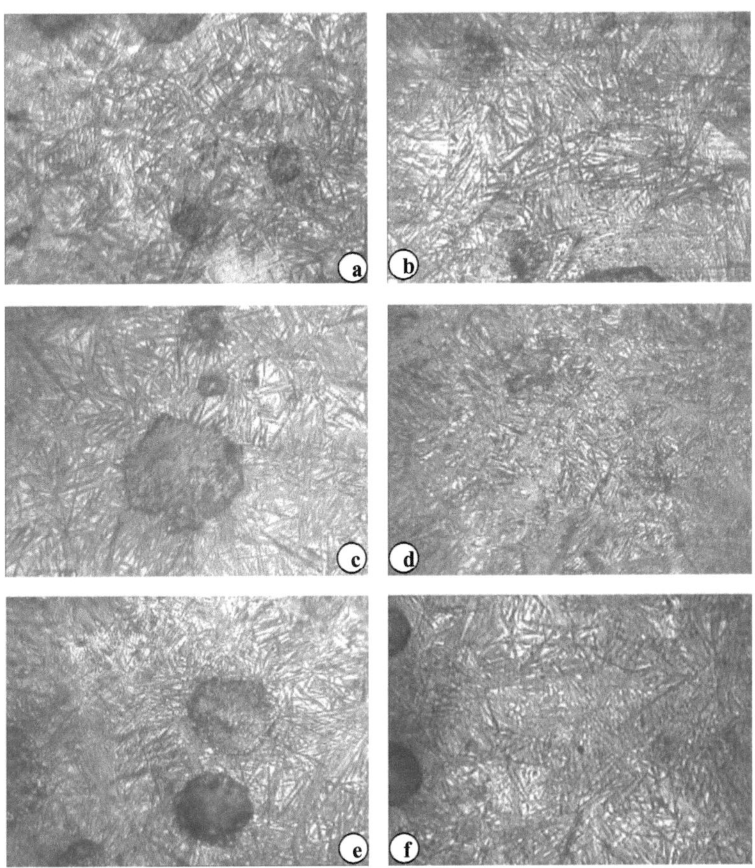

Resim 6.17. PII4/60 ve PII4/120 kodlu numunelere ait mikroyapılar, 900°C'de (a) 30 dak, (b) 60 dak, (c) 90 dak östenitleme ve 250°C'de 60 dak östemperleme; 900°C'de (d) 30 dak, (e) 60 dak, (f) 90 dak östenitleme ve 250°C'de 120 dak östemperleme (Dağlama: % 2 Nital X350)

6.2. Sertlik Deney Sonuçları

İncelenen KGDD ve ÖKGDD numunelerin döküm durumu ve östemperlenmiş şartlardaki sertlikleri; Östemperleme ısıl işlemenin uygulanmasıyla numunelerin sertlikleri, döküm durumu numunelere göre artmıştır. Her iki grup numunelerde de östenitleme süresinin artmasıyla sertlik değerleri de artmıştır.

6.2.1. 850 ve 900°c'de östenitleme işlemine tabi tutulan ferritik (FI ve FII grubu) numuneler

FI30-90/1/60-120 grubu numuneler 850°C'de östenitleme işleminden sonra 400°C'de 60 dakika östemperleme işlemi yapıldığında numunelerin sertlikleri östenitleme süresinin 30 dakikadan 60 dakikaya çıkarılmasıyla artmakta 90 dakikaya arttırılmasıyla azalmaktadır. Aynı grup numuneler 400°C'de 120 dakika östemperlendiğinde numunelerin sertlikleri, östenitleme süresinin 30 dakikadan 60 dakikaya çıkarılmasıyla artmakta 90 dakikaya çıkarılmasıyla azalmaktadır.

FI30-90/2/60-120 grubu numuneler 850°C'de östenitleme işleminden sonra 370°C'de 60 ve 120 dakika östemperleme işlemi yapıldığında östenitleme süresinin 30 dakikadan 60 ve 90 dakikaya çıkarılmasıyla numunelerin sertlikleri artmaktadır.

FI30-90/3/60-120 grubu numuneler 850°C'de östenitleme işleminden sonra 320°C'de 60 dakika östemperleme işlemi yapıldığında numunelerin sertlikleri östenitleme süresinin 30 dakikadan 60 dakikaya çıkarılmasıyla artmakta 90 dakikaya arttırılmasıyla sabit kalmaktadır. Aynı grup numuneler 400°C'de 120 dakika östemperlendiğinde ise numunelerin sertlikleri, östenitleme süresinin 30 dakikadan 60 ve 90 dakikaya çıkarılmasıyla artmaktadır. FI30-90/3/60-120 grubu numunelerin sertlikleri FI30-90/1/60-120 ve FI30-90/2/60-120 grubu numunelerden daha fazla artmıştır.

FI30-90/4/60-120 grubu numuneler 850°C'de östenitleme işleminden sonra 250°C'de

60 ve 120 dakika östemperleme işlemi yapıldığında östenitleme süresinin 30 dakikadan 60 ve 90 dakikaya arttırılmasıyla numunelerin sertlikleride artmaktadır. FI30-90/4/60-120 grubu numunelerin sertlikleri FI30-90/1/60-120, FI30-90/2/60-120 ve PI30-90/3/60-120 grubu numunelerden daha fazla artmıştır .

FII30-90/1/60-120 grubu numuneler 900°C'de östenitleme işleminden sonra 400°C'de 60 dakika östemperleme işlemi yapıldığında numunelerin sertlikleri östenitleme süresinin 30 dakikadan 60 dakikaya çıkarılmasıyla azalırken 90 dakikaya arttırılmasıyla artmıştır. Aynı grup numuneler 400°C'de 120 dakika östemperlendiğinde ise numunelerin sertlikleri, östenitleme süresinin 30 dakikadan 60 ve 90 dakikaya çıkarılmasıyla azalmaktadır.

FII30-90/2/60-120 grubu numuneler 900°C'de östenitleme işleminden sonra 370°C'de 60 dakika östemperleme işlemi yapıldığında numunelerin sertlikleri, östenitleme süresinin 30 dakikadan 60 dakikaya çıkarılmasıyla azalırken 90 dakikaya arttırılmasıyla sabit kalmaktadır. Aynı grup numuneler 370°C'de 120 dakika östemperlendiğinde ise numunelerin sertlikleri, östenitleme süresinin 30 dakikadan 60 ve 90 dakikaya çıkarılmasıyla artmaktadır.

FII30-90/3/60-120 grubu numuneler 900°C'de östenitleme işleminden sonra 320°C'de 60 ve 120 dakika östemperleme işlemi yapıldığında numunelerin sertlikleri östenitleme süresinin 30 dakikadan 60 ve 90 dakikaya çıkarılmasıyla artmaktadır. Bununla birlikte FII30-90/3/60-120 grubu numunelerin sertlikleri FII30-90/1/60-120 ve FII30-90/2/60-120 grubu numunelerden daha fazla artmıştır.

FII30-90/4/60-120 grubu numuneler 900°C'de östenitleme işleminden sonra 250°C'de 60 dakika östemperleme işlemi yapıldığında numunelerin sertlikleri, östenitleme süresinin 30 dakikadan 60 ve 90 dakikaya arttırılmasıyla azalmaktadır. Aynı grup numuneler 250°C'de 120 dakika östemperlendiğinde ise numunelerin sertlikleri, östenitleme süresinin 30 dakikadan 60 ve 90 dakikaya çıkarılmasıyla artmaktadır. Bununla birlikte FII30-90/4/60-120 grubu numunelerin sertlikleri

FII30-90/1/60-120, FII30-90/2/60-120 ve FII30-90/3/60-120 grubu numunelerden daha fazla artmıştır.

6.2.2. 850 ve 900°C'de östenitleme işlemine tabi tutulan perlitik (PI ve PII grubu) numuneler

PI30-90/1/60-120 grubu numuneler 850°C'de östenitleme işleminden sonra 400°C'de 60 dakika östemperleme yapıldığında numunelerin sertlikleri östenitleme süresinin 30 dakikadan 60 ve 90 dakikaya arttırılmasıyla artmaktadır. Aynı grup numuneler 400°C'de 120 dakika östemperlendiğinde numune sertlikleri, östenitleme süresinin 30 dakikadan 60 ve 90 dakikaya çıkarılmasıyla artmaktadır.

PI30-90/2/60-120 grubu numuneler 850°C'de östenitleme işleminden sonra 370°C'de 60 ve 120 dakika östemperleme yapıldığında numunelerin sertlikleri östenitleme süresinin 30 dakikadan 60 ve 90 dakikaya arttırılmasıyla artmaktadır.

PI30-90/3/60-120 grubu numuneler 850°C'de östenitleme işleminden sonra 320°C'de 60 ve 120 dakika östemperleme yapıldığında numunelerin sertlikleri östenitleme süresinin 30 dakikadan 60 ve 90 dakikaya arttırılmasıyla artmaktadır. PI30-90/3/60-120 grubu numunelerin sertlikleri PI30-90/1/60-120 ve PI30-90/2/60-120 grubu numunelerden daha fazla artmıştır.

PI30-90/4/60-120 grubu numuneler 850°C'de östenitleme işleminden sonra 250°C'de 60 ve 120 dakika östemperleme yapıldığında numunelerin sertlikleri östenitleme süresinin 30 dakikadan 60 ve 90 dakikaya arttırılmasıyla artmaktadır. PI30-90/4/60-120 grubu numunelerin sertlikleri PI30-90/1/60-120, PI30-90/2/60-120 ve PI30-90/3/60-120 grubu numunelerden daha fazla artmıştır.

PII30-90/1/60-120 grubu numuneler 900°C'de östenitleme işleminden sonra 400°C'de 60 dakika östemperleme yapıldığında numunelerin sertlikleri östenitleme süresinin 30 dakikadan 60 dakikaya çıkarılmasıyla artarken, 90 dakikaya arttırılmasıyla azalmaktadır. Aynı grup numuneler 400°C'de 120 dakika östemperlendiğinde de numunelerin sertlikleri, östenitleme süresinin 30 dakikadan 60 dakikaya çıkarılmasıyla azalırken 90 dakikaya arttırılmasıyla artmaktadır.

PII30-90/2/60-120 grubu numuneler 900°C'de östenitleme işleminden sonra 370°C'de 60 dakika östemperleme yapıldığında numunelerin sertlikleri, östenitleme süresinin 30 dakikadan 60 dakikaya çıkarılmasıyla artarken 90 dakikaya arttırılmasıyla azalmaktadır. Aynı grup numuneler 370°C'de 120 dakika östemperlendiğinde de numunelerin sertlikleri, östenitleme süresinin 30 dakikadan 60 ve 90 dakikaya arttırılmasıyla azalmaktadır.

PII30-90/3/60-120 grubu numuneler 900°C'de östenitleme işleminden sonra 320°C'de 60 dakika östemperleme yapıldığında numunelerin sertlikleri östenitleme süresinin 30 dakikadan 60 dakikaya çıkarılmasıyla azalırken, 90 dakikaya arttırılmasıyla artmaktadır. Aynı grup numuneler 320°C'de 120 dakika östemperlendiğinde numunelerin sertlikleri, östenitleme süresinin 30 dakikadan 60 ve 90 dakikaya arttırılmasıyla azalmaktadır. Bununla birlikte PII30-90/3/60-120 grubu numunelerin sertlikleri PI30-90/1/60-120 ve PII30-90/2/60-120 grubu numunelerden daha fazla artmıştır.

PII30-90/4/60-120 grubu numuneler 900°C'de östenitleme işleminden sonra 250°C'de 60 dakika östemperleme yapıldığında numunelerin sertlikleri, östenitleme süresinin 30 dakikadan 60 dakikaya arttırılmasıyla azalırken 90 dakikaya arttırılmasıyla artmaktadır. Aynı grup numuneler 250°C'de 120 dakika östemperlendiğinde numunelerin sertlikleri, östenitleme süresinin 30 dakikadan 60 dakikaya arttırılmasıyla sabit kalırken, 90 dakikaya arttırılmasıyla azalmaktadır. Bununla birlikte PII30-90/4/60-120 grubu numunelerin sertlikleri PII30-90/1/60-120, PII30-90/2/60-120 ve PII30-90/3/60-120 grubu numunelerden daha fazla artmıştır.

6.3. Aşınma Deney Sonuçları

Döküm durumu Ferritik ve Perlitik matris yapısına sahip KGDD'lere uygulanan farklı şartlardaki östemperleme ısıl işlemi sonucu elde edilen ÖKGDD ve döküm durumu numunelerin kuru ortam şartlarında gerçekleştirilen, metal-metal aşınma deneylerinden elde edilen sonuçlar Ek 3-Ek 7'de verilmiştir. Döküm durumu küresel grafitli dökme demir numunelere östemperleme ısıl işleminin uygulanması sonucu aşınma kayıpları uygulanan tüm yüklerde azalmıştır. İncelenen ÖKGDD numunelerin aşınma kayıpları, uygulanan yükün artmasıyla özellikle düşük östenitleme sürelerinde ve yüksek östemperleme sıcaklıklarında artmıştır. Östenitleme süresinin artmasıyla aşınma kaybı da azalmıştır (Ek 4-Ek 7). Ayrıca düşük östemperleme sıcaklıklarında deney yükünün artmasıyla aşınma kaybı azalmıştır.

Döküm durumu KGDD numunelerin aşınma kayıpları, uygulanan yükün artmasıyla birlikte artmıştır. Döküm durumu perlitik numuneler, özellikle uygulanan yükün 40 ve 60 N'a çıkarılmasıyla döküm durumu ferritik numunelerden daha az aşınmıştır .

6.3.1. 850 ve 900°C'de östenitleme işlemine tabi tutulan ferritik (FI ve FII grubu) numuneler

FI30-90/1/60-120 grubu numuneler 850°C'de östenitleme işleminden sonra 400°C' de 60 dakika östemperleme işlemi yapıldığında tüm deney yüklerinde östenitleme süresinin 30 dakikadan 60 ve 90 dakikaya arttırılmasıyla numunelerin aşınma kayıpları azalmıştır. Aynı grup numuneler 400°C'de 120 dakika östemperlendiğinde uygulanan tüm yüklerde, östenitleme süresinin 30 dakikadan 60 ve 90 dakikaya çıkarılmasıyla 400°C'de 60 dakika östemperlenen FI30-90/1/60 kodlu numunelere göre numunelerin aşınma kayıpları azalmıştır. Ancak aşınma kayıpları uygulanan yüke göre değişkenlik göstermektedir. FI30-90/1/60-120 kodlu numunelerde uygulanan yükün 20 N'dan 40 ve 60 N'a çıkarılmasıyla aşınma kaybı artmaktadır

.

FI30-90/2/60-120 grubu numuneler 850°C'de östenitleme işleminden sonra 370°C' de 60 dakika östemperleme işlemi yapıldığında tüm deney yüklerinde östenitleme süresinin 30 dakikadan 60 ve 90 dakikaya arttırılmasıyla numunelerin aşınma kayıpları azalmıştır. Aynı grup numuneler 370°C'de 120 dakika östemperlendiğinde ise uygulanan tüm yüklerde, östenitleme süresinin 30 dakikadan 60 ve 90 dakikaya çıkarılmasıyla 370°C'de 60 dakika östemperlenen FI30-90/2/60 kodlu numunelere göre numunelerin aşınma kayıpları azalmıştır. FI30-90/2/60-120 kodlu numunelerde uygulanan yükün 20 N'dan 40 ve 60 N'a arttırılmasıyla aşınma kaybı artmakta olup, aşınma kaybındaki artış FI30-90/1/60-120 grubu numunelerle karşılaştırıldığında daha azdır.

FI30-90/3/60-120 grubu numuneler 850°C'de östenitleme işleminden sonra 320°C' de 60 dakika östemperleme işlemi yapıldığında 30 ve 90 dakika östenitlenen FI30/3/60 ve FI90/3/60 kodlu numunelerde aşınma kaybı deney yükünün 20 N'dan 40 N'a çıkarılmasıyla artarken deney yükü 60 N'a çıkarıldığında ise azalmıştır. Aynı östemperleme şartlarında 60 dakika östenitlenen FI60/3/60 kodlu numunede ise deney yükü 20 N'dan 40 N ve 60 N'a çıkarıldığında ise aşınma kaybı azalmıştır. Aynı grup numuneler 320°C'de 120 dakika östemperlendiğinde uygulanan tüm yüklerde numunelerin aşınma kayıpları, östenitleme süresinin 30 dakikadan 60 ve 90 dakikaya çıkarılmasıyla artmıştır. FI30-90/3/60-120 kodlu numunelerde uygulanan yükün 20 N'dan 40 ve 60 N'a arttırılmasıyla aşınma kaybı artmıştır.

FI30-90/4/60-120 grubu numuneler 850°C'de östenitleme işleminden sonra 250°C' de 60 dakika östemperleme işlemi yapıldığında 30 ve 60 dakika östenitlenen FI30/4/60 ve FI60/4/60 kodlu numunelerde deney yükü 20 N'dan 40 N ve 60 N'a çıkarılmasıyla aşınma kaybı artmaktadır. Aynı östemperleme şartlarında 90 dakika östenitlenen FI90/4/60 kodlu numunede deney yükü 20 N'dan 40 N ve 60 N'a çıkarıldığında ise aşınma kaybı azalmaktadır. Aynı grup numuneler 320°C'de 120 dakika östemperlendiğinde uygulanan yükün 20 N'dan 40 ve 60 N'a çıkarılmasıyla numunelerin aşınma kayıpları artmaktadır. Ancak aşınma kaybındaki artış östenitleme süresinin 30 dakikadan 60 ve 90 dakikaya çıkarılmasıyla azalmaktadır .

FII30-90/1/60-120 grubu numuneler 900°C'de östenitleme işleminden sonra 400°C' de 60 dakika östemperleme işlemi yapıldığında uygulanan tüm yüklerde östenitleme süresinin 30 dakikadan 60 ve 90 dakikaya arttırılmasıyla numunelerin aşınma kayıpları azalmıştır. Aynı grup numuneler 400°C'de 120 dakika östemperlendiğinde uygulanan tüm yüklerde numunelerin aşınma kayıpları, östenitleme süresinin 30 dakikadan 60 ve 90 dakikaya çıkarılmasıyla 400°C'de 60 dakika östemperlenen FII30-90/1/60 kodlu numunelere göre artmıştır. Ancak aşınma kayıpları uygulanan yüke göre değişkenlik göstermektedir. FII30/1/60 ve 120, FII60 -90/1/120 kodlu numunelerde aşınma kaybı uygulanan yükün 20 N'dan 40 ve 60 N'a çıkarılmasıyla artmaktadır. FII60/1/60 kodlu numunede uygulanan yük 20 N'dan 40 N'a çıkarıldığında aşınma kaybı artarken yük 60N'a çıkarıldığında ise azalmaktadır. FII90/1/60 kodlu numunede uygulanan yük 20N'dan 40 N ve 60 N'a çıkarılmasıyla aşınma kaybı azalmaktadır.

FII30-90/2/60-120 grubu numuneler 900°C'de östenitleme işleminden sonra 370°C' de 60 ve 120 dakika östemperleme işlemi yapıldığında uygulanan yükün 20 N'dan 40 ve 60 N'a çıkarılması ayrıca östenitleme süresinin 30 dakikadan 60 ve 90 dakikaya arttırılmasıyla numunelerin aşınma kayıpları artmaktadır .

FII30-90/3/60-120 grubu numuneler 900°C'de östenitleme işleminden sonra 320°C' de 60 dakika östemperleme yapıldığında numunelerin aşınma kayıpları uygulanan yükün artmasıyla ve östenitleme süresinin 30 dakikadan 60 ve 90 dakikaya arttırılmasıyla artmıştır. Ancak FII90/3/60 ve 120 kodlu numunelerde yükün 60 N'a çıkarılmasıyla aşınma kaybı azalmıştır. Ayrıca FII30-90/3/60-120 grubu numuneler FII30-90/1/60-120 ve FII30-90/2/60-120 grubu numunelerden daha az aşınmıştır.

FII30-90/4/60-120 grubu numuneler 900°C'de östenitleme işleminden sonra 250°C' de 60 ve 120 dakika östemperleme işlemi yapıldığında uygulanan yükün ve östenitleme süresinin 30 dakikadan 60 ve 90 dakikaya arttırılmasıyla numunelerin aşınma kayıpları artmıştır. Ancak aynı şarlarda 60 ve 120 dakika östemperlenen FII90/4/60 ve FII60/4/120 kodlu numunelerde ise yükün 20 N'dan 40 ve 60 N'a çıkarılmasıyla aşınma kaybı azalmıştır. Ayrıca FII30-90/4/60-120 grubu numuneler

FII30-90/1/60-120, FII30-90/2/60-120 ve FII30-90/3/60-120 grubu numunelerden daha az aşınmıştır.

6.3.2. 850 ve 900°C'de östenitleme işlemine tabi tutulan perlitik (PI ve PII grubu) numuneler

PI30-90/1/60-120 grubu numuneler 850°C'de östenitleme işleminden sonra 400°C' de 60 dakika östemperleme işlemi yapıldığında 30 dakika östenitlenen PI30/1/60 kodlu numunenin aşınma kaybı deney yükünün 20 N'dan 40 N'a çıkarılmasıyla azalırken deney yükünün 60 N'a çıkarılmasıyla azalmıştır. Aynı östemperleme şartlarında östenitleme süresinin 60 dakikaya ve deney yükünün 20 N'dan 40 ve 60 N'a çıkarılmasıyla numunenin aşınma kaybı artmıştır. Östenitleme süresi 90 dakikaya ve yük 20 N'dan 40 ve 60 N'a arttırıldığında ise numunenin aşınma kaybı azalmıştır. Aynı grup numuneler 400°C'de 120 dakika östemperlendiğinde uygulanan tüm yüklerde, östenitleme süresinin 30 dakikadan 60 ve 90 dakikaya çıkarılmasıyla numunelerin aşınma kayıpları artmıştır.

PI30-90/2/60-120 grubu numuneler 850°C'de östenitleme işleminden sonra 370°C' de 60 dakika östemperleme işlemi yapıldığında östenitleme süresinin 30 dakikadan 60 ve 90 dakikaya arttırılmasıyla numunelerin aşınma kayıpları azalmıştır. Deney yükünün 20 N'dan 40 ve 60 N'a çıkarılmasıyla numunelerin aşınma kayıpları artmıştır. Aynı grup numuneler 370°C'de 120 dakika östemperlendiğinde uygulanan tüm yüklerde, östenitleme süresinin 30 dakikadan 60 ve 90 dakikaya çıkarılmasıyla numunelerin aşınma kayıplarındaki artış azalmıştır. Özellikle aynı sıcaklıkta 120 dakika östemperleme işlemi yapılan PI60-90/120 grubu numunelerde östenitleme süresinin 60 ve 90 dakikaya çıkarılmasıyla aşınma kayıplarındaki artış azalmıştır Aşınma kaybındaki artış PI30-90/2/60 grubu numunelerde PI30-90/120 grubu numunelere göre daha fazladır.

PI30-90/3/60-120 grubu numuneler 850°C'de östenitleme işleminden sonra 320°C' de 60 dakika östemperleme işlemi yapıldığında 30 ve 60 dakika östenitlenen PI30/3/60 ve PI60/3/60 kodlu numunelerde deney yükünün 20 N'dan 40 ve 60 N'a çıkarılmasıyla aşınma kaybı artmaktadır. Aynı östemperleme şartlarında 90 dakika östenitlenen PI90/3/60 kodlu numunede ise deney yükünün 20 N'dan 40 ve 60 N'a çıkarılmasıyla ise aşınma kaybı azalmıştır. Aynı grup numuneler 320°C'de 120 dakika östemperleme işlemi yapıldığında 30 ve 60 dakika östenitlenen PI30/3/120 ve PI60/3/120 kodlu numunelerde deney yükünün 20 N'dan 40 ve 60 N'a çıkarılmasıyla aşınma kaybı artmaktadır. Aynı östemperleme şartlarında 90 dakika östenitlenen PI90/3/120 kodlu numunede deney yükünün 20 N'dan 40 N'a çıkarılmasıyla numunenin aşınma kaybı artarken deney yükünün 60 N'a çıkarılmasıyla azalmaktadır .

PI30-90/4/60-120 grubu numuneler 850°C'de östenitleme işleminden sonra 250°C' de 60 dakika östemperleme işlemi yapıldığında 30 dakika östenitlenen PI30/4/60 kodlu numunede deney yükünün 20 N'dan 40 ve 60 N'a çıkarılmasıyla numunenin aşınma kaybı azalmaktadır. Aynı östemperleme şartlarında östenitleme süresinin 60 ve 90 dakikaya çıkarılmasıyla aşınma kaybındaki artış PI30/4/60 kodlu numuneye göre azalmaktadır. Aynı grup numuneler 250°C'de 120 dakika östemperlendiğinde 30 dakika östenitlenen PI30/4/120 kodlu numunede uygulanan yükün 20 N'dan 40 ve 60 N'a çıkarılmasıyla numunenin aşınma kaybı artmaktadır. Aynı östemperleme şartlarında 60 dakika östenitlenen PI60/4/120 kodlu numunede deney yükünün 20 N'dan 40 N'a çıkarılmasıyla aşınma kaybı azalırken, deney yükü 60 N'a çıkarıldığında ise artmaktadır. Aynı östemperleme şartlarında 90 dakika östenitlenen PI90/4/120 kodlu numunede deney yükünün 20N'dan 40 ve 60 N'a çıkarılmasıyla aşınma kaybı azalmaktadır.

PII30-90/1/60-120 grubu numuneler 900°C'de östenitleme işleminden sonra 400°C' de 60 ve 120 dakika östemperleme işlemi yapıldığında deney yükünün 20 N'dan 40 ve 60 N'a çıkarılmasıyla ve östenitleme süresinin 30 dakikadan 60 ve 90 dakikaya arttırılmasıyla numunelerin aşınma kayıpları artmaktadır .

PII30-90/2/60-120 grubu numuneler 900°C'de östenitleme işleminden sonra 370°C' de 60 dakika östemperleme işlemi yapıldığında uygulanan yükün 20 N'dan 40 ve 60 N'a çıkarılması ve östenitleme süresinin 30 dakikadan 60 dakikaya arttırılmasıyla numunelerin aşınma kayıpları artmaktadır. Aynı östemperleme şartlarında PI90/4/60 kodlu numune 90 dakika östenitlendiğinde ise deney yükünün 20 N'dan 40 ve 60 N'a çıkarılmasıyla numunenin aşınma kaybı azalmaktadır. Aynı grup numuneler 370°C'de 120 dakika östemperlendiğinde 30, 60 ve 90 dakika östenitlenen PI30-90/4/120 kodlu numunelerde uygulanan yükün 20N'dan 40 ve 60N'a çıkarılmasıyla numunelerin aşınma kayıpları artmaktadır.

PII30-90/3/60-120 grubu numuneler 900°C'de östenitleme işleminden sonra 320°C' de 60 ve 120 dakika östemperleme işlemi yapıldığında numunelerin aşınma kayıpları uygulanan yükün artmasıyla ve östenitleme süresinin 30 dakikadan 60 ve 90 dakikaya çıkarılmasıyla artmıştır. Ancak PII30-90/3/60-120 grubu numunelerin aşınma kaybı artışı PII30-90/1/60-120 ve PII30-90/2/60-120 kodlu numunelerle karşılaştırıldığında daha azdır .

PII30-90/4/60-120 grubu numuneler 900°C'de östenitleme işleminden sonra 250°C' de 60 dakika östemperleme işlemi yapıldığında 30 ve 90 dakika östenitlenen PII30/4/60 ve PII90/4/60 kodlu numunelerde uygulanan yükün 20 N'dan 40 ve 60 N'a çıkarılmasıyla numunenin aşınma kaybı azalmıştır. Aynı östemperleme şartlarında 60 dakika östenitlenen PII60/4/60 kodlu numunede uygulanan yükün 20 N'dan 40 ve 60 N'a çıkarılmasıyla numunenin aşınma kaybı artmıştır. Aynı grup numunelere 250°C'de 120 dakika östemperleme işlemi yapıldığında, 30 ve 60 dakika östenitlenen PI30-90/4/120 ve PI60/4/120 kodlu numunelerde uygulanan yükün 20N'dan 40 ve 60N'a çıkarılmasıyla numunelerin aşınma kayıpları azalmaktadır. Aynı östemperleme şartlarında 90 dakika östenitlenen PI90/4/120 kodlu numunede ise deney yükünün 20 N'dan 40 ve 60 N'a çıkarılmasıyla aşınma kaybı artmaktadır. Ancak PII30-90/3/60-120 kodlu numuneler PII30-90/1/60-120, PII30-90/2/60-120 ve PII30-90/3/60-120 kodlu numune grubuyla karşılaştırıldığında aşınma kaybı artışı daha azdır .

6.4. Aşınma Yüzeylerinin İncelenmesi

Metal-metal aşınma deneyi sonrasında döküm durumu numunelerin aşınmış yüzeylerinin SEM görüntüleri Resim 6.18'de verilmiştir. Resim 6.18'dan görüldüğü gibi her iki döküm durumu numunenin aşırı deformasyona uğradığı ve aşınma yönünde çatlakların oluştuğu görülmektedir. Ayrıca aşınma yüzeyindeki küresel grafitlerin de aşırı miktarda deformasyona uğrayarak şekilini değiştirdiği görülmektedir (Resim 6.18).

Farklı östemperleme ısıl işlemi şartları uygulanarak elde edilen ÖKGDD malzemelerden 60N yük altında metal-metal aşınma deneyi sonrasında en az aşınan numunelerin aşınmış yüzeylerinin SEM görünümleri Resim 6.19 - Resim 6.23'de verilmiştir.

Östemperleme ısıl işleminin uygulanmasıyla aşınma yüzlerde oluşan deformasyonun azaldığı ve aşınma yüzeylerinin döküm durumu numunelere göre daha düzgün olduğu görülmektedir. Bunun yanında aşınma yüzeyin bazı kısımlarında boşlukların olduğu görülmektedir (Resim 6.19-6.23). Oluşan bu boşluklar muhtemelen yapıda bulunan grafit kürelerinin yerlerinden çıkmasıyla oluşan bölgesel çukurlardır. Numunelerin ısıl işlem sonrası sertliklerindeki artışına bağlı olarak aşınma yüzeylerinde daha az deformasyon meydana gelmekte ve ayrıca aşınma partiküllerinin aşınma yüzeyine yapışmaktadır. Resim 6.22'de FII90/3/60, FII90/3/120 ve PII90/3/120 kodlu numunelerin aşınma yüzeylerine debrislerin yapıştığı görülmektedir.

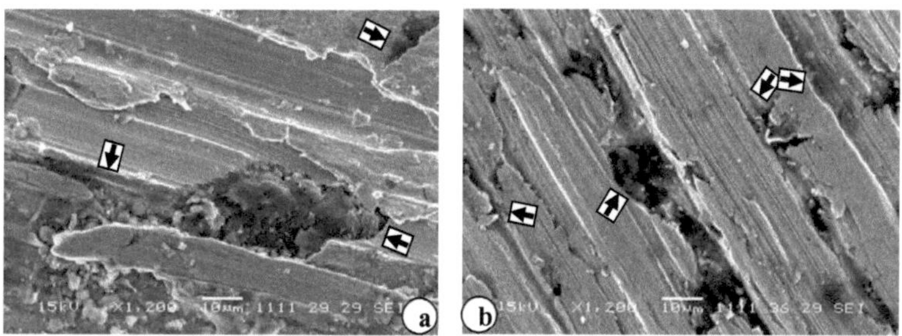

Resim 6.18. AISI 5190 kalite soğuk iş takım çeliği üzerinde 60N yük altında aşındırılan (a) P (döküm durumu Perlitik) ve (b) F (döküm durumu Ferritik) KGDD numunelerin aşınmış yüzey SEM görünümleri

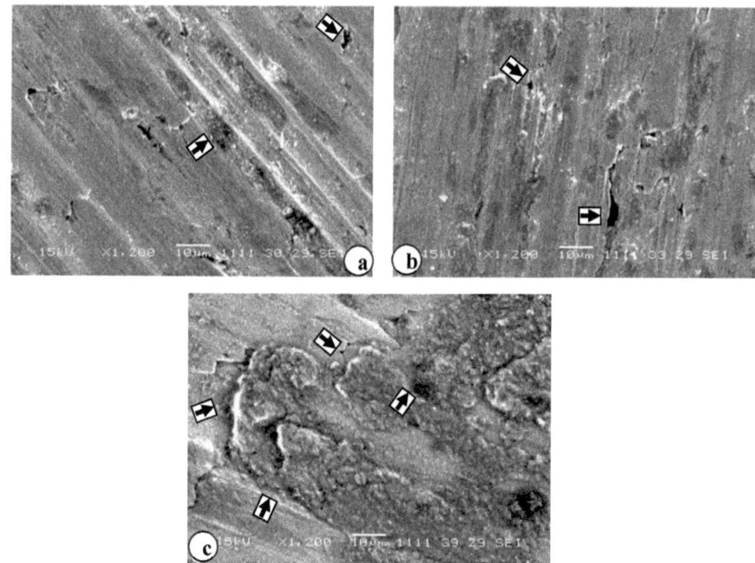

Resim 6.19. AISI 5190 kalite soğuk iş takım çeliği üzerinde 60 N yük altında aşındırılan ÖKGDD numunelerin aşınmış yüzey SEM görünümleri (a) FI60/1/60, (b) FI90/2/120 ve (c) FI90/3/60

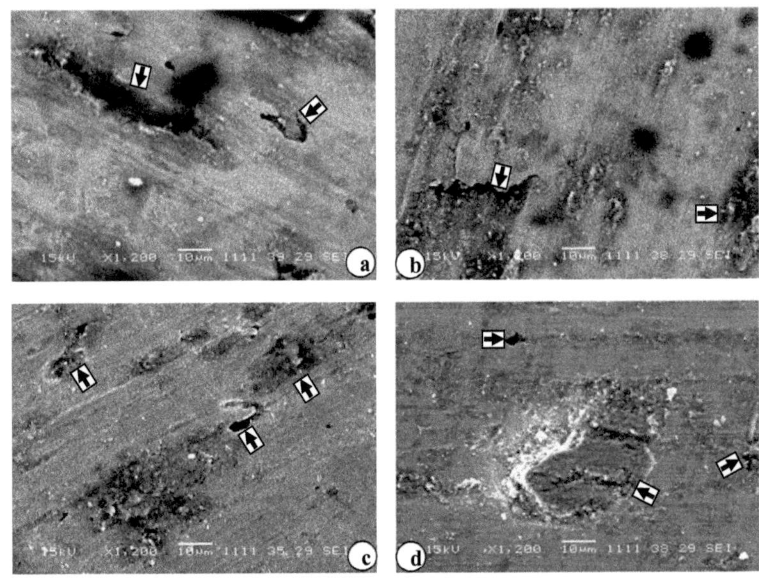

Resim 6.20. AISI 5190 kalite soğuk iş takım çeliği üzerinde 60N yük altında aşındırılan ÖKGDD numunelerin aşınmış yüzey SEM görünümleri (a) PI90/2/60 kodlu numune, (b) PI90/3/60, (c) PI90/3/120 ve (d) PI30/4/60 kodlu numune

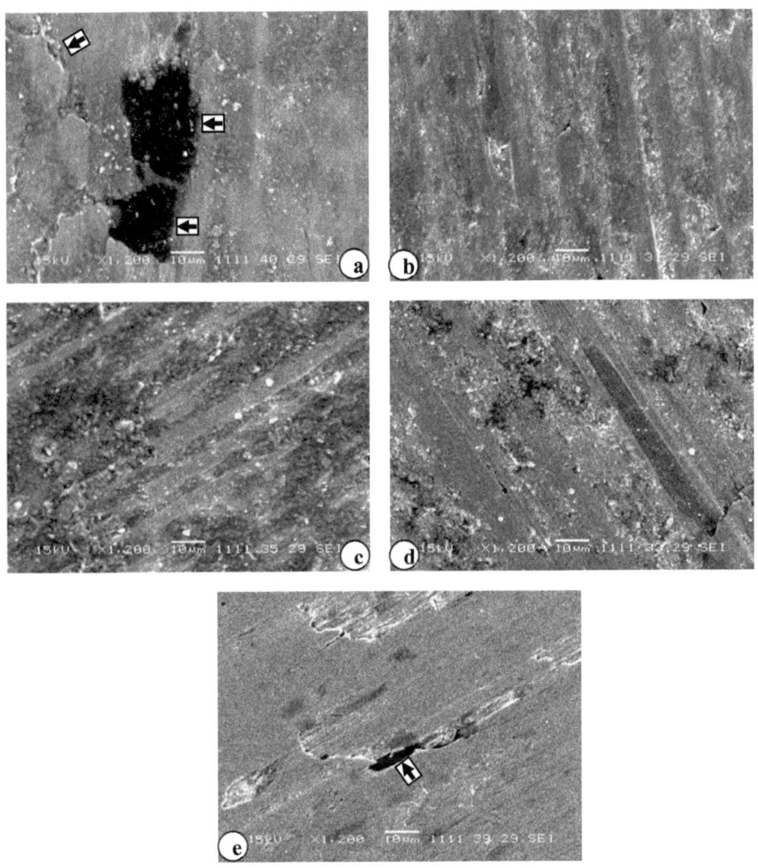

Resim 6.21. AISI 5190 kalite soğuk iş takım çeliği üzerinde 60N yük altında aşındırılan ÖKGDD numunelerin aşınmış yüzey SEM görünümleri (a) FII60/1/60, (b) PII90/1/120, (c) FII90/2/60, (d) PII90/2/60 ve (e) FII90/2/120 kodlu numune

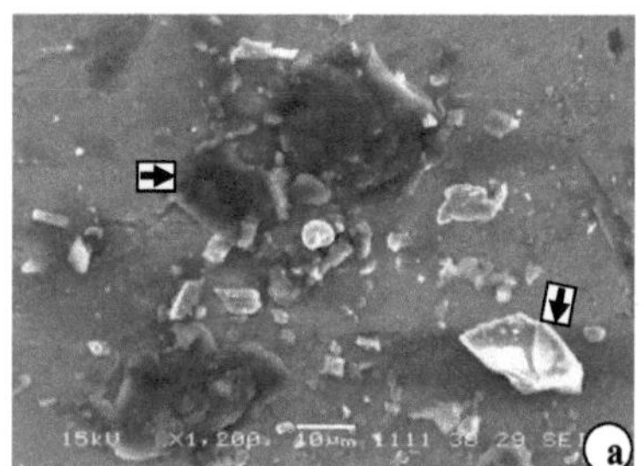

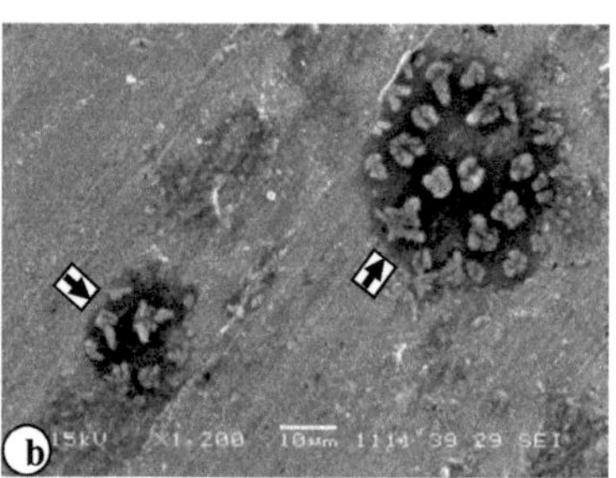

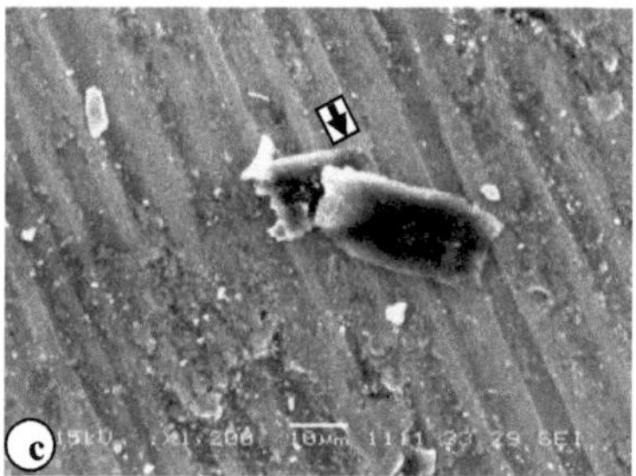

Resim 6.22. AISI 5190 kalite soğuk iş takım çeliği üzerinde 60N yük altında aşındırılan ÖKGDD numunelerin aşınmış yüzey SEM görünümleri (a) FII90/3/60 , (b) FII90/3/120 ve (c) PII90/3/120 kodlu numune

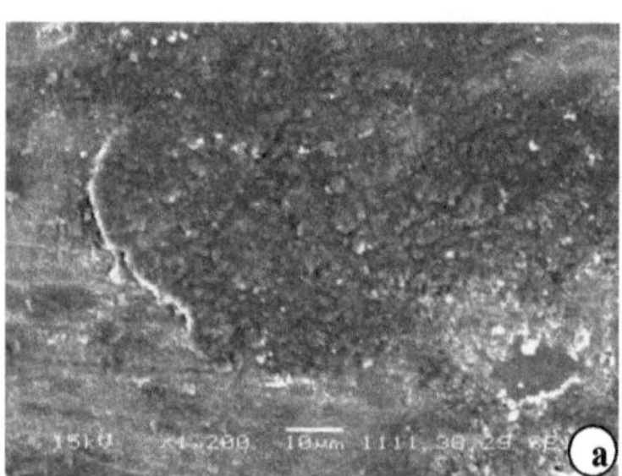

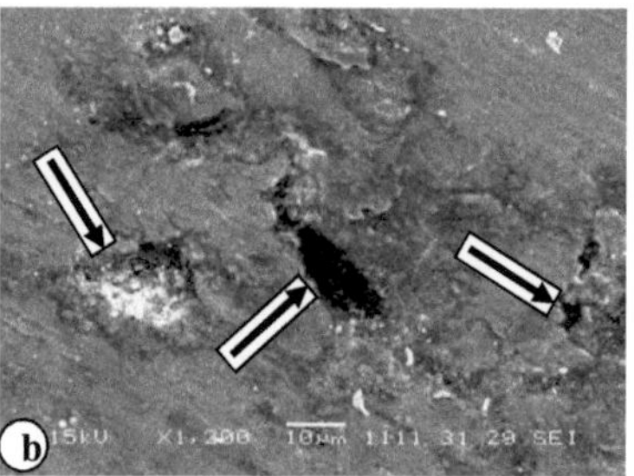

Resim 6.23. AISI 5190 kalite soğuk iş takım çeliği üzerinde 60N yük altında aşındırılan ÖKGDD numunelerin aşınmış yüzey SEM görünümleri (a) PII30/4/60 , (b) PII90/4/120 kodlu numune

6.5. Sürtünme Kuvveti ve Pim sıcaklığı Ölçüm Sonuçları

Adhesif aşınma testi sırasında sürtünmenin artmasıyla yüzeyin sıcaklığı ve sürtünme kuvvetinin arttığı deneysel sonuçlardan tespit edilimiştir. İki yüzey arasında temas, adhesyon ve bağ oluştuğunda yüzeyler arasında geçiş oluşmaktadır. Temas yüzeyinde uygulanan yük ile kesme gerinimi ve temas noktasının dayanımını, yumuşak malzemenin dayanımını aştığında aşınma debrisi oluşur, yani yumuşak malzemede kopmalar meydana gelir. Özellikle yüksek östemperleme sıcaklıklarında östemperlenen numunelerde daha fazla debris oluştuğu aşınma deneyleri sırasında gözlenmiştir.

Döküm durumu Ferritik KGDD malzemenin sürtünme katsayısı, 20 N yük altında 0.5 ile 0.8 arasında, 40 N yük altında 0.4 ile 0.6 arasında ve 60 N yük altında ise 0.5 ile 0.6 arasında değiştiği tespit edilmiştir. Döküm durumu Perlitik KGDD malzemenin sürtünme katsayısı ise, 20 N yük altında 0.5 ile 0.8 arasında, 40 N yük altında 0.5 ile 0.7 arasında ve 60 N yük altında ise 0.5 ile 0.7 arasında değişmektedir.

ÖKGDD numunelerde yaklaşık olarak sürtünme kuvvetleri birbirlerine yakındır. Bu durum ÖKGDD bünyesinde mevcut olan küresel grafitin yüzeyi besleme miktarıyla ilgili olduğu düşünülmektedir. Her numuneye farklı şartlarda östemperleme ısıl işlemi uygulanmasıyla farklı sertlikler elde edilmesi ve mikroyapı morfolojisinin farklı olması, bunun yanında her numunede küresel grafit yüzeyi besleme hızı numunenin sertlik ve mikroyapı karakteristiğine göre değişebilir, ancak temas yükü ve test edilen hızda aşınma yüzeyinde minimum miktarda grafitin kirlilik oluşturması, sürtünme kuvvetlerinin birbirlerine yakın olmasının nedeni olarak düşünülmektedir. Aşınma deneyi sırasında pimin temas noktası sıcaklığının artmasıyla numune sürtünme kuvvetlerinin düştüğü tespit edilmiştir. Bu durumda aşınma yüzeyi üzerinde oksit oluşumuyla ve yüzeyi grafitin daha fazla beslemesine atfedilebilir.

7. DENEY SONUÇLARININ DEĞERLENDİRİLMESİ

7.1. Östemperleme Isıl İşlem Parametrelerinin Mikroyapıya Etkisi

7.1.1. 850 ve 900°C 'de östenitleme işlemine tabi tutulan ferritik (FI ve FII grubu) numuneler

Bu çalışma kapsamında östenitleme ve müteakiben östemperleme ısıl işlemiyle üretilen FI-FII30-90/1-4/60-120 kodlu ÖKGDD numune grubunun mikroyapı fotoğrafları Resim 6.2-Resim 6.9'da gösterilmiştir. Mikroyapı fotoğraflarından görüldüğü gibi ÖKGDD'lerin yapısı ferrit, yüksek karbonlu östenit ve grafit kürelerinden oluşmaktadır.

Östenitleme sırasında mikroyapıda meydana gelen değişim çekirdeklenme ve büyüme işleminin bir sonucu olup, östenit ferrit/sementit veya grafit/ferrit arayüzeyinde çekirdeklenmektedir (9, 15, 23-25, 27, 28). Östenitin büyümesi karbonun difüzyonuna bağlıdır, karbonun difüzyonunu alaşım elementleri ilavesi ve difüzyon mesafesi etkilemektedir (23, 27, 28). Seçilen östenitleme sıcaklığı matrisin tamamen östenite dönüşümü ve karbonun difüzyonu için önem kazanmaktadır. Yapılan çalışmalarda seçilen östenitleme sıcaklığının düşük veya yüksek olması durumunda I. aşama reaksiyon hızının etkilendiği belirtilmekte bu nedenle düşük östenitleme sıcaklığı seçilmesi durumunda I. aşama reaksiyon hızının arttığı dolayısıyla ösferritik dönüşümün daha kısa sürede gerçekleştiği, böylece II. aşama reaksiyonunun başlamasının engellendiği ifade edilmektedir (23-37).

Döküm durumu ferritik FI30/1-4/60 kodlu numuneler 850°C'de 30 dakika östenitleme işleminden sonra 400°C, 370°C, 320°C ve 250°C'de 60 dakika östemperlenmesinden sonra mikroyapıda özellikle grafit kürelerinin etrafında belirli bir miktar ferritin östenite dönüşmeden kaldığı Resim 6.2a, Resim 6.3a, 6.4a ve 6.5a'dan tespit edilmiştir. Mikroyapıda ferritin östenite dönüşmeden kalması, özellikle 850°C'de 30 dakika östenitleme süresinin döküm durumu ferritik numunelerde östenite dönüşüm için yeterli olmadığını göstermektedir. Çünkü döküm durumu ferritik KGDD'de grafit kürelerinin etrafında ferrit tanelerinin yoğunluğu ve Si içeriği yüksektir. Bu bölgelerde Si içeriğinin yüksek olması östenitleme sıcaklığını yükseltir, ayrıca östemperleme aşamasında ise ferritin çekirdeklenmesini hızlandırır (9). Darwish ve Elliott (23) yaptıkları çalışmada 850°C'de 10 ve 30 dakika östenitleme işlemi yaptıkları döküm durumu ferritik numunelerde, mikroyapı da belirli bir miktar ferrit'in östenite dönüşmeden kaldığını belirlemişlerdir. Aynı çalışmada östenitleme süresinin artmasıyla yapının tamamen östenite dönüştüğü gözlenmiştir. 870°C'nin altında östenitleme yapıldığında yapı içerisinde bir miktar ferritin östenite dönüşmeden kaldığı belirlenmiştir (33).

Resim 6.2a, Resim 6.3a, 6.4a ve 6.5a'dan görüldüğü gibi östemperleme sıcaklığı düştükçe mikroyapıyı oluşturan ferrit ve yüksek karbonlu östenitin daha ince tane yapısına sahip olduğu görülmektedir. Östenitleme işleminden sonra östemperleme sıcaklığının düşürülmesiyle östenit daha fazla alt soğumaya uğramakta buna bağlı olarak oluşan iğnemsi ferritlerin sayısı artmaktadır. Karbonun difüzyon hızı düşük östemperleme sıcaklıklarında azaldığı için ferritin büyümesi daha uzun sürede gerçekleşir. Östenitin karbonca zenginleşmesi, ferritten östenite itilen karbonun difüzyon hızına bağlı olarak gecikir (26). Ancak düşük östemperleme sıcaklıklarında daha fazla ferritin çekirdeklenmesi, ferritin büyümesi sırasında ferritten östenite itilen karbonun difüzyon mesafesini kısaltır. Difüzyon mesafesinin azalması östenitin karbonca zenginleşme süresini azaltır ve böylece daha düzgün dağılımlı bir yapı elde edilmesine imkan sağlar (Resim 6.4a ve Resim 6.5a). Ayrıca fazla sayıda ferritin çekirdeklenmesi sonucu sonuç mikroyapı da blok halindeki östenit bölgeleri kalmamaktadır.

Östemperleme sıcaklığının yükselmesi durumunda (370 ve 400°C) ise östenit daha az alt soğumaya uğrayacağı için oluşacak ferrit sayısı azalır. Östemperleme sıcaklığının yüksek olmasından dolayı karbonun difüzyon hızı yükseleceği için oluşan ferritler daha hızlı büyür, büyüme işlemi sırasında ferritten östenite karbon daha hızlı difüz olur, böylece karbon içeriği hızla yükselen östenit, yüksek karbonlu kararlı östenit halini alır. Ayrıca 850°C'de 30 dakika östenitleme işlemiyle östenit matrisin karbon içeriği düşüktür buna bağlı olarak da 370 ve 400°C'de I. aşama reaksiyon hızı artmaktadır. Düşük östenitleme sıcaklıklarında östenitin karbon içeriği düşüktür, düşük karbon içeriği I. aşama reaksiyon hızını arttırır böylece ösferritik dönüşüm daha kısa sürede gerçekleşir (23-32). Yüksek östemperleme sıcaklıklarda reaksiyon kısa sürede gerçekleştiği için reaksiyonun devamında yapı kabalaşmaktadır (Resim 6.2a ve Resim 6.3a).

Döküm durumu ferritik FI60/1-4/60 kodlu numunelerin 850°C'de 60 dakika östenitlenmesi ve 400°C, 370°C, 320°C ve 250°C'de 60 dakika östemperlenmesinden sonra mikroyapının ferrit ve yüksek karbonlu östenitten oluştuğu Resim 6.2b, Resim 6.3b, 6.4b ve 6.5b'de görülmektedir. 850°C'de 30 dakika östenitlenen FI30/1-4/60 kodlu numunelerin yapısında kısmen kalan ferritin, aynı sıcaklıkta östenitleme süresinin 60 dakikaya çıkarılmasıyla matris tamamen östenite dönüşmüştür. Sürenin 60 dakikaya çıkarılmasıyla östenitin karbon içeriği artmakta dolayısıyla östemperleme aşamasında özellikle 370 ve 400°C gibi yüksek sıcaklıklarda yapıda meydana gelen kabalaşma (Resim 6.2a ve Resim 6.3a) östenitin karbon içeriğinin yükselmesine bağlı olarak I. aşama reaksiyon hızının yavaşlamasına neden olur. Böylece ösferritik dönüşümün daha uzun sürede gerçekleşmesine neden olur buna bağlı olarak östemperleme sırasında yapıda oluşacak kabalaşma azalır (Resim 6.2 b ve Resim 6.3b). Östemperleme sıcaklığının 320 ve 250°C'ye düşürülmesiyle yapı incelmektedir (6.4b ve 6.5b).

Döküm durumu ferritik FI90/1-4/60 kodlu numuneler 850°C'de 90 dakika östenitleme ve müteakiben 400°C, 370°C, 320°C ve 250°C'de 60 dakika östemperlenmesinden Resim 6.2c, Resim 6.3c, 6.4c ve 6.5c'deki fotoğraflardan görüldüğü gibi mikroyapı ferrit ve yüksek karbonlu östenitten oluşmaktadır. Östenitleme süresinin 90 dakikaya çıkmasıyla mikroyapının kabalaşmasına bağlı olarak yapının homojenliği bozulmaktadır ve böylece 370 ve 400°C de östemperlenen numunelerde blok halinde östenit bölgelerinin oluştuğu görülmektedir (Resim 6.2c ve Resim 6.3c). Blok halindeki östenit bölgelerinin merkezlerinde östenit yeterince karbonca zenginleşemediği için östemperlemeden sonra oda sıcaklığına soğutma sırasında martensite dönüşmektedir (72, 130).

FI30-90/1-4/120 grubu numunelere 850°C'de 30, 60 ve 90 dakika östenitlemeden sonra 400, 370, 320 ve 250°C sıcaklıklarda östemperleme süresi 120 dakikaya çıkarıldığında tüm östemperleme sıcaklıklarında mikroyapı da kabalaşmanın olduğu Resim 6.2 d-f, Resim 6.3 d-f, 6.4 d-f ve 6.5 d-f'deki mikroyapı fotoğraflarından görülmektedir. Östenitleme süresinin 30 dakikadan 60 ve 90 dakikaya çıkarılmasıyla mikroyapı da meydana gelen kabalaşmaya östemperleme süresinin 120 dakikaya çıkarılmasının da katkı sağladığı düşünülmektedir.

FII30-90/1-2/60-120 grubu numuneler 900°C'de 30, 60 ve 90 dakika östenitlemeden sonra mikroyapı fotoğrafları incelendiğinde (Resim 6.6 a-f ve 6.7 a-f), östenitleme süresinin artmasına paralel olarak matrisin tamamen östenite dönüştüğü, bunun yanı sıra oluşan östenitlerin östenitleme sürenin artmasına bağlı olarak kabalaştığı görülmektedir. Yüksek sıcaklıkta östenitleme yapıldığında ise, döküm durumu matris yapısının kısa bir sürede östenite tamamen dönüşmesi ve sıcaklığın yüksek olmasından dolayı dönüşen östenitin karbona aşırı doyduğu, östenitleme süresinin uzun seçilmesi durumunda östenitin kabalaştığı ifade edilmektedir (2-4, 23-37). Ayrıca karbona aşırı doymuş östenit matrisin I. aşama reaksiyon hızını düşürmesi dolayısıyla işlem penceresinin kapanmasına neden olmaktadır. Östenitin kabalaşması östemperleme aşamasında oluşacak ferrit ve yüksek karbonlu östenit içeriğini etkilemektedir (2-4, 23-26). Kabalaşan östenit başlangıç yapısıyla 370 ve 400°C'de 60 ve 120 dakika östemperlenen numunelerin östemperlenmiş yapılarının da kaba olduğu görülmektedir (Resim 6.6 b, c, e, f ve Resim 6.7 b, c, e, f). FII30/1-2/60 ve FII30/1-2/120 kodlu numuneler 900°C'de 30 dakika östenitleme işleminden sonra 370 ve 400°C'de 60 ve 120 dakika östemperleme işleminden sonra numunelerin mikroyapıları üst ösferrit yapı karakteristiğine sahiptir, yani kabalaşmış ferrit ve yüksek karbonlu östenitten oluşmaktadır (Resim 6.6 a,d ve Resim 6.6 a,d). Östemperleme sıcaklığının yüksek olmasından dolayı üst ösferritik bölgede reaksiyon hızı ve karbonun difüzyon hızı oldukça yüksektir. Östenitleme aşamasında 30 dakika östenitleme süresinde elde edilen başlangıç mikroyapısının ince olmasına rağmen, üst ösferritik bölgede reaksiyon hızının yüksek olması 370 ve 400°C'de 60 dakika östemperlenen FII30/1-2/60 kodlu numunelerin yapısında kabalaşmaya neden olmazken (Resim 6.6 a ve Resim 6.7 a), aynı sıcaklıklarda 120 dakika östemperleme işlemi yapılan FII/1-2/120 kodlu numunelerin yapısının kabalaştığı görülmektedir (Resim 6.6 a,d ve Resim 6.7 a,d). Östenitleme süresinin artışına (60 ve 90 dakika) paralel olarak yapıda oluşan kabalaşma, 370 ve 400°C'de 60 dakika östemperlenen numunelerde yeterli olurken, aynı sıcaklıkta 120 dakika östemperleme işlemine tabi tutulan numunelerde ise östemperleme aşamasında da kabalaşmanın arttığı görülmektedir (Resim 6.6 e, f ve Resim 6.7 e,f). Dolayısıyla 900°C'de 90 dakika östenitlenen numunelerin başlangıç yapısındaki kabalaşmaya ilaveten östemperleme aşamasında 370 ve 400°C'de 120 dakika östemperleme işleminin de numunelerin yapılarının kabalaşmasını arttırdığı düşünülmektedir (Resim 6.6 f ve Resim 6.7 f). Yapılan çalışmalarda üst ösferritik bölge içerisinde dönüşüm reaksiyonunun tamamlanması için 60 dakika sürenin yeterli olduğu, aynı sıcaklıkta daha uzun süre bekletmenin mikroyapı da kabalaşmaya neden olacağı ifade edilmektedir (35, 51, 60, 61).

FII30-90/3-4/60-120 grubu numuneler 900°C'de 30, 60 ve 90 dakika östenitlemeden sonra mikroyapı fotoğrafları incelendiğinde (Resim 6.8 a-f ve Resim 6.9 a-f) tipik alt ösferritik morfolojisinin hakim olduğu görülmektedir. Dolayısıyla ösferritik yapı bileşenlerinin çok ince olduğu ve yapı içerisinde düzenli dağıldığı görülmektedir. Ayrıca alt ösferritik bölge içerisinde östemperleme işleminin uygulanmasıyla östenitleme aşamasında östenitleme süresinin artışına bağlı olarak mikroyapı da meydana gelen kabalaşmanın önlendiği görülmektedir. Çünkü yüksek östenitleme sıcaklığından düşük östemperleme sıcaklıklarına soğutma ile östenit daha fazla alt soğumaya uğrayacağı için daha çok ferrit çekirdeklenir. Ayrıca östemperleme sıcaklığının düşük olması nedeniyle karbonun difüzyon hızı düşüktür buna bağlı olarak çekirdeklenen ferrit iğnelerinin büyümesi yavaştır. Ferrit iğnelerinden çevrelerindeki östenite itilen karbonun östeniti karbonca zenginleştirmesi reaksiyon hızının yavaş olmasından dolayı uzun sürede gerçekleşir. Böylece alt ösferritik bölge içerisinde yapının kabalaşması önlenir. Sıcaklığa bağlı olarak reaksiyon hızının düşmesi östenitin karbonca zenginleşmesini geciktireceği literatürde de belirtilmesine rağmen çok sayıda ferrittin çekirdeklenmesi karbonun difüzyon mesafesini azaltmaktadır. Düşük östemperleme sıcaklıklarında 250 ve 320°C östenit daha büyük alt soğumaya uğrar, alt soğuma büyüklüğüne bağlı olarak daha fazla iğnemsi ferrit küresel grafitlerin etrafında çekirdeklenir ve hücre sınırlarına doğru büyür, bunun yanında ferrit iğnelerinin büyümesi yavaştır. Çünkü alt östemperleme sıcaklıklarında karbonun difüzyon hızı düşüktür (1-22). Karbon difüzyonunun düşük olması ferrit iğnelerinin büyümesini yavaşlatır, fakat çok sayıda ferrit çekirdeklendiği için karbonun difüzyon mesafesi kısalır, dolayısıyla oluşan mikroyapı ince ferrit iğneleri içerir. Alt östemperleme sıcaklıklarında mikroyapı ferrit büyümesinden çok ferritin çekirdeklenme hızıyla kontrol edilir. Ferrit iğnelerinin büyümeye başlamasıyla bünyesindeki fazla karbon östenite itilir, böylece östenitin karbon içeriği yükselir. Alt östemperleme sıcaklıklarında mikroyapı ince iğnemsi ferrit ve karbonca zenginleşmiş kararlı γ_{yk}'ten oluşur. Düşük östemperleme sıcaklıklarında yapıda daha fazla ferrit ve daha az γ_{yk} içerir Literatürde yüksek sıcaklıkta östenitleme işleminden sonra düşük sıcaklıkta östemperleme yapılmasının kırılma tokluğunun iyileşmesi açısından faydalı olduğu belirtilmektedir (2-4). Elde edilen mikroyapı sonuçlarının literatür ile uyum içinde olduğu görülmüştür (2-4,6-14, 23-37, 58-64).

7.1.2. 850 ve 900°C'de östenitleme işlemine tabi tutulan perlitik (PI ve PII grubu) numuneler

Bu çalışma kapsamında östenitleme ve müteakiben östemperleme ısıl işlemiyle üretilen PI-P II30-90/1-4/60-120 kodlu ÖKGDD numune grubunun mikroyapı fotoğrafları Resim 6.10 - Resim 6.17'de gösterilmiştir. Mikroyapı fotoğraflarından görüldüğü gibi ÖKGDD'lerin yapısı ferrit, yüksek karbonlu östenit ve grafit kürelerinden oluşmaktadır.

Döküm durumu perlitik PI30/1-4/60 kodlu numuneler 850°C'de 30 dakika östenitleme müteakiben 400°C, 370°C, 320°C ve 250°C'de 60 dakika östemperlenmesinden sonra mikroyapıda blok halinde östenite bölgelerinin kaldığı Resim 6.10a, Resim 6.11a, 6.12a ve 6.13a'dan görülmektedir. Literatürde (23-27, 130) düşük östenitleme sıcaklıklarında östenitlemeden sonra numuneler yüksek östemperleme sıcaklıklarında östemperleme işlemi yapıldığında sıcaklığın yüksek olmasından dolayı karbonun difüzyon hızı ve I. aşama reaksiyonu hızla gerçekleşeceği dolayısıyla östemperlemenin daha kısa sürede gerçekleşeceği ifade edilmektedir. Yapı içerisinde homojen bir dönüşüm olmadığı Resim 6.10a, Resim 6.11a, 6.12a ve 6.13a'daki mikroyapı fotoğraflarından görülmekte ve dolayısıyla blok halinde östenit bölgelerinin yapıda bulunması mekanik özellikleri kötüleştirmektedir. Çünkü blok halindeki östenit bölgelerinin merkezinde difüzyon mesafesinin artmasından dolayı ferritin büyümesi sırasında bu kısımlara karbon difüzyonu gerçekleşememekte buna bağlı olarak bu bölgelerin merkezindeki kısımların karbon içeriklerinin yeterince yükselememesi nedeniyle östemperlemeden sonra oda sıcaklığına havada soğutma sırasında martensite dönüştüğü ifade edilmiştir (130). Yüksek östemperleme sıcaklıklarında, özellikle 400°C da ferrit plakaları arasında daha geniş hacimde blok halinde östenit oluşmaktadır. Oluşan blok halindeki östenitler arasında karbon dağılımı homojen olmamaktadır. Yani oluşan blok halindeki östenitlerin merkezleri karbonca yeterince zenginleşemediği için kararlı hale gelememekte, müteakiben oda sıcaklığına hava da soğutma sırasında martensite dönüşüm olmaktadır. Grech ve Young (80) yaptıkları çalışmada östemperleme sıcaklığının 400°C'ye çıkmasıyla blok halinde östenit oluştuğunu, oluşan östenitlerin merkezlerinin karbon içeriğinin düşük olması nedeniyle oda sıcaklığına soğutma sırasında martensite dönüştüğünü tespit etmişlerdir. Ayrıca östenitleme kinetiğini etkileyen en önemli faktörün döküm durumu matris yapısı olduğu ifade edilmekte ve perlitik matris yapısının östenitleme süresini kısaltması bakımından daha faydalı olduğu yapılan çalışmalarda ifade edilmektedir (1, 23, 27). Başka bir ifadeyle perlitik döküm durumu matrisli KGDD ile östenitleme yapılması halinde seçilen östenitleme sıcaklığının düşük veya yüksek olmasının fazla önemli olmadığı ifade edilmektedir (23, 26). Ancak mikroyapı fotoğraflarında görülen blok halindeki östenit bölgelerinin katılaşma sırasında alaşım elementlerinin segregasyonundan dolayı 850°C'de 30 dakikalık östenitleme süresinin segregasyon bölgelerinin östenite dönüşümü veya matris içerisinde yeniden düzenli dağılımı için yeterli olmamasından da kaynaklandığı düşünülmektedir. Çünkü östemperleme aşamasında I. aşama reaksiyonu östenit/östenit tane sınırlarında ve/veya grafit kürelerinin etrafında devam ederken segregasyonların oluştuğu hücreler arası bölgelerde I.aşama dönüşüm reaksiyonu tamamlanmış olabilir. Ayrıca östemperleme sıcaklığının yüksek olmasından dolayı östenit daha az alt soğumaya uğrayacağından, oluşan ferrit miktarı azalmakta, sıcaklığın yüksekliğine bağlı olarak reaksiyon çok hızlı gerçekleştiği için oluşan ferritler hızla büyür. Ferritlerin büyümesi sırasında bünyelerindeki karbon etraflarındaki östenite difüz olur, ancak blok halindeki östenitlerin merkezlerine ferritten karbonun difüzyonu, difüzyon mesafesinin uzun olmasından dolayı zorlaşmaktadır.

Resim 6.10a, Resim 6.11a, 6.12a ve 6.13a'dan görüldüğü gibi östemperleme sıcaklığı düştükçe mikroyapıyı oluşturan ferrit ve yüksek karbonlu östenitin daha ince tane yapısına sahip olduğu görülmektedir. Östenitleme işleminden sonra östemperleme sıcaklığının düşürülmesiyle östenit daha fazla alt soğuma uğramakta buna bağlı olarak oluşan iğnemsi ferritlerin miktarı artmaktadır. Düşük östemperleme sıcaklıklarında ise karbonun difüzyonu yavaştır, dolayısıyla ferritin büyümesi yavaş gerçekleştiği için östenitin karbonca zenginleşmesi biraz daha yavaştır (26). Ancak düşük östemperleme sıcaklıklarında daha fazla ferritin çekirdeklenmesi, ferritin büyümesi sırasında ferritten östenite itilecek karbonun difüzyon mesafesi azalmakta dolayısıyla difüzyon mesafesinin azalması östenitin karbonca yükselmesini arttıracağı düşünülmekte ve böylece daha düzgün dağılımlı bir yapı elde edilmesine imkan sağlamaktadır (Resim 6.12a ve Resim 6.13).

Östemperleme sıcaklığının yükselmesi durumunda (370 ve 400°C) ise östenit daha az alt soğumaya uğrayacağı için oluşacak ferrit miktarı azalır, ayrıca sıcaklığın yüksek olmasından dolayı karbonun difüzyon hızı oldukça yükseleceği için oluşan ferritler daha hızlı büyür, büyüme işlemi sırasında ferritten karbon etraflarındaki östenite daha hızlı itilir dolayısıyla östenitin karbonu hızla yükselir ve yüksek karbonlu kararlı östenit halini alır. Ayrıca 850°C de 30 dakika östenitleme işlemiyle östenit matrisin karbon içeriği düşüktür buna bağlı olarak da özellikle 370 ve 400°C'lıklarda I.aşama reaksiyon hızı artmaktadır. Düşük östenitleme sıcaklıklarında östenitleme sonucu östenitin karbon içeriği düşüktür, düşük karbon içeriği ise I. aşama reaksiyon hızı arttırır böylece ösferritik dönüşüm daha kısa sürede gerçekleşir (23-32). Yüksek sıcaklıklarda reaksiyon kısa sürede gerçekleştiği için reaksiyonun devamında yapı kabalaşmaktadır (Resim 6.10a, Resim 6.11a).

Döküm durumu perlitik PI60/1-4/60 kodlu numuneler 850°C'de 60 dakika östenitleme müteakiben 400°C, 370°C, 320°C ve 250°C'de 60 dakika östemperlenmesinden sonra mikroyapı ferrit ve yüksek karbonlu östenit ten oluştuğu Resim 6.10b, Resim 6.11b, 6.12b ve 6.13b'den görülmektedir. 850°C'de 30 dakika östenitlemeden sonra östemperleme aşamasında PI30/1-4/60 kodlu numunelerin mikroyapısında görülen blok halindeki östenit bölgeleri, aynı sıcaklıkta östenitleme süresinin 60 dakika östenitlenen PI60/1-4/60 kodlu numunelerde azaldığı görülmektedir. Östenitleme süresinin 60 dakikaya çıkmasıyla östenitin karbon içeriği artmakta dolayısıyla östemperleme aşamasında I.aşama reaksiyon hızının yavaşlamasına neden olmaktadır. Özellikle 370 ve 400°C gibi yüksek östemperleme sıcaklıklarında yapıda meydana gelen kabalaşma, I.aşama reaksiyon hızının yavaşlamasına bağlı olarak ösferritik dönüşüm biraz daha uzun sürede gerçekleşir ve yapıdaki kabalaşma azalır (Resim 6.10a ve Resim 6.11a). Östemperleme sıcaklığının 320 ve 250°C'ye düşürülmesiyle yapının daha ince olduğu görülmektedir (6.12b ve 6.13b).

Döküm durumu perlitik PI90/1-4/60 kodlu numuneler 850°C'de 90 dakika östenitleme müteakiben 400°C, 370°C, 320°C ve 250°C'de 60 dakika östemperlenmesinden Resim 6.10c, Resim 6.11c, Resim 6.12c ve Resim 6.13c'deki fotoğraflardan görüldüğü gibi mikroyapı ferrit yüksek karbonlu östenitten oluşmaktadır. Östenitleme süresinin 90 dakikaya çıkmasıyla özellikle 370 ve 400°C de östemperlenen numunelerde mikroyapının kabalaşması daha fazla artmış buna bağlı olarak da yapıdaki homojensizliği artmıştır (Resim 6.10c, Resim 6.11c). Aynı sürede östenitlemeden sonra 320 ve 250° de östemperlenen numunelerin mikroyapılarının daha ince ferrit ve yüksek karbonlu östenitten oluştuğu görülmektedir (Resim 6.12c ve Resim 6.13c).

PI30-90/1-4/120 grubu numunelere 850°C'de 30, 60 ve 90 dakika östenitlemeden sonra 400, 370, 320 ve 250°C sıcaklıklarda östemperleme süresi 120 dakikaya çıkarıldığında tüm östemperleme sıcaklıklarında mikroyapı da kabalaşmanın olduğu Resim 6.10 d-f, Resim 6.11 d-f, Resim 6.12 d-f ve Resim 6.5 d-f'deki mikroyapı fotoğraflarından görülmektedir. Östenitleme süresinin 30 dakikadan 60 ve 90 dakikaya çıkarılmasıyla mikroyapı da meydana gelen kabalaşmaya östemperleme süresinin 120 dakikaya çıkarılmasıyla da ilave katkı sağlandığı düşünülmektedir. Ancak üst ösferritik bölge içerisinde (370 ve 400°C'de) östemperlenen numunelerde östemperleme süresinin 120 dakikaya çıkmasıyla meydana gelen kabalaşma alt ösferritik bölge içerisinde (250 ve 320°C'de) östemperlenen numunelerden daha belirgin olarak görülmektedir. Üst ösferritik bölge içerisinde östemperleme işleminde ösferritik dönüşüm için 60 dakika sürenin yeterli olduğu ancak alt ösferritik bölge içerisinde sıcaklığın düşük olmasından dolayı reaksiyon hızının yavaş olmasına bağlı olarak östemperleme süresinin daha fazla olması gerektiği ifade edilmektedir (35, 51, 60, 61, 96-99).

PII30-90/1-2/60-120 grubu numuneler 900°C'de 30, 60 ve 90 dakika östenitlemeden sonra mikroyapı fotoğrafları incelendiğinde (Resim 6.14 a-f ve 6.15 a-f), östenitleme süresinin artışına paralel olarak matrisin tamamen östenite dönüştüğü, bunun yanı sıra oluşan östenitlerin östenitleme sürenin artmasına bağlı olarak kabalaştığı görülmektedir. Yüksek sıcaklıkta östenitleme yapıldığında ise, döküm durumu matris yapısının kısa bir sürede östenite tamamen dönüşmesi ve sıcaklığın yüksek olmasından dolayı dönüşen östenitin karbona aşırı doyduğu, östenitleme süresinin uzun seçilmesi durumunda östenitin kabalaştığı ifade edilmekte, ayrıca karbona aşırı doymuş östenit matrisin I.aşama reaksiyon hızını düşürmesi dolayısıyla işlem penceresinin kapanmasına neden olduğu ifade edilmektedir. Ayrıca östenitin kabalaşmasının östemperleme aşamasında oluşacak ferrit ve yüksek karbonlu östenit içeriğini etkilemektedir (2-4, 23-26). Kabalaşan östenit başlangıç yapısıyla 370 ve 400°C'de 120 dakika östemperlenen numunelerin östemperlenmiş yapılarının da kaba olduğu görülmektedir (Resim 6.14 d-f ve Resim 6.15 d-f). PII30/1-2/60 ve PII30/1-2/120 kodlu numuneler 900°C'de 30 dakika östenitleme işleminden sonra 370 ve 400°C'de 60 ve 120 dakika östemperleme işleminden sonra numunelerin mikroyapıları üst ösferrit yapı karakteristiğine sahiptir, yani ferrit ve yüksek karbonlu östenit kabalaşmaktadır (Resim 6.14 a-f ve Resim 6.15 a-f). Östemperleme sıcaklığının yüksek olmasından dolayı üst ösferritik bölgede reaksiyon hızı ve karbonun difüzyon hızı oldukça yüksektir. Östenitleme aşamasında 30 dakika östenitleme süresinde elde edilen başlangıç mikroyapısının ince olmasına rağmen, üst ösferritik bölgede reaksiyon hızının yüksek olmasından dolayı 370 ve 400°C'de 60 dakika östemperlenen PII30/1-2/60 kodlu numunelerin yapısında kabalaşma nispeten olmazken (Resim 6.14 a-c ve Resim 6.15 a-c), aynı sıcaklıklarda 120 dakika östemperleme işlemi yapılan PII/1-2/120 kodlu numunelerin yapısının kabalaştığı görülmektedir (Resim 6.14 d-f ve Resim 6.15 d-f). Östenitleme süresinin artışına (60 ve 90 dakika) paralel olarak yapıda oluşan kabalaşma, 370 ve 400°C'de 60 dakika östemperlenen numunelerde yeterli olurken, aynı sıcaklıkta 120 dakika östemperleme işlemine tabi tutulan numunelerde ise östemperleme aşamasında da kabalaşmanın arttığı görülmektedir (Resim 6.14 e, f ve Resim 6.15 e,f). Dolayısıyla 900°C'de 90 dakika östenitlenen numunelerin başlangıç yapısındaki kabalaşmaya ilaveten östemperleme aşamasında 370 ve 400°C'de 120 dakika östemperleme işleminin de numunelerin yapılarının kabalaşmasına katkıda bulunduğu düşünülmektedir (Resim 6.14 f ve Resim 6.15 f). Yapılan çalışmalarda üst ösferritik bölge içerisinde dönüşüm reaksiyonunun tamamlanması için 60 dakika sürenin yeterli olduğu, aynı sıcaklıkta daha uzun süre bekletmenin mikroyapı da kabalaşmaya neden olacağı ifade edilmektedir (35, 51, 60, 61, 96-99). Yüksek östemperleme sıcaklığında 400°C sonucu ferrit hacim oranı düşer ve matris daha fazla γ_{yk} içerir. Bosnjak ve arkadaşlarının(130) yaptığı çalışmada 900°C 120 dak östenitleme ve müteakip 400°C de 120 dak östemperlemeden sonra mikroyapının % 43 γ_{yk} olduğunu tespit etmişlerdir. Fordyce ve Allen (125) yaptığı çalışmada döküm durumu ferritik KGDD'yi 900°C'de 60 dak östenitlemeden sonra 350°C'de 30 dak östemperlemişler ve mikroyapı da % 35 γ_{yk} olduğunu tespit etmişlerdir. Prado ve arkadaşları (128) yaptığı çalışmada ise 900°C 45 dak östenitlemeyi müteakip 370°C'da 60 dak östemperlemeden sonra mikroyapının % 36 γ_{yk} içerdiğini tespit etmişlerdir. Ping ve Bahadur (123) yaptıkları çalışmada üst ösferritik bölgede yani 370°C'da östemperlemeyi müteakip mikroyapı da % 28 γ_{yk} bulunduğunu tespit etmişlerdir. Östemperleme sıcaklığının yükselmesiyle karbonun difüzyon hızı artar, buna bağlı olarak iğnemsi ferritler hızlıca büyür, yapı kabalaşır ve morfoloji iğnemsiden plakaya geçiş yapar, oluşan plakaların kenar kalınlıkları da artar (2-4, 58-62). Ayrıca östemperleme sıcaklığının yükselmesiyle hücreler arası bölge içerisinde dönüşmemiş östenit kalır, ayrıca ötektik hücreler içerisinde blok halinde östenit bölgeleri de bulunmaktadır (23, 130). Östemperleme 340°C'de ve üzerindeki sıcaklıklarda yapıldığında, ferrit-östenit mesafesi ani olarak artarken ferrit plakalarının sayısı azalır. Bu yapısal değişim kinetik olarak çekirdeklenmeden daha ziyade büyümeyle açıklanır. Östemperleme sıcaklığının yükselmesiyle daha az alt soğumaya uğrayan östenitten daha az ferrit çekirdeklenir, sıcaklığın yüksek olmasından dolayı karbonun difüzyon hızı artar, böylece ferrit iğneleri daha çabuk büyüyerek bünyelerindeki karbonu östenit içerisine atarlar. Üst ve Alt ösferrit arasındaki mikroyapısal farklılık sırasıyla Resim 6.2, Resim 6.3, Resim 6.6, Resim 6.7, Resim 6.10, Resim 6.11, Resim 6.14 ve Resim 6.15 ile Resim 6.4 ve Resim 6.5, Resim 6.8, Resim 6.9, Resim 6.12, Resim 6.13, Resim 6.16 ve Resim 6.17'de görülmektedir.

Östemperleme sıcaklığının yükselmesiyle önemli mikroyapısal değişimler olmakta yani östenitin tane şekli ve büyüklüğü artmaktadır. Düşük östemperleme sıcaklıklarında östenit ferrit plakalarının arasında düzenli şekilde oluşmakta ve karbon içeriği de oldukça homojendir (Resim 6.4 ve Resim 6.5, Resim 6.8, Resim 6.9, Resim 6.12, Resim 6.13, Resim 6.16 ve Resim 6.17).

PII30-90/3-4/60-120 grubu numuneler 900°C'de 30, 60 ve 90 dakika östenitlemeden sonra mikroyapı fotoğrafları incelendiğinde (Resim 6.16 a-f ve Resim 6.17 a-f) tipik alt ösferritik morfolojisinin hakim olduğu görülmektedir. Dolayısıyla ösferritik yapı bileşenlerinin çok ince olduğu ve yapı içerisinde düzenli dağılım sergilediği görülmektedir. Ayrıca alt ösferritik bölge içerisinde östemperleme işleminin uygulanmasıyla östenitleme aşamasında östenitleme süresinin artışına bağlı olarak mikroyapı da meydana gelen kabalaşmanın elimine edildiği görülmektedir. Çünkü yüksek östenitleme sıcaklığından düşük östemperleme sıcaklıklarına (250 ve 320°C) soğutma ile östenit daha fazla alt soğumaya uğramakta alt soğuma büyüklüğüne bağlı olarak daha fazla iğnemsi ferrit küresel grafitlerin etrafında çekirdeklenir ve hücre sınırlarına doğru büyür, bunun yanında ferrit iğnelerinin büyümesi yavaştır. Çünkü alt östemperleme sıcaklıklarında karbonun difüzyon hızı düşüktür (1-22). Karbon difüzyonunun düşük olmasına bağlı olarak ferrit iğnelerinin büyümesi yavaştır, fakat çok sayıda ferrit çekirdeklendiği için karbonun difüzyon mesafesi kısadır, dolayısıyla oluşan mikroyapı ince ferrit iğneleri içerir. Ferrit iğnelerinden çevrelerindeki östenite itilen karbonun östeniti karbonca zenginleştirmesi reaksiyon hızının yavaş olmasından dolayı uzun sürede gerçekleşir. Böylece alt ösferritik bölge içerisinde yapının kabalaşması elimine edilir. Sıcaklığa bağlı olarak reaksiyon hızının yavaş olmasından dolayı östenitin karbonca zenginleşmesinin uzun sürede gerçekleştiği literatürde (4, 23, 32, 130) de belirtilmesine rağmen çok fazla sayıda ferrittin çekirdeklenmesi karbonun difüzyon mesafesini azaltmakta, bu noktadan hareketle östenitin karbonca zenginleşmesi difüzyon mesafesinin azalmasıyla iyileşebilir diye düşünülmüştür. Alt östemperleme sıcaklıklarında mikroyapıyı ferrit büyümesinden çok ferritin çekirdeklenme hızıyla kontrol edilir. Ferrit iğnelerinin büyümeye başlamasıyla bünyesindeki fazla karbon östenite itilir, böylece östenitin karbon içeriği yükselir. Alt östemperleme sıcaklıklarında mikroyapı ince iğnemsi ferrit ve karbonca zenginleşmiş kararlı yüksek karbonlu östenit (γ_{yk})ten oluşur. Düşük östemperleme sıcaklıklarında yapıda daha fazla ferrit ve daha az γ_{yk} içerir. Literatürde (2-4) yüksek sıcaklıkta östenitleme işleminden sonra düşük sıcaklıkta östemperleme yapılmasının faydalı olduğu belirtilmektedir. Düşük östemperleme sıcaklıklarında 250 ve 320°C östenit daha büyük alt soğumaya uğrar, alt soğuma büyüklüğüne bağlı olarak daha fazla iğnemsi ferrit küresel grafitlerin etrafında çekirdeklenir ve hücre sınırlarına doğru büyür, bunun yanında ferrit iğnelerinin büyümesi yavaştır. Çünkü alt östemperleme sıcaklıklarında karbonun difüzyon hızı düşüktür (1-22). Karbon difüzyonunun düşük olmasına bağlı olarak ferrit iğnelerinin büyümesi yavaştır, fakat çok sayıda ferrit çekirdeklendiği için karbonun difüzyon mesafesi kısadır, dolayısıyla oluşan mikroyapı ince ferrit iğneleri içerir. Alt östemperleme sıcaklıklarında mikroyapıyı ferrit büyümesinden çok ferritin çekirdeklenme hızıyla kontrol edilir. Ferrit iğnelerinin büyümeye başlamasıyla bünyesindeki fazla karbon östenite itilir, böylece östenitin karbon içeriği yükselir. Alt östemperleme sıcaklıklarında mikroyapı ince iğnemsi ferrit ve karbonca zenginleşmiş kararlı γ_{yk}'ten oluşur. Düşük östemperleme sıcaklıklarında yapıda daha fazla ferrit ve daha az γ_{yk} içerir. Bosnjak ve arkadaşlarının(130) yaptığı çalışmada 900°C 120 dak östenitleme ve müteakip 300°C de 120 dak östemperlemeden sonra mikroyapının %37 γ_{yk} içerdiğini tespit etmişlerdir. Fordyce ve Allen (125) yaptığı çalışmada döküm durumu ferritik KGDD'yi 900°C'de 60 dak östenitlemeden sonra

250°C'de 30 dak östemperlemişler ve mikroyapı da % 20 γ_{yk} olduğunu tespit etmişlerdir. Prado ve arkadaşları (128) yaptığı çalışmada ise 900°C 45 dak östenitlemeyi müteakip 270 ve 300°C'larda 60 dak östemperlemeden sonra mikroyapının sırasıyla %10 ve %18 γ_{yk} içerdiğini tespit etmişlerdir. Ayrıca yapılan çalışmalarda, γ_{yk}'lerin sivri uçlu iğnemsi ferritler arasında ince tabakalar halinde bulundukları için γ_{yk}'in bir kısmının mikroyapıda görülemediği belirtilmektedir (130).

250 ^{o}C ve 440°C sıcaklıkları arasında oluşan ÖKGDD yapısı ferrit ve γ_{yk} den oluşur ve ösferrit olarak isimlendirilir. Bu sıcaklık aralığında ferrit östenit sınırlarında çekirdeklenmektedir (1-16, 23-37). Daha sonra asiküler ferritin büyümesiyle ferritten östenite doğru C difüzyonu gerçekleşir. Östemperleme süresine bağlı olarak östenit karbonca daha da zenginleşerek yüksek karbonlu östenit oluşur. Böylece yapı tamamen ferrit ve γ_{yk} den meydana gelmektedir. Östemperleme ısıl işlem süresinin kısa seçilmesi durumunda ise kalan östenitin C içeriği düşüktür ve oda sıcaklığına soğutmayla bu östenit martensite dönüşür. Bununla birlikte seçilen östemperleme süresi γ_{yk} oluşumundan emin olmak için yeterli olmalıdır, böylece oda sıcaklığından düşük sıcaklıklarda dahi kararlılığını korur. Başka bir ifadeyle eğer östemperleme süresi çok uzun seçilirse II. aşama reaksiyonu başlar γ_{yk} ferrit ve karbüre ayrışır.

Yüksek karbonlu γ_{yk} matrisin kararlılığı γ_{yk} in C içeriğine bağlıdır. İzotermal dönüşüm metalografik olarak takip edildiğinde yapının östemperleme sıcaklığına bağlı olduğu belirlenmiştir. Düşük östemperleme sıcaklıklarında östenit daha fazla alt soğumaya uğrayacağı için karbonun difüzyon hızı yavaşlar. Ferrit plakalarının çekirdeklenmesi, ferritin büyümesinden daha hızlı gerçekleşir. 250-320°C aralığında östenitin dönüşümüyle oluşan alt ösferritik yapı, farklı oranlarda, ferrit, γ_{yk} ve martensit içerir.

Eğer östemperleme prosesi süresin kısa seçilmesi durumunda kalan östenitin C içeriği düşüktür ve oda sıcaklığına soğutmayla bu östenit martensite dönüşür. Bununla birlikte seçilen östemperleme süresi γ_{yk} oluşumundan emin olmak için yeterli olmalıdır, böylece oda sıcaklığından düşük sıcaklıklarda dahi kararlılığını korur. Başka bir ifadeyle eğer östemperleme süresi çok uzun seçilirse II.aşama reaksiyonu başlar γ_{yk} ferrit ve karbüre ayrışır. Yüksek karbonlu γ_{yk} matrisin kararlılığı γ_{yk} in C içeriğine bağlıdır. İsotermal dönüşüm metalografik olarak takip edildiğinde yapının östemperleme sıcaklığına güçlü şekilde bağlı olduğu belirlenmiştir. Düşük östemperleme sıcaklıklarında östenit daha fazla alt soğumaya uğrayacağı için karbonun difüzyon hızı yavaşlar. Ferrit plakalarının çekirdeklenmesi, ferritin büyümesinden daha hızlı gerçekleşir. 250-320°C aralığında östenitin dönüşümüyle oluşan alt ösferritik yapı, farklı oranlarda, ferrit, γ_{yk} içerir (Resim 6.16 ve 6.17).

325°C altındaki izotermal dönüşüm sıcaklıklarında karbonun difüzyon hızından ferrit iğnelerinin büyüme hızı yüksektir. Östemperlemenin ilk aşamasında C ferritten atılır/itilir, itilen C ferrit iğnelerinin arasında karbür olarak çökelir (80). Çok az C östenite içerisine itilir, beynitik reaksiyon prosüdürü devam eder, sonuçta alt ösferritik yapı içerisindeki γ_{yk} içeriği, üst ösferritik yapı içerisindeki γ_{yk} içeriğinden daha azdır. Grech ve Young (80) çalışmalarında 900°C 120 dak östenitlemeden sonra 240, 260, 280, 300, 325, 350, 375 ve 400°C sıcaklıklarında 240 dak östemperleme yapmışlar ve östemperleme sıcaklığının 400°C den 240°C azalmasıyla yüksek karbonlu östenit içeriğinin sırasıyla % 37.6 dan % 16.5 azaldığını tespit etmişlerdir. Ayrıca 375°C'de γ_{yk} içeriğinin % 39.4 olduğunu ancak östemperleme süresinin uzun olması nedeniyle 400°C de II. aşama reaksiyonun başlamasından dolayı γ_{yk} içeriğinin % 37.6 düştüğünü belirtmişlerdir. Bu çalışmada ise östenitleme süresi maksimum 90 dak ve östemperleme süresi ise maksimum 120 dakkikadır. Bu nedenle 400°C sıcaklıkta II. aşama reaksiyonunun başlamasına izin verilmemiş dolayısıyla γ_{yk} içerinin maksimum olması sağlanmasına rağmen, malzemenin sertlikteki azalma olmuştur. 250°C gibi düşük östemperleme sıcaklıklarında ferritin büyüme hızının düşük olmasından dolayı östenitin tamamen dönüşmesi daha uzun sürede gerçekleşir.

Östemperleme ısıl işlemi 350°C üzerinde yapıldığında C difüzyon hızı daha yüksektir, C difüzyonun hızlı olmasına bağlı olarak ferrit plakalarının büyümesi hızlı gerçekleşir. Buna bağlı olarak da ferrit plakaları arasındaki östenit C zenginleşir. Çok uzun östemperleme süresi östenitin C içeriğini yükseltir, fakat reaksiyon itici kuvvetini azaltır. Buna ilaveten yüksek C içeriği M_s sıcaklığını düşürür, buna bağlı olarakta γ_{yk} oda sıcaklığına soğutma sırasında kararlılığını muhafaza eder. Johansson (14), γ_{yk} in kararlılığını -120°C de dahi koruduğunu belirtmektedir. Sonuç mikroyapı kabalaşmış ferrit plakaları ve γ_{yk} meydana gelirken, yapı içerisinde γ_{yk} içeriği %39.4 vardır (80).

Östemperleme sıcaklığının yükselmesiyle önemli mikroyapısal değişimler olmakta yani östenit tane şekli ve büyüklüğü artmaktadır. Düşük östemperleme sıcaklıklarında daha fazla ferrit oluştuğu için, yüksek karbonlu östenit ferrit plakalarının arasında daha düzenli şekilde dağılmaktadır.

Yüksek östemperleme sıcaklıklarında, özellikle 400°C da ferrit plakaları arasında daha geniş hacmimde blok halinde östenit oluşmaktadır. Oluşan blok halindeki östenitler arasında karbon dağılımı homojen olmamaktadır. Yani oluşan blok halindeki östenitlerin merkezleri karbonca yeterince zenginleşemediği için kararlı hale gelememekte, müteakiben oda sıcaklığına hava da soğutma sırasında martensite dönüşüm olmaktadır. Grech ve Young (80) yaptıkları çalışmada östemperleme sıcaklığının 400°C çıkmasıyla blok halinde östenit oluştuğunu, oluşan östenitlerin merkezlerinin karbon içeriğinin düşük olması nedeniyle oda sıcaklığına soğutma sırasında martensite dönüştüğünü tespit etmişlerdir.

Östemperleme sıcaklığının 250°C den 375°C'ye çıkmasıyla sertlik düşer, fakat düşme hızı östemperleme sıcaklığının 400°C'e çıkmasıyla azalır. Şekil de ki sertlik eğrilerinin lineer kısımları, yapı içerisinde martensit olmamasından ve sıcaklığın yükselmesiyle yapının kabalaşmasıyla ilişkilidir. Östemperleme sıcaklığı daha da arttırıldığında örneğin 450 veya daha yüksek bir sıcaklıkta olması durumunda hücrelerarası bölge içerisinde martensit oluşurken sertlik ise sabit kalır (80).

7.2. Östemperleme Isıl İşlem Parametrelerinin Sertliğe Etkisi

İncelenen döküm durumu ferritik ve perlitik malzemelerin sertlik değişimlerine uygulanan östemperleme işleminin etkisi, östenitleme sıcaklığı ve süresine bağlı olarak numunelerin sertlik değişimleri Şekil 7.1-7.8'de çizilmiştir.

7.2.1. 850 ve 900°C'de östenitleme işlemine tabi tutulan ferritik (FI ve FII grubu) numuneler

FI30-90/1/60-120 grubu numuneler 850°C'de östenitleme işleminden sonra 400°C'de 60 dakika östemperleme işlemi yapıldığında numunelerin sertlikleri östenitleme süresinin 30 dakikadan 60 dakikaya çıkarılmasıyla artmakta 90 dakikaya arttırılmasıyla azalmaktadır (Şekil 7.1a). Aynı grup numuneler 400°C'de 120 dakika östemperlendiğinde numunelerin sertlikleri, östenitleme süresinin 30 dakikadan 60 dakikaya çıkarılmasıyla artmakta 90 dakikaya çıkarılmasıyla azalmaktadır (Şekil 7.1b).

FII30-90/1/60-120 grubu numuneler 900°C'de östenitleme işleminden sonra 400°C'de 60 dakika östemperleme işlemi yapıldığında numunelerin sertlikleri östenitleme süresinin 30 dakikadan 60 dakikaya çıkarılmasıyla azalırken 90 dakikaya arttırılmasıyla artmıştır (Şekil 7.1a) . Aynı grup numuneler 400°C'de 120 dakika östemperlendiğinde ise numunelerin sertlikleri, östenitleme süresinin 30 dakikadan 60 ve 90 dakikaya çıkarılmasıyla azalmaktadır (Şekil 7.1b).

FI30-90/2/60-120 grubu numuneler 850°C'de östenitleme işleminden sonra 370°C'de 60 ve 120 dakika östemperleme işlemi yapıldığında östenitleme süresinin 30 dakikadan 60 ve 90 dakikaya çıkarılmasıyla numunelerin sertlikleri artmaktadır (Şekil 7.2a ve Şekil 7.2b).

FII30-90/2/60-120 grubu numuneler 900°C'de östenitleme işleminden sonra 370°C'de 60 dakika östemperleme işlemi yapıldığında numunelerin sertlikleri, östenitleme süresinin 30 dakikadan 60 dakikaya çıkarılmasıyla azalırken 90 dakikaya arttırılmasıyla sabit kalmaktadır (Şekil 7.2a). Aynı grup numuneler 370°C'de 120 dakika östemperlendiğin de ise numunelerin sertlikleri, östenitleme süresinin 30 dakikadan 60 ve 90 dakikaya çıkarılmasıyla artmaktadır (Şekil 7.2b).

FI30-90/3/60-120 grubu numuneler 850°C'de östenitleme işleminden sonra 320°C'de 60 dakika östemperleme işlemi yapıldığında numunelerin sertlikleri östenitleme süresinin 30 dakikadan 60 dakikaya çıkarılmasıyla artmakta 90 dakikaya arttırılmasıyla azalmaktadır (Şekil 7.3a). Aynı grup numuneler 400°C'de 120 dakika östemperlendiğinde ise numunelerin sertlikleri, östenitleme süresinin 30 dakikadan 60 ve 90 dakikaya çıkarılmasıyla artmaktadır (Şekil 7.3b).

FII30-90/3/60-120 grubu numuneler 900°C'de östenitleme işleminden sonra 320°C'de 60 ve 120 dakika östemperleme işlemi yapıldığında numunelerin sertlikleri östenitleme süresinin 30 dakikadan 60 ve 90 dakikaya çıkarılmasıyla artmaktadır (Şekil 7.3a ve Şekil 7.3b).

FI30-90/4/60-120 grubu numuneler 850°C'de östenitleme işleminden sonra 250°C'de 60 ve 120 dakika östemperleme işlemi yapıldığında östenitleme süresinin 30 dakikadan 60 ve 90 dakikaya arttırılmasıyla numunelerin sertlikleri de artmaktadır (Şekil 7.4a ve Şekil 7.4b).

FII30-90/4/60-120 grubu numuneler 900°C'de östenitleme işleminden sonra 250°C'de 60 dakika östemperleme işlemi yapıldığında numunelerin sertlikleri, östenitleme süresinin 30 dakikadan 60 ve 90 dakikaya arttırılmasıyla azalmaktadır (Şekil 7.4a). Aynı grup numuneler 250°C'de 120 dakika östemperlendiğinde ise numunelerin sertlikleri, östenitleme süresinin 30 dakikadan 60 dakikaya arttırılmasıyla artmakta ve 90 dakikaya çıkarılmasıyla artış azalmaktadır (Şekil 7.4b).

7.2.2. 850 ve 900°C'de östenitleme işlemine tabi tutulan perlitik (PI ve PII grubu) numuneler

PI30-90/1/60-120 grubu numuneler 850°C'de östenitleme işleminden sonra 400°C'de 60 dakika östemperleme yapıldığında numunelerin sertlikleri östenitleme süresinin 30 dakikadan 60 ve 90 dakikaya arttırılmasıyla artmaktadır (Şekil 7.5a). Aynı grup numuneler 400°C'de 120 dakika östemperlendiğinde numune sertlikleri, östenitleme süresinin 30 dakikadan 60 ve 90 dakikaya çıkarılmasıyla artmaktadır (Şekil 7.5b). PII30-90/1/60-120 grubu numuneler 900°C'de östenitleme işleminden sonra 400°C'de 60 dakika östemperleme yapıldığında numunelerin sertlikleri östenitleme süresinin 30 dakikadan 60 dakikaya çıkarılmasıyla artarken, 90 dakikaya arttırılmasıyla azalmaktadır (Şekil 7.5a). Aynı grup numuneler 400°C'de 120 dakika östemperlendiğinde de numunelerin sertlikleri, östenitleme süresinin 30 dakikadan 60 dakikaya çıkarılmasıyla azalırken 90 dakikaya arttırılmasıyla artmaktadır (Şekil 7.5b).

PI30-90/2/60-120 grubu numuneler 850°C'de östenitleme işleminden sonra 370°C'de 60 ve 120 dakika östemperleme yapıldığında numunelerin sertlikleri östenitleme süresinin 30 dakikadan 60 ve 90 dakikaya arttırılmasıyla artmaktadır (Şekil 7.6a ve Şekil 7.6b).

PII30-90/2/60-120 grubu numuneler 900°C'de östenitleme işleminden sonra 370°C'de 60 dakika östemperleme yapıldığında numunelerin sertlikleri, östenitleme süresinin 30 dakikadan 60 dakikaya çıkarılmasıyla artarken 90 dakikaya arttırılmasıyla azalmaktadır(Şekil 7.6a). Aynı grup numuneler 370°C'de 120 dakika östemperlendiğinde de numunelerin sertlikleri, östenitleme süresinin 30 dakikadan 60 ve 90 dakikaya arttırılmasıyla azalmaktadır (Şekil 7.6b).

PI30-90/3/60-120 grubu numuneler 850°C'de östenitleme işleminden sonra 320°C'de 60 ve 120 dakika östemperleme yapıldığında numunelerin sertlikleri östenitleme süresinin 30 dakikadan 60 ve 90 dakikaya arttırılmasıyla artmaktadır (Şekil 7.7a ve Şekil 7.7b)

PII30-90/3/60-120 grubu numuneler 900°C'de östenitleme işleminden sonra 320°C'de 60 dakika östemperleme yapıldığında numunelerin sertlikleri östenitleme süresinin 30 dakikadan 60 dakikaya çıkarılmasıyla azalırken, 90 dakikaya arttırılmasıyla artmaktadır (Şekil 7.7a). Aynı grup numuneler 320°C'de 120 dakika östemperlendiğinde numunelerin sertlikleri, östenitleme süresinin 30 dakikadan 60 dakikaya çıkarılmasıyla azalırken 90 dakikaya arttırılmasıyla artmaktadır (Şekil 7.7b).

PI30-90/4/60-120 grubu numuneler 850°C'de östenitleme işleminden sonra 250°C'de 60 ve 120 dakika östemperleme yapıldığında numunelerin sertlikleri östenitleme süresinin 30 dakikadan 60 dakikaya arttırılmasıyla artarken 90 dakikaya arttırılmasıyla artış azalmaktadır (Şekil 7.8a ve Şekil 7.8b).

PII30-90/4/60-120 grubu numuneler 900°C'de östenitleme işleminden sonra 250°C'de 60 dakika östemperleme yapıldığında numunelerin sertlikleri, östenitleme süresinin 30 dakikadan 60 dakikaya arttırılmasıyla azalırken 90 dakikaya arttırılmasıyla artmaktadır (Şekil 7.8a). Aynı grup numuneler 250°C'de 120 dakika östemperlendiğinde numunelerin sertlikleri, östenitleme süresinin 30 dakikadan 60 dakikaya arttırılmasıyla sabit kalırken, 90 dakikaya arttırılmasıyla azalmaktadır (Şekil 7.8b).

Östenitleme sıcaklık ve süresine bağlı olarak yüksek östemperleme sıcaklıklarında sertlik değerleri de artmıştır. Östemperleme ısıl işlemi sonucunda sertlik değerleri döküm durumu matris yapılarıyla karşılaştırıldığında yüksek östemperleme sıcaklıklarında (370 ve 400°C) sertlik % 100 artar iken düşük östemperleme sıcaklıklarında (250 ve 320°C) ise ~ % 250 artış olmuştur. Yüksek östemperleme sıcaklıklarında sertliğin fazla artmaması bu sıcaklıklarda karbonun difüzyon hızının yüksek olmasından dolayı matris yapısını oluşturan ferrit ve yüksek karbonlu östenitin kabalaşmasından kaynaklanmaktadır. Çünkü üst ösferritik bölge içerisinde alt soğumanın az olmasından dolayı daha az ferrit çekirdeklenir. Sıcaklığın yüksek olması nedeniyle ferrit plakalarından karbon hızla östenite itilir, dolayısıyla işlem çok hızlı gerçekleştiğinden yapıda hızla kabalaşma meydana gelir bunun sonucu olarak da sertlik azalır. Diğer bir etken ise yüksek östenitleme sıcaklığında uzun süre östenitleme (90 dakika) yapıldığında östenitin karbon içeriğinin yükselmesine rağmen yapı kabalaşır. Kaba yapıyla üst ösferrit bölgesi içerisinde östemperleme işlemi yapılması durumunda: alt soğuma düşük, daha az sayı da ferrit çekirdeklenmesi, östenitleme aşamasında kabalaşmadan dolayı karbon difüzyon mesafesinin artması, östemperleme sıcaklığının yüksek olmasından kaynaklanan işlemin kısa sürede gerçekleşmesi ve ayrıca alaşım elementlerinin segregasyonundan dolayı matris yapısının homojen olarak yüksek karbonlu östenite dönüşmemesi gibi bir çok parametreye bağlı olarak sertliğin üst ösferritik bölge içerisindeki artışı azalmaktadır. Elde edilen sertlik sonuçları genel olarak literatürle paralellik göstermektedir (1-9, 10-37, 62, 97).

Ferritik veya alaşımsız numunelerin üst ösferritik bölge içerisinde östemperlemeye maruz bırakılması durumunda ise sertlikteki artış perlitik numunelerle kıyaslandığında biraz daha düşüktür (Şekil 7.1-7.2 ile Şekil 7.5-7.6). Özellikle 850°C'de 30 dak östenitlenen numunelerde kısmen de olsa ferrit östenite dönüşmeden mikroyapı da kaldığı metalografik incelemeler sonucunda tespit edilmiştir. Daha önce yapılan çalışmada da düşük sıcaklıkta (850°C'de 10 ve 30 dak) östenitleme yapılan alaşımsız veya ferritik KGDD mikroyapısında ferrit kaldığı belirtilmiştir (23). Östenitlenmiş yapıda ferrittin bulunması, östemperleme aşamasından sonra elde edilen ÖKGDD malzemenin mekanik özelliklerini düşürmektedir (23).

320°C de östemperlemeden sonra mikroyapı asiküler ferrit ve γ_{yk} den oluşmaktadır. Östemperleme sıcaklığı 370°C ve üstündeki sıcaklığa yükseltildiğinde asiküler ferrit kabalaşmakta ve yapraksı görünüm oluşmaktadır. Östemperleme sıcaklığı 325°C'e olduğunda numunelerde γ_{yk} içeriği % 23 iken östemperleme sıcaklığı 375°C'ye yükseldiğinde ise γ_{yk} içeriği % 38'e ulaşmaktadır. Östemperleme sıcaklığının artmasıyla numunelerin sertlik değerleri azalmakta bununla birlikte döküm durumu sertliğiyle karşılaştırıldığında ise östemperlenmiş numunelerin sertliği en az % 200 artmıştır. Yapılan bu çalışma sonucunda östemperleme ısıl işlemi γ_{yk} içeriğini etkilemekle birlikte, ferritik (alaşımsız) KGDD'in sertliğini de gözle görülebilir derecede arttırmaktadır. Düşük sıcaklıkta östenitleme işleminin yapılmasının KGDD malzemenin sertleşebilirliğini düşürdüğü bazı çalışmalarda ifade edilmiştir (23, 26). Sertlik deneyleri sonucu, 850 ile 900°C'de östenitleme ve yüksek sıcaklıklarda (370 ve 400°C) östemperleme işlemlerinden sonra her iki sıcaklıkta elde edilen sertlik sonuçları birbirine paraleldir. Düşük sıcaklıklarda (250 ve 320°C) yapılan östemperleme ısıl işleminden sonra ise PI-II30-90/3/60-120, FI-II30-90/3/60-120 ve PI-II30-90/3/60-120, FI-FII30-90/4/60-120 her iki sıcaklık grubu numunelerin sertlik birbirine yaklaşık eşit elde edilmiştir. Ancak düşük östemperleme sıcaklıklarında (250 ve 320°C) elde edilen sertlikler döküm durumu numunelerle karşılaştırıldığında % 250 artış gösterirken yüksek östemperleme sıcaklıklarında (370 ve 400°C) östemperleme yapılan numunelerle karşılaştırıldığında ise % 100 artış göstermiştir.

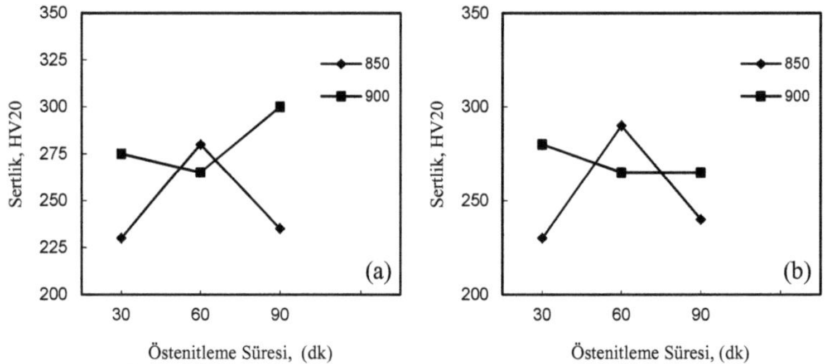

Şekil 7.1. 400°C'de (a) 60 dakika ve (b) 120 dakika östemperlenmiş FI/1 ve FII/1 kodlu numunelerin sertliğine östenitleme sıcaklığı ve süresinin etkisi

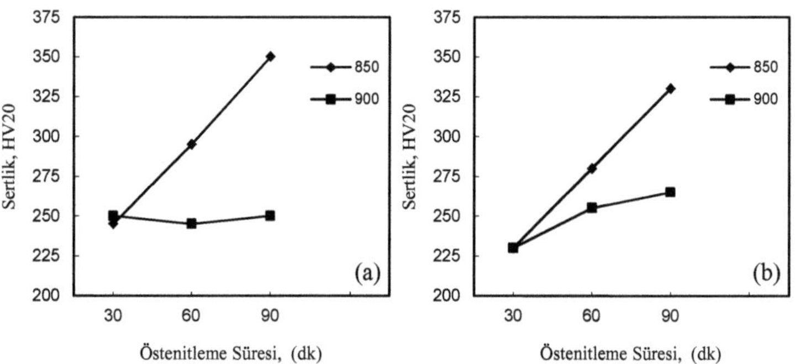

Şekil 7.2. 370°C'de (a) 60 dakika ve (b) 120 dakika östemperlenmiş FI/2 ve FII/2 kodlu numunelerin sertliğine östenitleme sıcaklığı ve süresinin etkisi

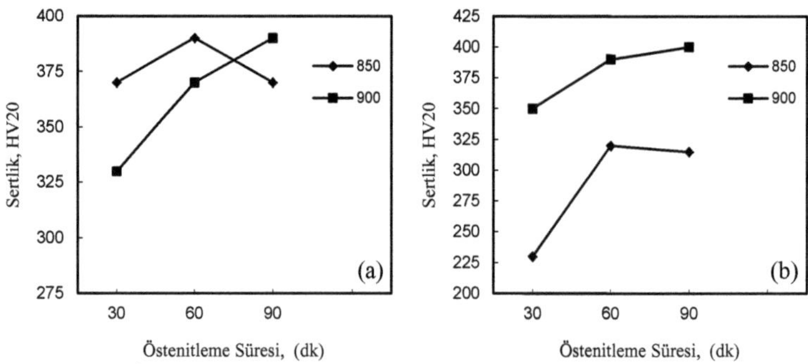

Şekil 7.3. 320°C'de (a) 60 dakika ve (b) 120 dakika östemperlenmiş FI/3 ve FII/3 kodlu numunelerin sertliğine östenitleme sıcaklığı ve süresinin etkisi

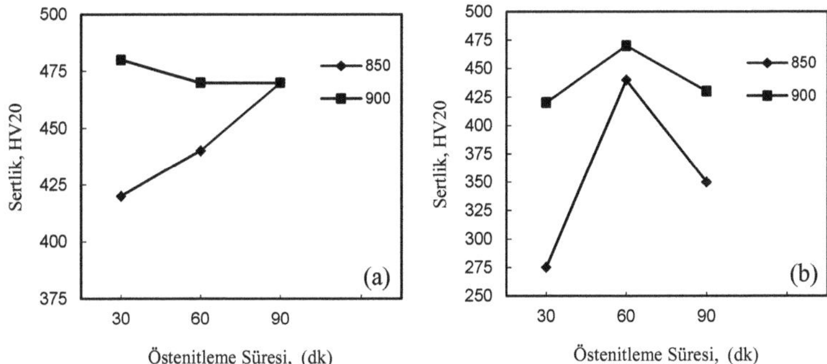

Şekil 7.4. 250°C'de (a) 60 dakika ve (b) 120 dakika östemperlenmiş FI/4 ve FII/4 kodlu numunelerin sertliğine östenitleme sıcaklığı ve süresinin etkisi

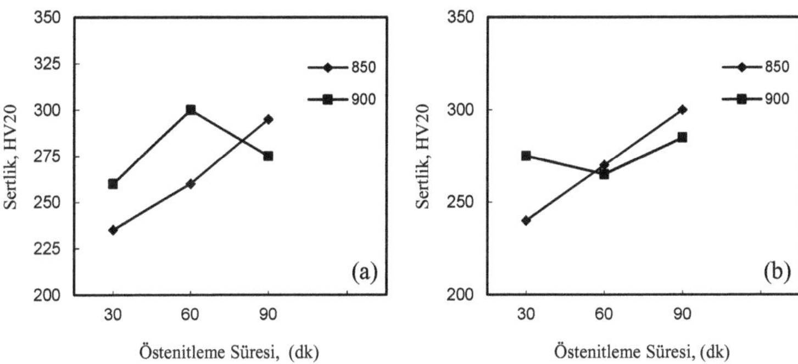

Şekil 7.5. 400°C'de (a) 60 dakika ve (b) 120 dakika östemperlenmiş PI/1 ve PII/1 kodlu numunelerin sertliğine östenitleme sıcaklığı ve süresinin etkisi

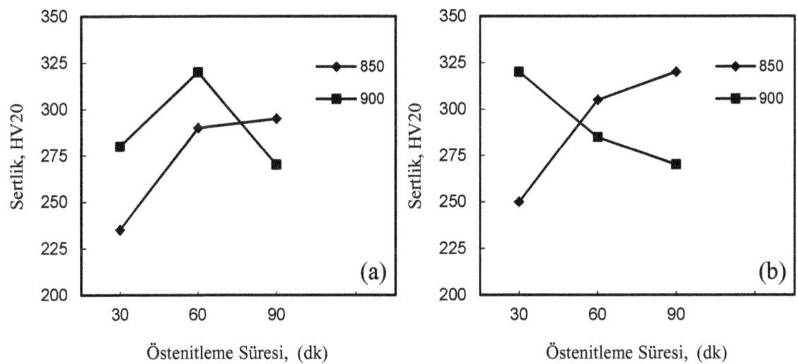

Şekil 7.6. 370°C'de (a) 60 dakika ve (b) 120 dakika östemperlenmiş PI/2 ve PII/2 kodlu numunelerin sertliğine östenitleme sıcaklığı ve süresinin etkisi

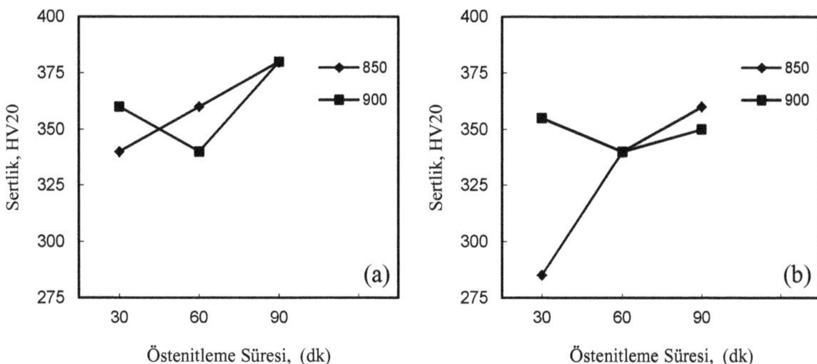

Şekil 7.7. 320°C'de (a) 60 dakika ve (b) 120 dakika östemperlenmiş PI/3 ve PII/3 kodlu numunelerin sertliğine östenitleme sıcaklığı ve süresinin etkisi

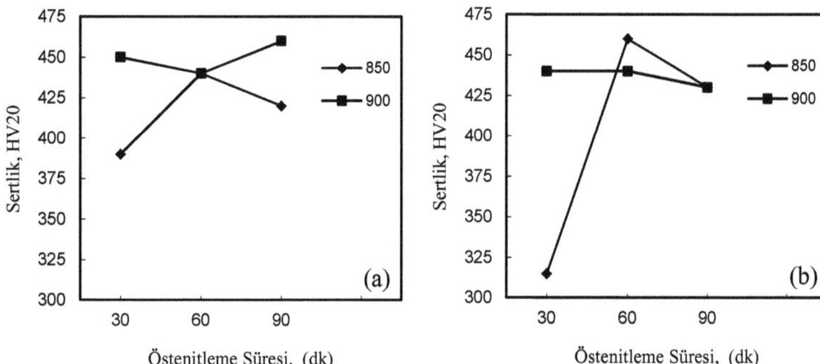

Şekil 7.8. 250°C'de (a) 60 dakika ve (b) 120 dakika östemperlenmiş PI/4 ve PII/4 kodlu numunelerin sertliğine östenitleme sıcaklığı ve süresinin etkisi

7.3. Östemperleme Isıl İşlem Parametrelerinin Metal-Metal Aşınma Davranışına Etkisi

İncelenen döküm durumu Ferritik ve Perlitik malzemelerin metal-metal aşınma davranışına uygulanan östemperleme işleminin etkisi Şekil 7.9- Şekil 7.25'de östenitleme süresine göre aşınma kaybının değişimi olarak çizilmiştir. Şekil farklı östemperleme ve döküm şartlarını göstermektedir. Şekil 7.9'dan görüldüğü gibi uygulanan yükün artmasıyla birlikte her iki döküm durumu numunenin aşınma kayıpları artmaktadır. Uygulanan yük 20 N'dan 40 N'a yükseldiğinde aşınma kaybı, döküm durumu ferritik KGDD numunede % 320 artış olurken, döküm durumu perlitik KGDD numunede ise % 180 artış olmuştur. Uygulanan yük 60 N'a çıkarıldığında ise aşınma kaybı döküm durumu ferritik KGDD numunede % 620 artış olurken, döküm durumu perlitik KGDD numunede % 270 artış olmuştur. Uygulanan tüm test yüklerinde döküm durumu perlitik KGDD numune döküm durumu ferritik KGDD numuneden daha az aşınmıştır (Şekil 7.9). 220 HV sertliğe sahip döküm durumu perlitik KGDD numunenin, 176 HV sertliğe sahip döküm durumu ferritik KGDD numuneden daha az aşınmasının nedeni bu malzemelerin sertliğiyle doğrudan ilişkilidir. KGDD malzemede matrisin sertliğinin artmasıyla birlikte aşınma kaybı azalmaktadır (119,129,164).

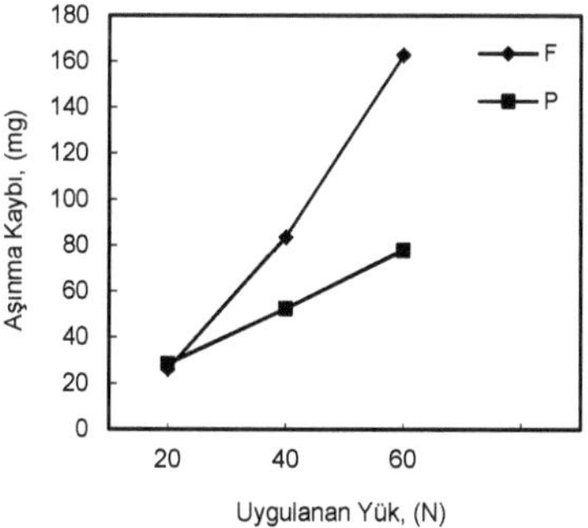

Şekil 7.9. Döküm durumu Ferritik ve Perlitik numunelerin aşınma kaybına uygulanan yükün etkisi

7.3.1. 850 ve 900°C'de östenitleme işlemine tabi tutulan ferritik (FI ve FII grubu) numuneler

Şekil 7.10 (a) ve Şekil 7.11 (a)'dan görüldüğü gibi FI/1/60- FII/1/60 grubu numunelerin aşınma kayıpları uygulanan tüm yüklerde, 400°C'de 60 dakika östemperlenen numuneler için 850 ve 900°'de östenitleme süresinin 30 dakikadan 60 dakikaya çıkarılmasıyla azalmaktadır. Aynı şartlarda östenitleme süresinin 90 dakikaya çıkması durumunda ise aşınma kaybı FII/1/60 numunesinde tüm yüklerde artarken (Şekil 7.11 (a)), FI/1/60 numunesinde ise 20 N yük altında artmakta, ancak 40 ve 60 N yükler altında ise azalmaktadır (Şekil 7.10 (a)). Aynı grup numunelerde östemperleme süresinin 60 dakikadan 120 dakikaya çıkarıldığında ise östenitleme süresinin 30 dak 60 dak arttırılmasıyla 20 N yük altında aşınma kaybı artarken, 40 ve 60 N yükler altında ise azalmaktadır. Östenitlme süresinin 90 dak arttırılması durumunda ise 20 ve 40 N yükler altında aşınma kaybı artarken, 60 N yük altında ise azalmaktadır (Şekil 7.10 (b)). Deney yükünün artışına bağlı olarak aşınma kaybındaki azalma, aşınma deneyi sırasında gerinim nedeniyle γ_{yk}'in martensite dönüşmesiyle aşınma yüzeyi sertliğinin artmasından kaynaklandığı düşünülmektedir. Baydoğan ve Çimenoğlu (20) ve Zimba ve arkadaşlarının (109) yaptığı çalışmalarda deney yükünün artışına bağlı olarak ÖKGDD malzemelerin aşınma dirençlerinin arttığını ifade etmişler ve bu durumundan aşınma sırasında γ_{yk}'in gerinim nedeniyle martensite dönüşmesinden kaynaklandığını belirtmişlerdir. FII/1/120 numunesinde ise östemperleme süresinin 120 dak arttırılmasıyla 20 ve 40 N yükler altında aşınma kayıpları azalırken 60 N altında ise azalmaktadır (Şekil 7.11 (b)). 60 N yük altında aşınma kaybının artmasının numunenin sertliğiyle ilişkilidir. Çünkü östemperleme süresinin 60 dak 120 dak arttırılmasıyla numunenin sertliği 300 HV'den 265 HV'ye düşmüştür. KGDD malzemede matrisin sertliğinin artmasıyla birlikte aşınma kaybı azalmaktadır (119,129,164).

Şekil 7.12 ve 7.13'den görüldüğü gibi FI/2/60-FII/2/60 grubu numuneler 850°C 900°C'de östenitleme işleminden sonra 370°C' de 60 dakika östemperleme işlemi yapıldığında tüm deney yüklerinde östenitleme süresinin 30 dakikadan 60 dak

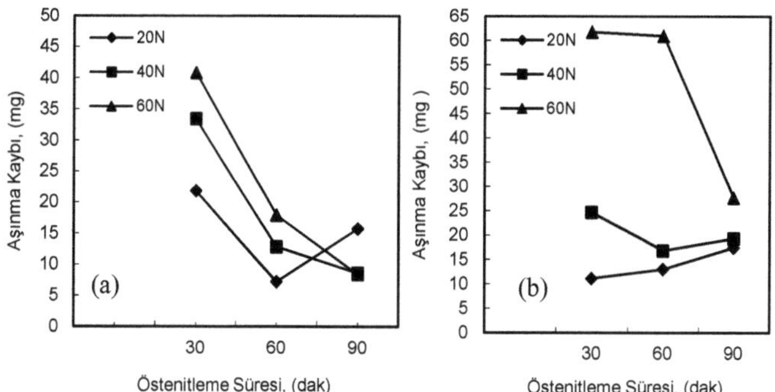

Şekil 7.10. 850°C östenitleme sıcaklığında yapılan östenitleme işleminde, östenitleme süresinin 400°C'de (a) 60 dak ve (b) 120 dak östemperlenen FI/1/60- FI/1/120 kodlu numunelerin aşınma kaybına etkisi

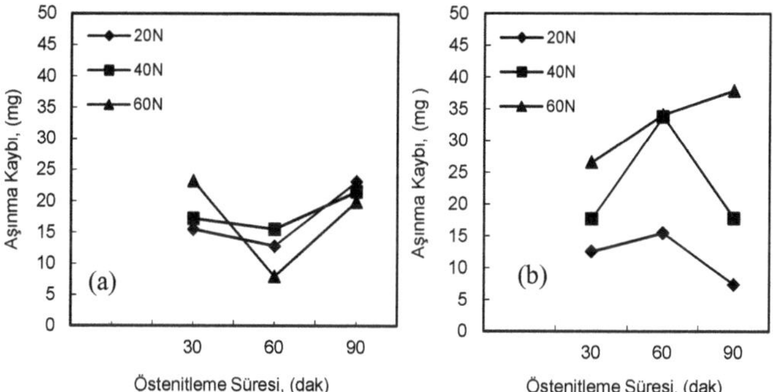

Şekil 7.11. 900°C östenitleme sıcaklığında yapılan östenitleme işleminde, östenitleme süresinin 400°C'de (a) 60 dak ve (b) 120 dak östemperlenen FII/1/60- FII/1/120 kodlu numunelerin aşınma kaybına etkisi

arttırılmasıyla FI/2/60 numunesinde uygulanan tüm yüklerde aşınma kaybı azalırken (Şekil 7.12 (a)), FII/2/60 numunesinde ise 20 ve 40 N yükler altında aşınma kaybı artmakta ve 60 N yük altında ise azalmaktadır (Şekil 7.13 (a)). Östenitleme süresi 90 dakikaya arttırılmasıyla FI/2/60 numunesinde 20 ve 40 N yükler altında aşınma azalırken, 60 N yük altında ise artmaktadır (Şekil 7.12 (a)). FII/2/60 numunesinde ise 20 N yük altında aşınma kaybı artarken 40 ve 60 N yükler altında aşınma kaybı azalmaktadır (Şekil 7.13 (a)). Östenitleme süresinin 90 dak arttırılmasıyla FI/2/60 numunesinin sertliği 350 HV ve FII/2/60 numunesinin sertliği ise 250 HV'dir, normal şartlarda sertliğin artışına bağlı olarak numune daha az aşınması gerekmektedir (119). Ancak, ÖKGDD malzemelerde numunenin başlangıç sertliğinin yüksek olmasının aşınma kaybının azalmasında tek başına kriter olamayacağı, bunun yanında γ_{yk} içeriği ve mikroyapı morfolojisininde göz önüne alınması gerektiği ifade edilmektedir (51). FII/2/60 numunesinin sertliğinin düşük olmasına rağmen uygulanan deney yükünün 40 ve 60 N çıkarılmasıyla aşınma deneyi sırasında γ_{yk}'in gerinim nedeniyle martensite dönüşmesiyle, yüzeyin sertliğini arttırdığı, böylece aşınma kaybının azaldığı düşünülmektedir.

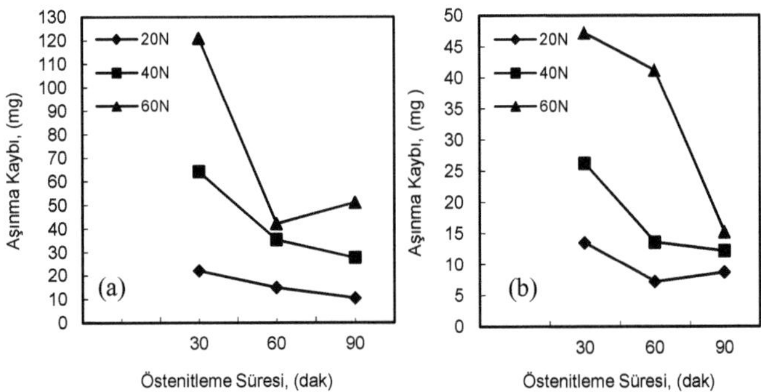

Şekil 7.12. 850°C östenitleme sıcaklığında yapılan östenitleme işleminde, östenitleme süresinin 370°C'de (a) 60 dak ve (b) 120 dak östemperlenen FI/2/60- FI/2/120 kodlu numunelerin aşınma kaybına etkisi

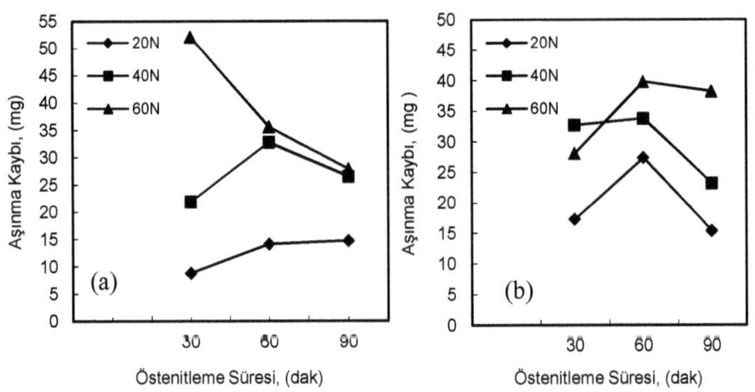

Şekil 7.13. 900°C östenitleme sıcaklığında yapılan östenitleme işleminde, östenitleme süresinin 370°C'de (a) 60 dak ve (b) 120 dak östemperlenen FII/2/60- FII/2/120 kodlu numunelerin aşınma kaybına etkisi

FI/2/120 numunesi 370°C'de 120 dakika östemperlendiğinde ise uygulanan tüm yüklerde, 850°C'de östenitleme süresinin 30 dakikadan 60 ve 90 dakikaya çıkarılmasıyla aşınma kaybı azalmaktadır (Şekil 7.12 (b)). FII/2/120 numunesinde ise östenitleme süresi 30 dak 60 dak arttırılmasıyla tüm yüklerde aşınma kaybı artarken, östenitleme süresinin 90 dak çıkarılması durumda ise uygulanan tüm yüklerde aşınma kaybı azalmaktadır (Şekil 7.13 (b)). Östenitleme süresinin 90 dak artmasıyla başlanıç mikroyapısında meydana gelen kabalaşma ve östemperleme süresinin de 120 dak çıkarılmasıyla numunenin sertliğin artması FII/2/120 numunesinin aşınma kaybının azalmasında etkili olduğu düşünülmektedir.

FI30-90/3/60 ve FII30-90/3/60 grubu numuneler 850°C ve 900°C'de östenitleme işleminden sonra 320°C' de 60 dakika östemperleme işlemi yapıldığında östenitleme süresinin 30 dak 60 dak arttırılmasıyla FI/3/60 nolu numunede 40 ve 60 N yükler altında aşınma kaybı azalırken, 20 N yük altında ise aşınma kaybı azalmaktadır (Şekil 7.14(a)), 900°C'de östentlenen FII/3/60 nolu numunede ise östenitleme süresinin artışına bağlı olarak uygulanan tüm deney yüklerinde aşınma kaybı azalmaktadır (Şekil 7.15(a)). Östenitleme süresinin artışa bağlı olarak numunelerin sertliklerinde artmaktadır. Ayrıca yüksek östenitleme sıcaklıklarından sonra düşük sıcaklıklarında yani 320°C'de östemperleme işleminin yapılması nedeniyle numune daha fazla alt soğumaya uğradığı için mikroyapı da daha fazla ferrit oluşmakta, böylece yapı daha homojen dağılım göstermekte, ayrıca östemperleme esnasında ferritlerin büyümesiyle bünyelerindeki karbonu östenite difüz ederler ve oluşan yüksek karbonlu kararlı östenit yapı içerisinde daha homojen dağılama uğramakta dolayısıyla, daha homojen bir yapı, yüksek sertlik ve aşınma sırasında γ_{yk}'in gerinim nedeniyle martensite dönüşmesi ve bunlara ilaveten yapı içerinde daha fazla miktarda bulunan ferrit aşınma deneyi sırasında pekleşmeye uğraması nedeniyle numune yüzeyi sertliğinin artması nedeniyle aşınma kaybının azaldığı düşünülmektedir. ÖKGDD'in aşınma direncini, malzemenin sertliği ve γ_{yk} hacim oranı kontrol etmekte, bunların yanı sıra ferritin morfolojisi, dönüşmeyen östenit hacim oranı ve γ_{yk}'in C içeriğinin göz önüne alınması gerektiği ifade edilmektedir (51).

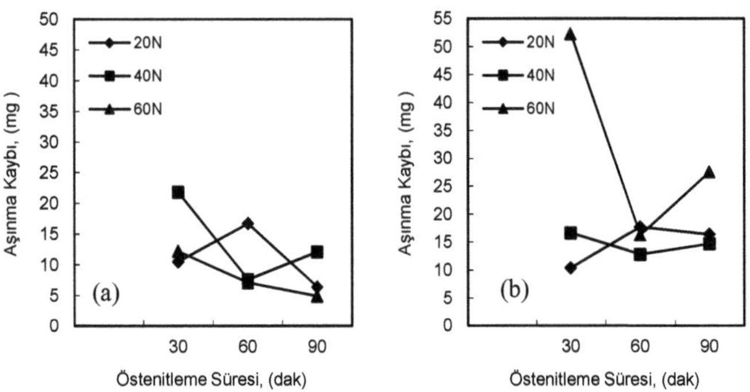

Şekil 7.14. 850°C östenitleme sıcaklığında yapılan östenitleme işleminde, östenitleme süresinin 320°C'de (a) 60 dak ve (b) 120 dak östemperlenen FI/3/60- FI/3/120 kodlu numunelerin aşınma kaybına etkisi

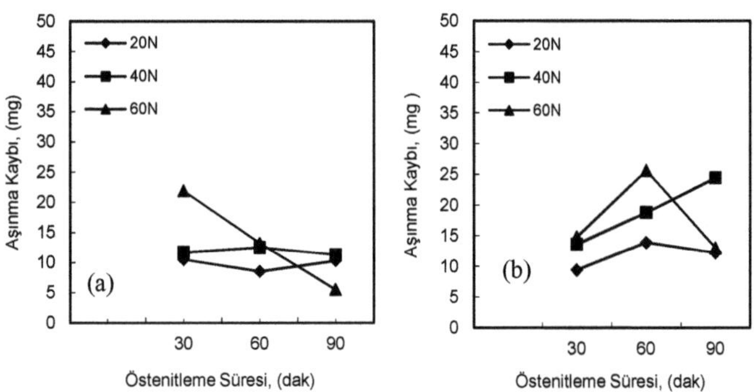

Şekil 7.15. 900°C östenitleme sıcaklığında yapılan östenitleme işleminde, östenitleme süresinin 320°C'de (a) 60 dak ve (b) 120 dak östemperlenen FII/3/60- FII/3/120 kodlu numunelerin aşınma kaybına etkisi

850°C'de östenitlemeden sonra 320°C'de östemperleme süresinin 120 dak arttırılmasıyla FI/3/120 numunesinde östenitleme süresinin 30 dakikadan 60 ve 90 dak arttırılmasıyla numunenin aşınma kaybı 40 ve 60 N yük altında aşınma kaybı azalırken, 20 N yük altında ise östenitleme süresinin 30 dakikadan 60 dak artmasıyla aşınma kaybı artmakta, sürenin 90 dak çıkmasıyla ise azalmaktadır (Şekil 7.14(b)). 900°C'de östenitlemeden sonra 320°C'de 120 dak östemperlenen FII/3/120 numunesinde ise östenitleme süresinin 30 dakikadan 60 dak artmasıyla uygulanan tüm deney yüklerinde aşınma kaybı artken, sürenin 90 dak çıkmasıyla, 40 N yük altında aşınma kaybı artarken, 20 ve 60 N yükler altında ise aşınma kaybı azalmaktadır (Şekil 7.15(b)). Deney yükünün artışına bağlı olarak aşınma kaybının azalması, aşınma deneyi sırasında γ_{yk}'in gerinim nedeniyle martensine dönüşmesi ve ferrit pekleşmesiyle numune yüzey sertliğinin artmasına atfedilebilir. Haseeb ve arkadaşları (118), Baydoğan ve Çimenoğlu (20), Fordyce ve Allen (125), Zimba ve arkadaşları (109) aşınma deneyi sırasında hem gerinim nedeniyle yüksek karbonlu östenitin martensite dönüşmesi hem de ferritin pekleşmesinin ÖKGDD'nin sertliğini yükselttiğini, bunun sonucu olarak da ÖKGDD'in aşınma kaybının azaldığını belirtmişlerdir.

FI/4/60- FI/4/120 grubu numuneler 850°C'de östenitleme işleminden sonra 250°C' de 60 dakika östemperleme işlemi yapıldığında uygulanan tüm yüklerde aşınma kaybı östenitleme süresinin 30 dakikadan 60 dakikaya çıkarılmasıyla azalmaktadır (Şekil 7.16 (a)). Östenitleme süresi 90 dakikaya çıkarıldığında ise 20 N altında numunenin aşınma kaybı artarken, uygulanan yük 40 ve 60 N çıkarıldığında ise azalmaktadır (Şekil 7.16(a)). Aynı grup numuneler 250°C'de 120 dakika östemperlendiğinde uygulanan tüm yüklerde numunelerin aşınma kayıpları östenitleme süresinin 30 dakikadan 60 dakikaya çıkarılmasıyla azalmaktadır. Östenitleme süresinin 90 dak arttırılmasıyla 20 ve 40 N yükler altında aşınma kaybı azalırken, 90 N yük altında ise aşınma kaybı artmaktadır (Şekil 7.16(b)). Östenitleme süresinin 60 dakikadan 90 dak çıkarılmasıyla FI90/4/120 numunesinin sertliği 440 HV'den 350 HV'ye düşmüştür, sertliğin düşmesine bağlı olarak 60 N yük altında numunenin aşınma kaybı azalmaktadır (Şekil 7.16(b)).

FII30-90/4/60-120 grubu numuneler 900°C'de östenitleme işleminden sonra 250°C' de 60 ve 120 dakika östemperleme işlemi yapıldığında 20 N yük altında östenitleme süresinin 30 dakikadan 60 dak çıkmasıyla aşınma kaybı azalırken, sürenin 90 dakikaya çıkarılmasıyla artmaktadır (Şekil 7.17(a)). Deney yükü 40 ve 60 N'a çıkarıldığında numunelerin aşınma kayıpları östenitleme süresinin 60 dak çıkmasıyla artmakta, süre 90 dak çıkarıldığında ise 40 N yük altında aşınma kaybı artarken, 90 N yük altında ise azalmaktadır (Şekil 7.17(a)). Aynı şartlarda 120 dak östemperlenen numunelerde uygulanan tüm yüklerde östenitleme süresinin 30 dakikadan 60 dak çıkmasıyla aşınma kaybı azalırken, süre 90 dak çıkarıldığında ise artmaktadır (Şekil 7.17(b)). Östenitleme süresinin artışına bağlı olarak numunenin sertliği 470 HV'den 430'ye düşmüştür, buna bağlı olarak aşınma kaybının arttığı düşünülmektedir

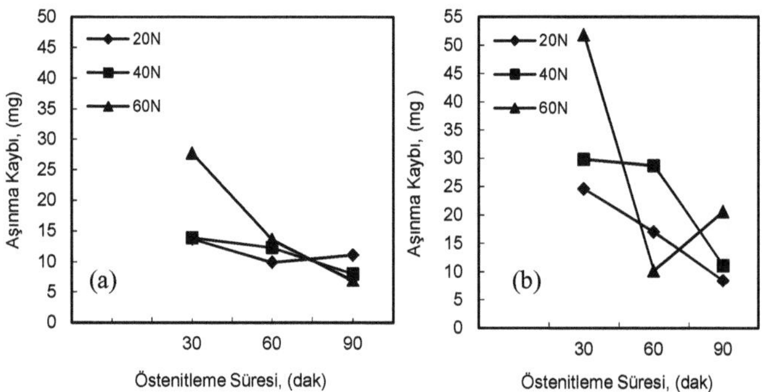

Şekil 7.16. 850°C östenitleme sıcaklığında yapılan östenitleme işleminde, östenitleme süresinin 250°C'de (a) 60 dak ve (b) 120 dak östemperlenen FI/4/60- FI/4/120 kodlu numunelerin aşınma kaybına etkisi

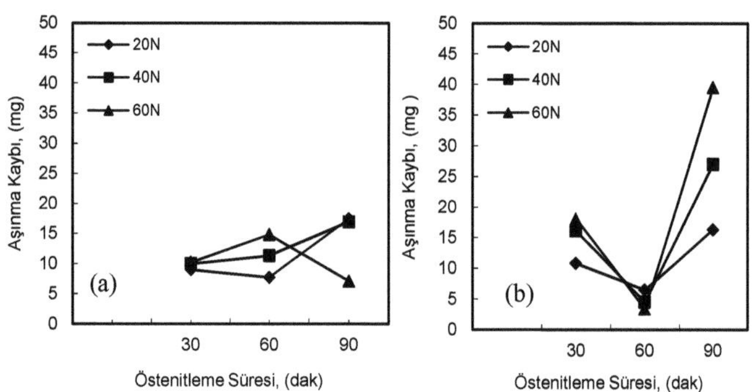

Şekil 7.17. 900°C östenitleme sıcaklığında yapılan östenitleme işleminde, östenitleme süresinin 250°C'de (a) 60 dak ve (b) 120 dak östemperlenen FII/4/60- FII/4/120 kodlu numunelerin aşınma kaybına etkisi

7.3.2. 850 ve 900°C'de östenitleme işlemine tabi tutulan perlitik (PI ve PII grubu) numuneler

PI30-90/1/60-120 grubu numuneler 850°C'de östenitleme işleminden sonra 400°C' de 60 dakika östemperleme işlemi yapıldığında, 20N yük altında östenitleme süresi 30 dakikadan 60 dak çıkarıldığında numunenin aşınma kaybı azalırken, süre 90 dak çıkarıldığında ise artmaktadır (Şekil 7.18(a)). Uygulanan yük 40 ve 60 N'a çıkarıldığında ise östenitleme süresinin artışına bağlı olarak numunelerin aşınma kayıpları azalmaktadır (Şekil 7.18(a)). Aynı grup numuneler 400°C'de 120 dakika östemperlendiğinde, uygulanan tüm yüklerde, östenitleme süresinin 30 dakikadan 60 dakikaya çıkarılmasıyla numunelerin aşınma kayıpları azalırken, süre 90 dak çıkarıldığında ise 20 ve 40 N yükler altında numunelerin aşınma kaybı azalarken, 60 N yük altında ise artmaktadır (Şekil 7.18 (b)).

900°C'de östenitleme işleminden sonra 400°C' de 60 dak östemperleme işlemi yapılan PII30-90/1/60-120 grubu numunelerde, uygulanan tüm yüklerde deney östenitleme süresinin 30 dakikadan 60 dak çıkarılmasıyla numunelerin aşınma kaybı azalırken, süre 90 dak olduğunda ise artmaktadır (Şekil 7.19 (a)). Aynı şartlarda 120 dak östemperleme uygulandığında ise 20 N yük altında östenitleme süresi 30 dakikadan 60 dak arttırıldığında numunenin aşınma kaybı artarken, süre 90 dak çıkarıldığında is azalmaktadır ((Şekil 7.19 (b)). 40 ve 60 N yükler altında ise östenitleme süresinin artışına paralel olarak numunelerin aşınma kayıpları da artmıştır (Şekil 7.19 (b)). Yüksek sıcaklıkta (900°C) östenitlemeden sonra yüksek sıcaklıkta östemperleme işlemi uygulandığında mikroyapı da meydana gelen kabalaşmaya bağlı olarak numunenin sertliği azalmakta, aynı zamanda numunenin aşınma kaybı da artmaktadır. Östenitleme sıcaklığı ve süresinin artışına bağlı olarak numunenin serliği azalır (58). Döküm matris yapısında yüksek perlit içeriği östenitlemeyi oldukça hızlandırır, östenitleme süresini azaltır (24, 71). Ancak PII30-90/1/120 numunelerindeki meydana gelen aşınma kaybındaki artış, PII30-90/1/60 numuneleriyle karşılaştırıldığında daha azdır, çünkü her iki numuedede östenitlme süreleri aynı olmasına rağmen, östemperleme süresinin 60 dakikadan 120 dak arttırılmasına bağlı olarak numunenin γ_{yk} içeriği artmakta, böylece aşınma deneyi sırasında γ_{yk} gerinim nedeniyle martensite dönüşmekte, bunun sonucu olarak numune yüzey sertliğinin artmasına neden olduğu düşünülmektedir. ÖKGDD malzemelerde γ_{yk} içeriğinin artmasıyla malzemenin aşınma kaybı azalmaktadır (108, 121).

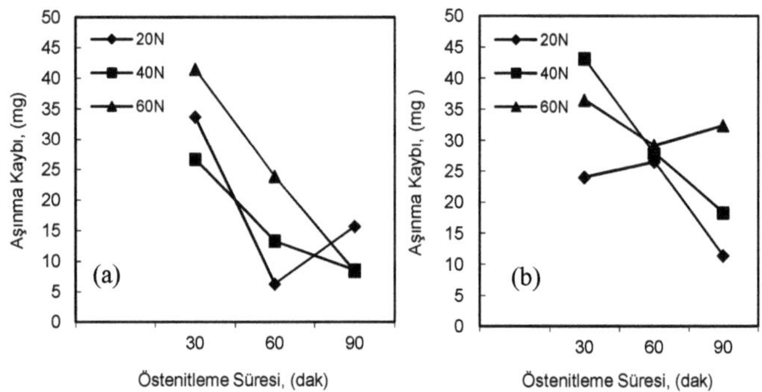

Şekil 7.18. 850°C östenitleme sıcaklığında yapılan östenitleme işleminde, östenitleme süresinin 400°C'de (a) 60 dak ve (b) 120 dak östemperlenen PI/1/60- PI/1/120 kodlu numunelerin aşınma kaybına etkisi

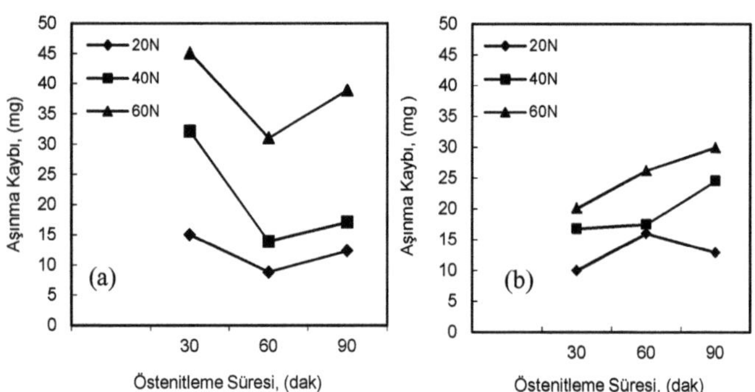

Şekil 7.19. 900°C östenitleme sıcaklığında yapılan östenitleme işleminde, östenitleme süresinin 400°C'de (a) 60 dak ve (b) 120 dak östemperlenen PII/1/60- PII/1/120 kodlu numunelerin aşınma kaybına etkisi

PI30-90/2/60-120 grubu numuneler 850°C'de östenitleme işleminden sonra 370°C' de 60 dakika östemperleme işlemi yapıldığında, uygulanan tüm yüklerde östenitleme süresinin 30 dakikadan 60 dakikaya arttırılmasıyla numunelerin aşınma kayıpları azalırken, sürenin 90 dak çıkarılmasıyla artmaktadır (Şekil 7.20 (a)). Aynı grup numuneler 370°C'de 120 dakika östemperlendiğinde ise uygulanan 20 ve 40 N yüklerde, östenitleme süresinin 30 dakikadan 60 ve 90 dakikaya çıkarılmasıyla numunelerin aşınma kayıpları azalmıştır (Şekil 7.20 (b)). Uygulanan yük 60 N çıkarıldığında ise östenitleme süre 30 dakikadan 60 dakikaya çıkarıldığında numunenin aşınma kaybı azalırken süre 90 dak çıkarıldığında artmaktadır (Şekil 7.20 (b)).

PII30-90/2/60-120 grubu numuneler 900°C'de östenitleme işleminden sonra 370°C' de 60 dakika östemperleme işlemi yapıldığında uygulanan tüm östenitleme süresinin 30 dakikadan 60 dakikaya arttırılmasıyla numunelerin aşınma kayıpları artmaktadır. Aynı östemperleme şartlarında PI90/4/60 kodlu numune 90 dakika östenitlendiğinde ise 20 N yük altında numunenin aşınma kaybı artarken, deney yükü 40 ve 60 N'a çıkarılmasıyla numunelerin aşınma kaybı azalmaktadır (Şekil 7.21 (a)).

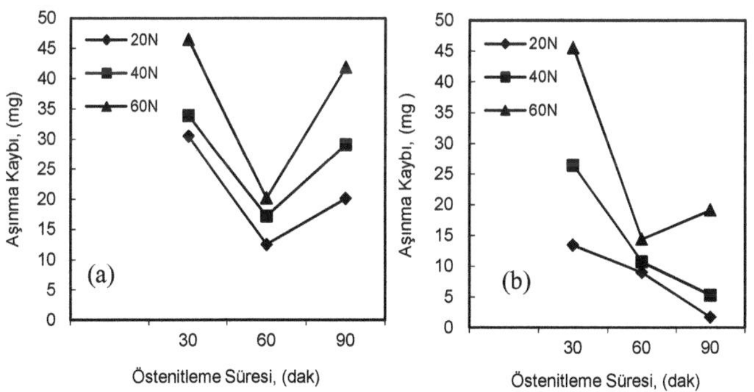

Şekil 7.20. 850°C östenitleme sıcaklığında yapılan östenitleme işleminde, östenitleme süresinin 370°C'de (a) 60 dak ve (b) 120 dak östemperlenen PI/2/60- PI/2/120 kodlu numunelerin aşınma kaybına etkisi

Aynı grup numuneler 370°C'de 120 dakika östemperlendiğinde östenitleme süresi 30 dakikadan 60 dakikaya çıkarıldığında 40 ve 60 N yükler altında numunelerin aşınma kayıpları artarken, 20 N yük altında ise numunenin aşınma kaybı azalmıştır. östenitleme süresi 90 dakikaya çıkarıldığında ise 40 ve 60 N yükler altında numunelerin aşınma kayıpları azalırken, 20 N yük altında ise numunenin aşınma kaybı artmıştır (Şekil 7.21 (a)).

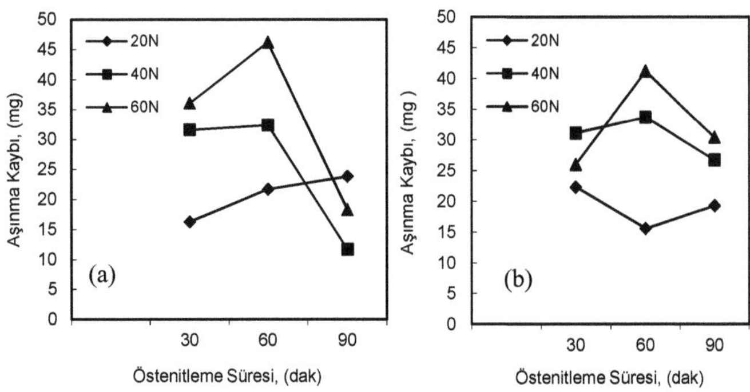

Şekil 7.21. 900°C östenitleme sıcaklığında yapılan östenitleme işleminde, östenitleme süresinin 370°C'de (a) 60 dak ve (b) 120 dak östemperlenen PII/2/60- PII/2/120 kodlu numunelerin aşınma kaybına etkisi

PI30-90/3/60-120 grubu numuneler 850°C'de östenitleme işleminden sonra 320°C' de 60 dakika östemperleme işlemi yapıldığında, 40 ve 60 N yükler altında östenitleme süresi 30 dakikadan 60 dakikaya çıkarıldığında numunelerin aşınma kayıpları artarken, 20 N yük alında ise numunenin aşınma kaybı azalmaktadır. Süre 90 dak çıkarıldığında ise uygulanan tüm yükler de numunelerin aşınma kayıpları azalmıştır (Şekil 7.22 (a)). Aynı grup numuneler 320°C'de 120 dakika östemperleme işlemi yapıldığında 20 ve 60 N yükler altında östenitleme süresi 30 dakikadan 60 ve 90 dak çıkarıldığında numunelerin aşınma kayıpları azalmaktadır (Şekil 7.22 (b)). 40 N yük altında ise östenitleme süresi 30 dakikadan 60 dak çıkarıldığında numunenin aşınma kaybı azalırken, süre 90 dak çıktığında ise artmaktadır (Şekil 7.22 (b)).

PII30-90/3/60-120 grubu numuneler 900°C'de östenitleme işleminden sonra 320°C' de 60 dakika östemperleme işlemi yapıldığında, uygulanan tüm yüklerde östenitleme süresinin 30 dakikadan 60 dakikaya çıkarılmasıyla numunelerin aşınma kayıpları

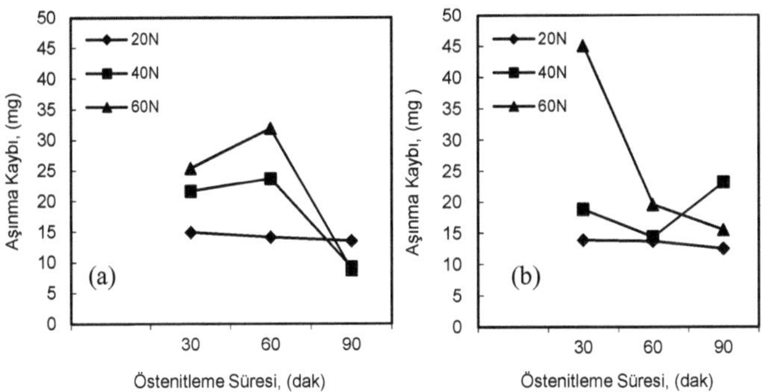

Şekil 7.22. 850°C östenitleme sıcaklığında yapılan östenitleme işleminde, östenitleme süresinin 320°C'de (a) 60 dak ve (b) 120 dak östemperlenen PI/3/60- PI/3/120 kodlu numunelerin aşınma kaybına etkisi

artmakta süre 90 dak çıkarıldığında ise azalmaktadır (Şekil 7.23 (a)). Östemperleme süresi 120 dakikaya çıkarıldığında ise uygulanan tüm yüklerde östenitleme süresinin artışıyla numunelerin aşınma kayıpları azalmaktadır (Şekil 7.23 (b)).

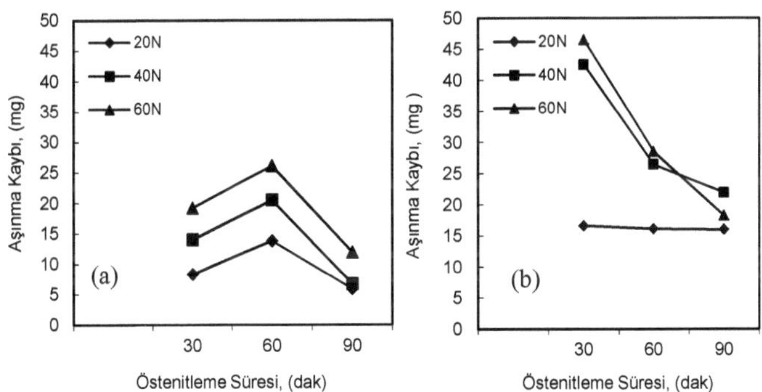

Şekil 7.23. 900°C östenitleme sıcaklığında yapılan östenitleme işleminde, östenitleme süresinin 320°C'de (a) 60 dak ve (b) 120 dak östemperlenen PII/3/60- PII/3/120 kodlu numunelerin aşınma kaybına etkisi

Yüksek östenitleme sıcaklıklarından sonra düşük sıcaklıkta östemperleme işlemi yapıldığında, numune daha fazla alt soğumaya uğrayacağı için daha fazla sayıda ferritin çekirdeklenmesine neden olur, mikroyapı daha düzgün dağılımlıdır, aynı zamanda sıcaklığın düşük olması nedeniyle ferritin büyümesi daha uzun sürede gerçekleşir, ferritin büyümesi sırasında bünyesindeki karbonu östenite difüz olur, böylece yüksek karbonlu östenit oluşur, aynı zamanda sürenin artışına bağlı olarak γ_{yk}'in hacim oranı ve numunenin sertliği artar. Çok ince ferrit ve γ_{yk} oluşan mikroyapı ve yüksek sertliğin kombinasyonu ve ayrıca aşınma deneyi sırasında; γ_{yk}'in gerinim nedeniyle martensite dönüşmesi ve ferritin pekleşmesinin PII/3/120 numunesinin, özellikle 40 ve 60 N yükler altında aşınma kaybının azalmasında etkili olduğu düşünülmektedir (Şekil 7.23 (b)). Östemperlenen numunelerin daha iyi aşınma direnci göstermesinde, bu numunelerin mikroyapılarını oluşturan iğnemsi ferrit morfolojisinin ve γ_{yk} içeriğinin, aşınma deneyi sırasında γ_{yk}'in gerinim nedeniyle martensite dönüşmesi ve ferritin pekleşmesinin etkili olduğu belirtilmektedir (20, 51, 109, 118, 120, 125).

PI30-90/4/60-120 grubu numuneler 850°C'de östenitleme işleminden sonra 250°C' de 60 dakika östemperleme işlemi yapıldığında 20 ve 40 N yükler uygulandığında östenitleme süresi 30 dakikadan 60 ve 90 dak çıkarıldığında numunelerin aşınma kayıpları azalmaktadır (Şekil 7.24 (a)). Deney yükü 60 N çıkarıldığında ise östenitleme süresi 30 dakikadan 60 dakikaya çıkarıldığında numunenin aşınma kaybı artarken süre 90 dak çıkarıldığında ise azalmaktadır (Şekil 7.24 (a)). Aynı grup numuneler 250°C'de 120 dakika östemperlendiğinde uygulanan tüm yüklerde östenitleme süresinin 30 dakikadan 60 dakikaya çıkarılmasıyla numunelerin aşınma kayıpları azalırken, süre 90 dak çıkarıldığında ise 20 ve 40 N yükler altında aşınma kaybı artarken, 90 N yük altında ise azalmaktadır (Şekil 7.24 (b)).

900°C'de östenitleme işleminden sonra 250°C' de 60 dakika östemperleme işlemi yapılan PII30-90/4/60 grubu numunelerde, uygulanan tüm yüklerde östenitleme süresinin 30 dakikadan 60 dakikaya çıkarılmasıyla numunelerin aşınma kayıpları artmaktadır (Şekil 7.25 (a)). Östenitleme süresi 90 dakikaya çıkarıldığında ise 20 N altında numunenin aşınma kaybı artarken, 40 ve 60 N yük uygulanan numunelerin aşınma kayıpları ise azalmaktadır. PII30-90/4/120 grubu numunelere 250°C'de 120 dakika östemperleme işlemi yapıldığında, östenitleme süresinin 30 dakikadan 60 dakikaya çıkarılmasıyla, 60 N yük uygulanan numunenin

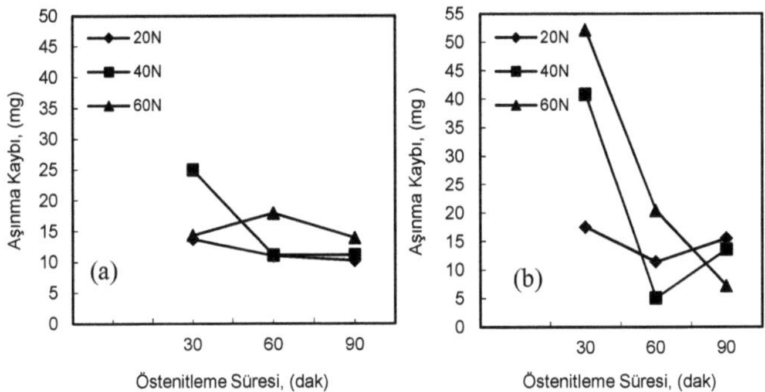

Şekil 7.24. 850°C östenitleme sıcaklığında yapılan östenitleme işleminde, östenitleme süresinin 250°C'de (a) 60 dak ve (b) 120 dak östemperlenen PI/4/60- PI/4/120 kodlu numunelerin aşınma kaybına etkisi

numunenin aşınma kaybı değişmezken, 20 ve 40 N yük uygulanan numunenin aşınma kaybı ise azalmaktadır (Şekil 7.25 (b)). Östenitleme süresi 90 dak çıkarıldığında ise 40 ve 60 N yük uygulanan numunenin aşınma kayıbı artarken, 20 N yük uygulanan numunenin ise aşınma kaybı değişmemiştir (Şekil 7.25 (b)). Yüksek östenitleme sıcaklılarından sonra düşük sıcaklıklarda östemperleme işleminin uygulanmasıyla, numune daha fazla alt soğumaya uğrayacağı için çok sayıda ince ferrit iğneleri oluşur ve oluşan ferrit iğnelerinin arasında daha homojen şekilde dağılmış γ_{yk}'ten meydana gelen alt ösferritik mikroyapı ÖKGDD malzemenin sertliğini ve aşınma direncini arttırır. Yapılan çalışmalarda yüksek sıcaklıkta östenitleme işleminden sonra düşük sıcaklıklarda östemperleme işleminin yapılmasının ÖKGDD malzemenin aşınma direncini arttığı ifade edilmektedir (58-61, 123-125).

250 ve 320°C'de östemperlenen numuneler en az aşınma kaybı sergilemiştir. Östemperleme sıcaklığının 370 ve 400°C çıkmasıyla numunelerin aşınma kayıpları artmaktadır. Düşük östemperleme sıcaklıklarında karbon difüzyon hızı düşüktür bu nedenle östemperleme sırasında asiküler ferrit içerisinde karbon atomları karbür olarak çökelir ve dönüşmemiş östenitler oda sıcaklığına soğuma sırasında martensite dönüşür. Çünkü dönüşmemiş östenit karbonca zenginleşemediği için kararlı değildir (108). Bu durum ÖKGDD'nin sertliğini arttırır ve buna bağlı olarak da aşınma kaybı

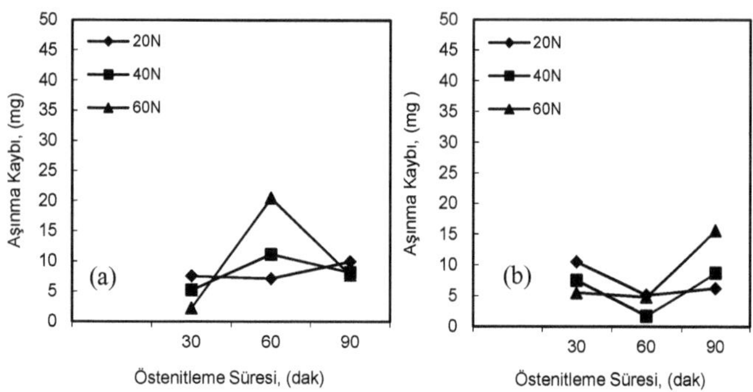

Şekil 7.25. 900°C östenitleme sıcaklığında yapılan östenitleme işleminde, östenitleme süresinin 250°C'de (a) 60 dak ve (b) 120 dak östemperlenen PII/4/60- PII/4/120 kodlu numunelerin aşınma kaybına etkisi

azalır. Tüm test şartlarında ısıl işlem yapılmamış KGDD aşınma kaybı östemperleme ısıl işlemiyle iyileşmektedir.

Uygulanan deney yükünün artmasıyla ÖKGDD malzemenin aşınma miktarı azalmaktadır. Bu durum literatürle tezat teşkil etmektedir, çünkü literatürde deney yükünün artmasıyla metal malzemelerde aşınma miktarıda lineer şekilde arttığı ifade etmektedirler (118, 120, 123). Fakat ÖKGDD malzemelerin spesifik özelliği ise ösferritik yapıdan oluşmasından kaynaklanmaktadır. Bununla birlikte ÖKGDD'lerin kuru kayma aşınma davranışlarıyla ilgili yapılan çalışmalarda da yine test yükünün artmasıyla malzemenin aşınma kaybının lineer şekilde arttığı belirtilmekte. ÖKGDD'lerin aşınma kaybının test yükünün artmasıyla azalması, yüksek karbonlu östenitin aşınma testi sırasında martensite dönüşmesi ve ferrit pekleşmesinin kombine etkisiyle aşınma yüzeyinde sertliğin artmasından kaynaklanmaktadır. Zımba ve arkadaşları (109) ve Baydoğan ve Çimenoğlu'nun (20) yaptığı çalışmalarda test yükünün artmasıyla ÖKGDD malzemelerin aşınma kaybının azaldığını ifade etmişlerdir. Buna sebep olarak da test yükünün artmasıyla yüksek karbonlu östenit martensite dönüşmesi ve ferritin pekleşmeye uğramasıyla aşınma yüzeyi sertliğinin arttırdığını ifade etmişlerdir. Ping ve arkadaşlarının (123) yaptığı çalışmada deney yükünün 10.5N dan 19.6N a arttırılmasıyla numunelerin aşınma direncinin arttığını ifade etmişlerdir. Aşınma direncindeki artışında yüksek karbonlu kalıntı östenitin deformasyon nedeniyle martensite dönüşmesine ve pekleşme oluşumuyla sertliğin artmasıyla açıklamışlardır.

Ping ve arkadaşlarının(123) yaptığı çalışmada, aşınma yüzeylerinin sertliğini 586 DPH olarak ölçmüşlerdir. Malzemenin östemperleme ısıl işlemi sonucu sertliği ise 360 DPH dir. Aşınma sırasında sertlikteki artışın dönüşüm ve çalışma sertleşmesiyle açıklanabilineceğini belirtmişlerdir. Malzemenin orijinal sertliği 360 DPH, beynitin hesaplanan sertliği 520 DPH , martensit ve östenitin sertlikleri ise sırasıyla 760 ve 135 DPH olarak tespit edilmiştir. Aşınma sırasında kalıntı östenitin martensite dönüşmesi sertliği 100 DPH arttırdığını kalan 100 DPH sertliğin ise yüksek karbonlu östenitin ve ferritin çalışma sertleşmesine uğramasından kaynaklandığı sonucuna varmışlardır.

Düşük östemperleme sıcaklıklarında aşınma direnci minimum düzeydedir. Aşınma miktarının azalması düşük sıcaklıklarda yüksek sıcaklıklardan daha belirgindir. Bu durumda malzemenin orijinal sertliğinin yüksek olmasına bağlı olarak aşınma kaybı azalmaktadır.

Mikro sertlik sertlik ölçümlerinden ısıl işlem uygulanmış numunelerin yüzey sertlikleri uygulanan yükten bağımsız olduğu şeklinde ifade edilmektedir (128). İlk ve son yüzey sertlikleri arasında ilişki yoktur. Prado ve arkadaşlarının (128) yaptığı çalışmada 270 ve 370°C de östemperlenen numunelerde yüzey sertlikleri en düşük olarak ölçülmüştür. Bunun ise son yüzeysel sertliğin ilk orijinal sertliğe ve yüksek karbonlu östenit içeriğine bağlı olduğunu belirtmişler. Yapıda yüksek karbonlu östenit hacim oranı düşük olsa bile gerinim nedeniyle veya plastik sertleşmeyle belirli bir değerde sertliğin arttığını ifade edilmektedir (128).

7.4 . Aşınma Yüzeylerinin İncelenmesi

Resim 6.18'de ısıl işlem yapılmamış KGDD numunelerin aşınma yüzeyleri verilmiştir. Resim 6.18'den görüldüğü gibi her iki döküm durumu numune yüzeyinin aşırı deformasyona uğradığı, yüzeyde görülen akma alt yapıda oluşmakta ve aşınma yönünde ağ şeklinde meydana gelen çatlakların aşınma yüzeyi boyunca devam ettiği görülmektedir. Ayrıca aşınma deney sürecinde özellikle döküm durumu ferritik KGDD numuneden büyük miktarlarda metal partiküllerinin koptuğu tespit edilmiştir. Özellikle döküm durumu ferritik KGDD numunenin yüzeyinin adhesyona uğradığı aşınma Resim 6.18 (a)'dan görülmektedir. Her iki KGDD numunenin aşınma yüzeyinde küresel grafitlerin aşırı miktarda deformasyona uğrayarak şeklini değiştirdiği Resim 6.18'den tespit edilmiştir. Kuru kayma şartları altında döküm durumu KGDD'lerde aşınma temel olarak, yüzey adhesyonu ve plastik deformasyon şeklinde oluşmuştur. Isıl işlem yapılan numunelerle döküm durumu numunelerin aşınmış yüzeylerinin SEM görüntüleri karşılaştırıldığında östemperleme işlemi uygulanan numunelerin yüzeylerinde plastik deformasyonun azaldığı görülmektedir (Resim 6.19-6.23). Bosnjak ve arkadaşlarının (130) yaptığı çalışmada ısıl işlem yapılan numunelerin, döküm durumu KGDD numunelere göre aşınma yüzeylerinde daha az plastik deformasyon oluştuğunu belirtmişlerdir. Östemperleme ısıl işleminin uygulanmasıyla numunelerin sertliği ve mikroyapı morfolojileri değiştiği için aşınma deneyi sırasında aşınma yüzeyinde meydana gelen deformasyon azalmaktadır. Dolayısıyla ÖKGDD numunelerin aşınma yüzeyleri döküm durumu numunelere göre daha az hasara uğradığı için daha düzgündür. Östemperlenmiş numunelerin yüzeylerinde derin olmayan aşınma izleri ile birlikte küçük çukurlar meydana gelmiştir (Resim 6.19(a)-(c), Resim 6.20 (a)-(d), Resim 6.21 (a) ve (e)). Boşluklar yüzeyler üzerinde görülebilmektedir. Oluşan bu boşluklar muhtemelen yapıda bulunan grafit kürelerinin yerlerinden çıkmasıyla oluşan bölgesel çukurlardır. Malzemenin çukurlara doğru akması/yönlenmesi aşınma partiküllerini oluşturmaktadır. Bosnjak ve arkadaşlarının (130) yaptığı çalışmada ÖKGDD numunelerin yüzeylerinde bölgesel çukurların oluştuğunu tespit etmişler ve bu çukurların aşınma deneyi sırasında küresel grafitlerin yerlerin çıkarak meydana getirdiğini belirtmişlerdirÇıkan aşınma debrislerinin koyu renkte ve çok ince tozlar içerdiği görülmüştür ve debrislerin X-ray analizi sonuçu Fe_2O_3 ve FeO olduğu tespit edilmiştir (130).

Resim 6.20 (a)'da görülen numuneye 850°C'de 60 dak saat östenitleme müteakiben 400°C'de 60 dak östemperlenmiş uygulanmış, Resim 6.20 (b) ve (c) görülen numuneler 850°C'de 90 dak östenitlenmiş müteakiben 320°C de 60 ve 120 dak östemperlenmiştir. 320°C'de östemperleme süresinin 120 dak artmasıyla numune yüzeyinin daha az deformasona uğradığı görülmektedir. Östemperleme süresinin artışına bağlı olarak yapıda oluşan γ_{yk} miktarı ve numunenin sertliği artmaktadır. Yani yüksek başlangıç sertliği ve aşınma deneyi sırasında gerinim nedeniyle γ_{yk}'in martensite dönüşmesiyle numunenin yüzey sertliği artmaktadır. Her iki parametreye bağlı olarak numune yüzeyi daha az deformasyona uğradığı Resim 6.20 (c) den görülmektedir. Resim 20 (d) ise 850°C'de 30 dak östenitlemeden sonra 250°C'de 60 dak östemperlenen numunenin aşınma yüzeyinin genel olarak az deformesyona uğradığı ancak aşınma deneyinde yüzey tekrarlı yüklemeye maruz kaldığı için bölgesel olarak yorulmaların başladığı görülmektedir. Ayrıca yüzey üzerinde boşluklarında oluştuğu görülmektedir. Oluşan bu boşluklar yapı bulunan grafit kürelerinin yerlerinden çıkmasıyla oluşan bölgesel çukurlardır.

Aşınma yüzeyleri üzerinde yapılan SEM çalışmalarında yüzey üzerinde 3 farklı bölge oluştuğu sonucuna varılmıştır (130). Bu bölgeler şöyledir: kayma yönünde ağır deformasyona uğramış bölge; östenitin deformasyonuyla birlikte tahrip edilmiş bölge ve deformasyona uğramamış bölge olarak tespit etmişlerdir.

Kayma testi sırasında blok halindeki östenit içerisinde gerinim nedeniyle martensit oluşmaktadır. Bu bölge içerisindeki östenitin karbon içeriğinin düşük olduğu bu nedenle martensite dönüştüğü ifade edilmektedir (130). Bununla birlikte literatürde (2-7, 23-33) karbon içeriği düşük olan östenitin izotermal dönüşümü müteakip oda sıcaklığına soğutma sırasında martensite dönüştüğü belirtilmektedir. Ayrıca kuru kayma testlerinde veya abrasif aşınma testleri sırasında aşınma yüzeylerinde oluşan martensitin, γ_{yk} östenitin gerinim nedeniyle dönüşümünden oluşan bir ürün dür.

Çünkü γ_{yk} karbon içeriği ~% 2.2'ye kadar çıkabilmekte, bu östenit ısıl olarak dengeli olmamasına rağmen herhangi bir gerinim uygulanmadığında -120°C'ye kadar kararlılığını koruduğu yapılan çalışmalarda belirtilmiştir (14, 18, 83, 85, 109, 118, 125, 130). Aşınma testlerinden sonra aşınmış yüzeylerin X-ray analizleri yapılmış, analiz sonucu aşınmış yüzeyde herhangi bir γ_{yk} pikine rastlanmamıştır. Bu da aşınma testi sırasında γ_{yk}'in martensite dönüştüğünün bir kanıtıdır. Schmit ve Schuchert (18), Jeng (83), Zimba ve arkadaşları (85), Zimba ve arkadaşları (109), Haseeb ve arkadaşları (118), Fordyce ve arkadaşları (125) ve Bosnjak ve arkadaşlarının (130) yaptığı çalışmalarda aşınma deneylerinden sonra aşınmış yüzeylerde γ_{yk}'in martensite dönüştüğünü tespit etmişlerdir. Aşınma yüzeylerinin kenarında porozite ve boşlukların bulunması mevcut çalışmada baskın aşınma mekanizmasının delaminasyon olduğunu kanıtlamaktadır.

Kayma yüzey bölgelerinde sürtünmeye bağlı olarak sıcaklığın artmasıyla temas noktalarında bölgesel ergime oluşmaktadır. Ayrıca bölgesel temas noktalarında sıcaklığın artmasıyla oksijenle reaksiyon oluşmakta, buna bağlı olarak da oksidatif aşınma meydana gelmektedir. Oksidatif aşınmanın oluşması; sürtünme nedeniyle bölgesel temas noktalarında ısının yükselmesi ve böylece kayma yüzeyleri ısıl şoka uğrar ve olarak çatlaklar meydana gelir, bu çatlakların ilerlemesiyle yüzeylerde yapılan incelemelerde partiküllerin oluştuğu gözlenmiştir (Resim 6.19). Prasanna ve arkadaşlarının (127) yaptıkları aşınma deneyi sırasında numune yüzeyinde sürtünme nedeniyle oluşan ısı değişiminin ısıl şok oluşturduğu, bu ısıl şoka bağlı olarak da numune yüzeyinde çatlakların meydana geldiğini belirtmişlerdir.

Aşınma yüzeyindeki östenitin tamamı martensite dönüşmekte ve ÖKGDD'nin diğer önemli bileşeni ferrit ise aşınma testi sırasında pekleşmeye uğramaktadır. Her iki mekanizmanın meydana gelmesiyle malzemenin yüzey sertliği yükselir (130). Ayrıca martensite dönüşüm ve pekleşme sonucu malzemenin aşınma direnci artar.

ÖKGDD numunelerin aşınma yüzeyi altındaki bölgedeki sertlik orijinal değerinden farklılık gösterir, döküm durumu numunelerde ise sertlik orijinal değerleriyle aynıdır.

Yüzeyin sadece belirli bir mesafesinde sertlikte değişim oluşmaktadır. Bosnjak ve arkadaşlarının (130) yaptığı çalışma, aşınmış yüzeyde sertlik değişiminin yüzeyden 50μm derinlikteki bir tabakada ve Prado ve arkadaşları (128) ise 100 μm derinlikteki bir tabakada olduğunu, daha derin kısımlarda ise sertliğin orijinal değerini koruduğunu tespit etmişlerdir. Aynı durumu Haseeb ve arkadaşları (118), İslam ve arkadaşları (20), Zimba ve arkadaşları (109) da ifade etmektedirler. Yüzeydeki dar bir bölgede meydana gelen sertlikteki artışın γ_{yk} in gerinim nedeniyle martensite dönüşümünün bir sonucudur (118, 120, 128, 130).

Aşınma testi sırasında yüzeyde oluşan plastik deformasyona bağlı olarak grafit küreleri yüzeye doğru yönlenmektedir. Böylece yüzeye doğru kanal oluşmakta ve grafit kürleri aşınma yüzeylerini beslemektedir. Grafit kürelerinin yüzeyi beslemesiyle, küreler yağlayıcı görevi üstlenmiş olur, buna bağlı olarak metal-metal teması önlenmiş olunur, bunun sonucu malzemenin aşınma miktarı azalır (109, 123, 130). Bosnjak ve arkadaşlarının (130) ve Şenel ve arkadaşlarının (129) yaptığı çalışmalarda aşınma testi sırasında grafit kürelerinin deformasyona uğrayarak aşınma yönüne doğru yönlendiğini ve yüzeye doğru kanal oluşturduğunu ifade etmişlerdir.

Östemperleme ısıl işleminin uygulanmasıyla aşınma yüzlerde oluşan deformasyonun azaldığı ve aşınma yüzeylerinin döküm durumu numunelere göre daha düzgün olduğu görülmektedir. Bunun yanında aşınma yüzeyin bazı kısımlarında boşlukların olduğu görülmektedir (Resim 6.19-6.23). Oluşan bu boşluklar muhtemelen yapıda bulunan grafit kürelerinin yerlerinden çıkmasıyla oluşan bölgesel çukurlardır (130).

7.5. Sürtünme Kuvveti ve Numune Sıcaklığının değerlendirilmesi

Literatür araştırması sonucu ÖKGDD malzemelerin aşınma davranışıyla ilgili yapılan çalışmalarda numune sıcaklığı ile birlikte sürtünme kuvvetinin ölçümüyle ilgili herhangi bir çalışmaya rastlanmamıştır. Ancak aşınma sonunda oluşan debrislerin analizleri yapılmış, birkaç farklı oksit oluştuğu tespit edilmiş ve oluşan oksitlerin oluşum sıcaklıklarına göre numunelerin temas yüzeylerinin aşınma sırasında sıcaklıklarının yükseldiği gibi genel yaklaşımlar vardır. Bu noktadan hareketle aşınma deneyi sırasında, numunenin temas yüzeyinin 2 mm üst kısmından numunenin sıcaklığı ve sürtünme kuvveti eş zamanlı olarak ölçüm yapılarak literatürde eksikliği tespit edilen bu noktalarda katkı sağlanmış olacaktır.

Adhesif aşınma testi sırasında sürtünmenin artmasıyla yüzeyin sıcaklığı ve sürtünme kuvveti artar, iki yüzey arasında temas, adhesyon ve bağ oluştuğunda yüzeyler arasında geçiş oluşmaktadır. Temas yüzeyinde uygulanan yük ile kesme gerinimi ve temas noktasının dayanımını, yumuşak malzemenin dayanımını aştığında aşınma debrisi oluşur, yani yumuşak malzemede kopmalar meydana gelir.

Adhesif aşınmanın temel mekanizmasından da bilindiği gibi deney süresine ve uygulanan yüke bağlı olarak yüzeyler arasında meydana gelen sürtünme ve temas sıcaklığının artmasıyla çıkıntılar bölgesel deformasyona uğramaktadır. Ayrıca deney ortamındaki mevcut olan oksijen ve sıcaklığın artışı nedeniyle numune yüzeyi ile disk üzerinde izde (track) oksit oluşmaktadır. Bu oluşum sırasında hem sıcaklık hem de sürtünme kuvveti artmaktadır. Deneyin devamında ara yüzeyde oluşan oksit veya aşınma partikülleri basınç altında mekanik alaşımlama meydana getirmekte dolayısıyla oluşan aşınma debrisleri yumuşak malzemenin sertliğinden daha fazla sertlikte olmakta buna bağlı olarak adhesif aşınmadan abrasif aşınma geçiş olmakta ve numunenin aşınması daha fazla artmakta, ayrıca aşınma yüzeylerinde oluşan aşınma çiziklerinin derinliği artmaktadır. Bu sürecin devamında yüzeyde kırılmalar meydana gelmekte, ayrıca deney süreci içerisinde numune sürekli yüke veya gerilime maruz kaldığı için numune yüzeyinde yorulma oluştuğu düşünülmektedir. Özellikle döküm durumu numunelerin yüzeylerinde tekrarlı yüklemeye maruz kalmaya bağlı olarak yorulan kısımlarda kütlesel bir aşınmanın oluştuğu görülmüştür. Dolayısıyla Resim 6.18'den delaminasyonun döküm durumu numunelerde daha etkili olduğu de görülmektedir. Temas yüzeyinde sıcaklığın artışına bağlı olarak yüksek karbonlu östenitin martensite dönüştüğü düşünülmekte, deneyin devamında eğer ulaşılan numune sıcaklığı kendini muhafaza ederse numune yüzeyin de deformasyon nedeniyle meydana gelen martensitin kendi kendini temperleme etkisinin de olabileceği düşünülmektedir. İslam ve arkadaşları (120) ve Şenel ve arkadaşlarının

(129) yaptığı çalışmalarda martensitik matrisli KGDD numunelerin kuru kayma aşınma testi sırasında sürtünmeden dolayı oluşan sıcaklık nedeniyle kendi kendini temperlediğini ve numunenin yüzey sertliğinin azaldığını belirtmişlerdir. Ancak ÖKGDD numunelerin aşınma testi sırasında numune yüzeyinde deformasyon nedeniyle yüksek karbonlu östenitin martensite dönüşmesinin numune yüzey sertliğini arttırmaktadır (118). Yaptığımız çalışmada numune sıcaklığı ve sürtünme kuvveti ölçümlerinin genel değerlendirilmesi sonucu, sıcaklığın ve kuvvetin uygulanan yükün artmasıyla ve deney süresinin artışına paralel olarak arttığı gözlenmiştir. Ayrıca bazı çalışmalarda kısmende olsa numune sıcaklığının yaklaşık 200°C civarına ulaşabileceğinden bahsedilmektedir (130). Bu durum da aşınma yüzeyin de meydana gelen oksitlerin analizine dayanılarak belirtilmiştir.

Şekil 7.26'da FI60/1/60 kodlu numunenin 60N yük altında deney süresine karşılık numunenin sıcaklık ve sürtünme kuvvetindeki değişimi verilmiştir. Şekilden görüldüğü gibi deney süresinin artmasına bağlı olarak numune sıcaklığı artmakta, ilk 6 dakikalık süreçte numune sıcaklığı 144°C'e ulaştığında sürtünme kuvveti, sıcaklığın yükselmesine karşılık yaklaşık 32 N değerine düşmekte. Ancak sürtünme yüzeyinin 2 mm üst kısmından ölçülen sıcaklıklar temas yüzey sıcaklığından farklı olduğu düşünülmektedir. Aşınma deneyi sırasında numune sıcaklığının artmasıyla disk üzerindeki izde (track) oksit oluştuğu gözlenmiş, oksit oluşumuyla sıcaklık durağanlaşmış, aynı süreçte sürtünme kuvvetinde fazla bir değişim olmadığı gözlenmiştir. Diskle numune arayüzeyinde oksit oluşumuyla birlikte sürtünme kuvvetinde azalma eğiliminin başladığı görülmektedir. Çünkü, oluşan oksit tabakası bir katı yağlayıcı gibi davranış sergilediği için sürtünme azalır dolayısıyla sürtünme kuvveti de azalmaktadır. Bunun yanı sıra ÖKGDD malzemede östemperleme ısıl işlemiyle elde edilen ösferritik mikroyapıyı oluşturan ferrit ve yüksek karbonlu östenit bileşenlerden, özellikle yüksek karbonlu östenit herhangi bir deformasyona ve sıcaklığa maruz kalmadığı şartlarda yaklaşık -120°C'ye kadar kararlılığını korumaktadır (14). Bununla birlikte aşınma deneyi sırasında sürtünme nedeniyle oluşan sıcaklığın yükseldiği ve 55 dakikada 250°C'ye ulaştığı Şekil 7.26'dan da görülmektedir. Sıcaklığın yükselmesine ve uygulanan yüke bağlı olarak yüksek

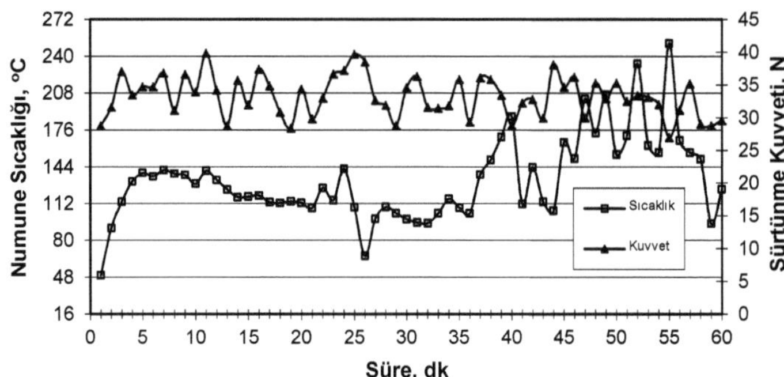

Şekil 7.26. 850°C'de 60 dak östenitlenen ve daha sonra 400°C'de 60 dak östemperlenen Ferritik FI60/1/60 kodlu numunenin 60N yük altında deney süresine karşılık numunenin sıcaklık ve sürtünme kuvvetindeki değişim

karbonlu östenitin martensite dönüştüğü düşünülmektedir. Deney sürecinde genel olarak sürtünme kuvveti 28 N ile 33 N arasında inişli çıkışlı olarak değişmektedir. Bununla birlikte deney süresi 25 dakikaya ulaştığında numune sıcaklığı minimum değerine düştüğünde sürtünme kuvveti 38 N gibi en yüksek değerine ulaşmıştır. Sıcaklığın düşmesiyle numunenin sürtünme kuvveti maksimum değere ulaştığı veya tersi durumda sıcaklık maksimuma ulaştığında kuvvette minimuma düştüğü görülmektedir. Deney sürecinde Şekilde görüldüğü gibi numune sıcaklığında belirli süre aralığında maksimum değerlere ulaştığı görülmektedir. Bu durum şöyle açıklanabilir, deneyler sırasında deneyin 5 dakikasında iz üzerinde oksit oluştuğu gözlenmiş, oksit oluşumuna kadar da numunenin sıcaklığının yükseldiği tespit edilmiştir. Aynı süreçte sürtünme kuvvetinin de sürekli arttığı gözlenmiş, bu artış oksit oluşumundan sonra durağanlaşmıştır. Sürtünmenin azalmasıyla aynı zamanda sıcaklıkta 144°C den 112°'C'ye kadar düştüğü görülmektedir. Numune bu sıcaklığını yaklaşık 20'ci dakikaya kadar koruduğu görülmektedir. 20 dakikadan sonra sıcaklık yükselmekte, buna karşılık sürtünme kuvveti yükselmektedir, deneyin devamında ise sıcaklık düşerken kuvvet maksimum değerine ulaşmaktadır. Bu durum şöyle açıklanabilir, deney sürecinin takibi sırasında yüzeyde oluşan oksit tabasının kırıldığı gözlenmiş, oksit tabakasının kırılmasına bağlı olarak da yüzeyler arasındaki sürtünme artmakta dolayısıyla eş zamanlı olarak sürtünme kuvveti de artmaktadır.

Bu durumun sıcaklığın düşüşe ve yükselişe geçtiği zaman dilimlerinde tekrarlanarak devam ettiği deney sırasında gözlenmiştir. Ayrıca ÖKGDD bünyesinde bulunan küresel grafitler deney sırasında oluşan deformasyonla numune yüzeyine doğru yönelmekte ve bu yönelimle birlikte oluşan kanaldan grafitler numune ile disk yüzeyi arasında kirliliğe neden olduğu ifade edilmektedir (109). Numune ile disk arasında meydana gelen bu kirlilik metal-metal temasını engellemekte yani yağlayıcı gibi davranış sergilemektedir. Zimba ve arkadaşlarının (109) yaptığı çalışmada numune ile disk yüzeyi arasındaki grafitlerin yağlama görevi üstlendiğini ancak sürtünme yüzey sıcaklığının 200°C'ye kadar yükselebileceğini ifade etmişler, grafitlerin ise 100°C'ye kadar yağlama görevini sürdürebilecekleri belirtilmiştir. Aynı araştırmacılar (109) çalışmalarında döküm durumu Ferritik KGDD'lerin sürtünme katsayısının 3 ile 4 arasında değiştiğini, ÖKGDD numunelerin sürtünme katsayılarının ise 0,3 ile 0,4 arasında değiştiğini belirtmişlerdir. Bu çalışmada ise döküm durumu Ferritik KGDD malzemenin sürtünme katsayısı, 20 N yük altında 0.5 ile 0.8 arasında, 40 N yük altında 0.4 ile 0.6 arasında ve 60 N yük altında ise 0.5 ile 0.6 arasında değişmektedir (Şekil 7.27). Döküm durumu Perlitik KGDD malzemenin sürtünme katsayısı ise, 20 N yük altında 0.5 ile 0.8 arasında, 40 N yük altında 0.5 ile 0.7 arasında ve 60 N yük altında ise 0.5 ile 0.7 arasında değişmektedir (Şekil 7.28). Daha önce yapılan çalışmalarda uygulanan yüke ve kayma hızına bağlı olarak sürtünme katsayıları, Jeng (108) çalışmasında 0.5 ile 0.8 aralığında, Ping ve arkadaşlarının (123) yaptığı çalışmada 0.4 ile 0.6 aralığında ve Ghaderi ve arkadaşlarının (122) çalışmada ise 0.25 ile 0.35 arasında bulunmuştur.

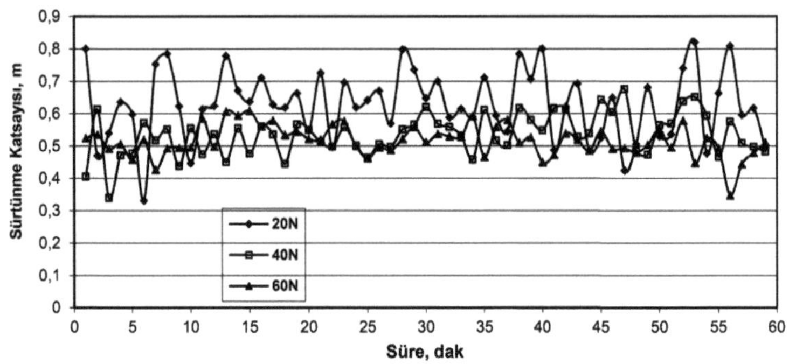

Şekil 7.27. DDF numunesinin uygulanan yük ile zamana karşılık numunenin sürtünme katsayısındaki değişim

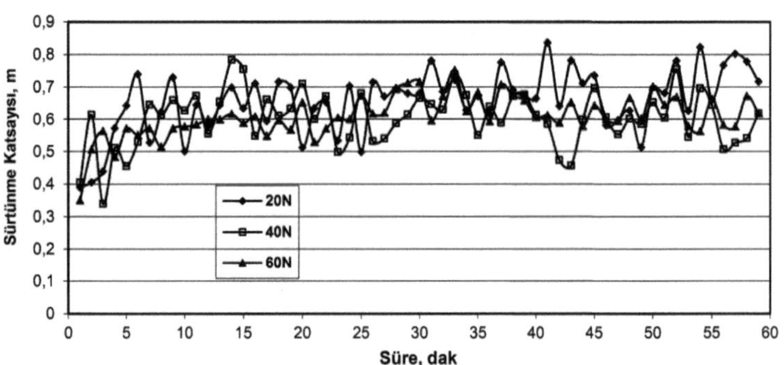

Şekil 7.28. DDP numunesinin uygulanan yük ile zamana karşılık numunenin sürtünme katsayısındaki değişim

Şekil 7.29-31'de ise döküm durumu Ferritik numunelerin 20, 40 ve 60 N yük altında numune sıcaklığı ve sürtünme kuvveti değişimi verilmiştir. Şekil 7.29-31'den görüldüğü gibi deney yükünün artmasıyla hem sürtünme kuvveti hem de numune sıcaklığı artmaktadır. Ancak uygulanan yükün 60 N'a çıkmasıyla numune sıcaklığı 20 ve 40 N uygulanan numunelere oranla daha fazla artmaktadır.

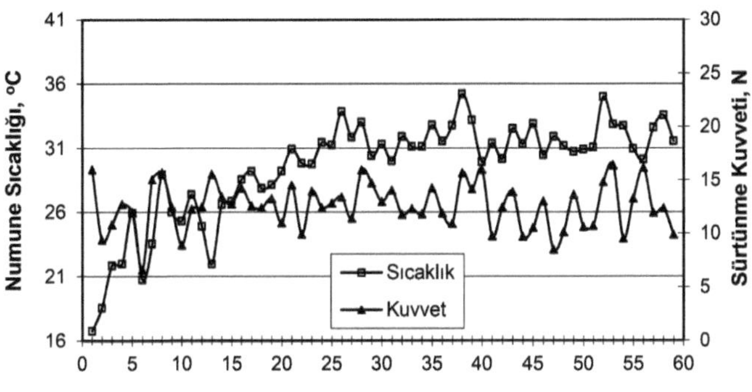

Şekil 7.29. DDF numunesinin 20 N yük altında zamana karşılık numunenin sıcaklık ve sürtünme kuvvetindeki değişim

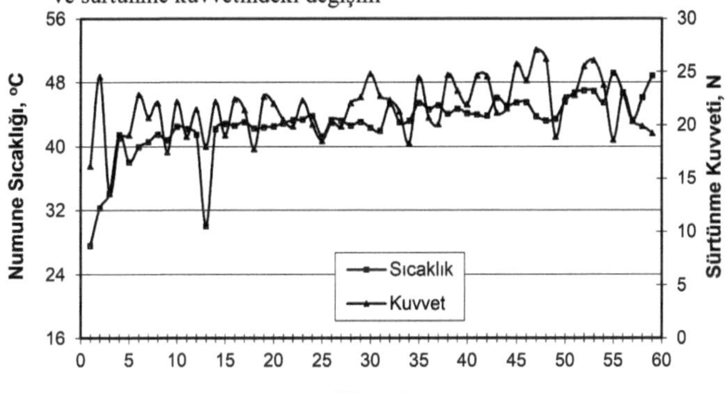

Şekil 7.30. DDF numunesinin 40 N yük altında zamana karşılık numunenin sıcaklık ve sürtünme kuvvetindeki değişim

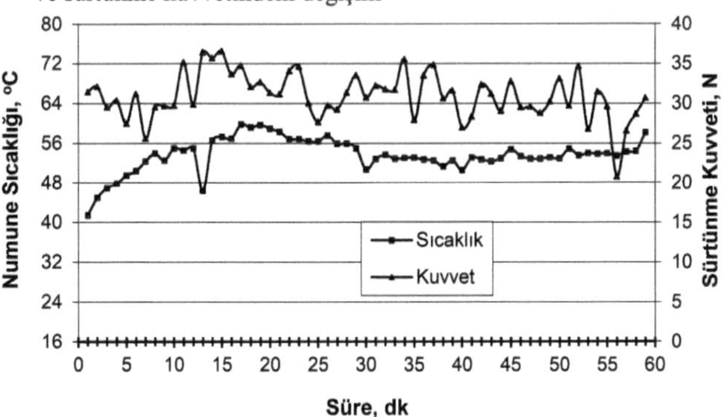

Şekil 7.31. DDF numunesinin 60 N yük altında zamana karşılık numunenin sıcaklık ve sürtünme kuvvetindeki değişim

Şekil 7.32-34'de ise döküm durumu Perlitik numunelerin 20,40 ve 60 N yük altında numune sıcaklığı ve sürtünme kuvveti değişimi verilmiştir. Şekil 32-34'den görüldüğü gibi deney yükünün artmasıyla hem sürtünme kuvveti hem de numune sıcaklığı artmaktadır. Ancak uygulanan yükün 60 N'a çıkmasıyla numune sıcaklığı 20 ve 40 N uygulanan numunelerden daha fazla artmaktadır. Döküm durumu perlitik numunelerde sürtünme kuvveti ve numune sıcaklığı döküm durumu ferritik numunelerden daha yüksektir. Bu durum şöyle açıklanabilir, döküm durumu perlitik numunelerin sertliğinin döküm durumu ferritik numunelerden yüksek olmasına atfedilebilir.

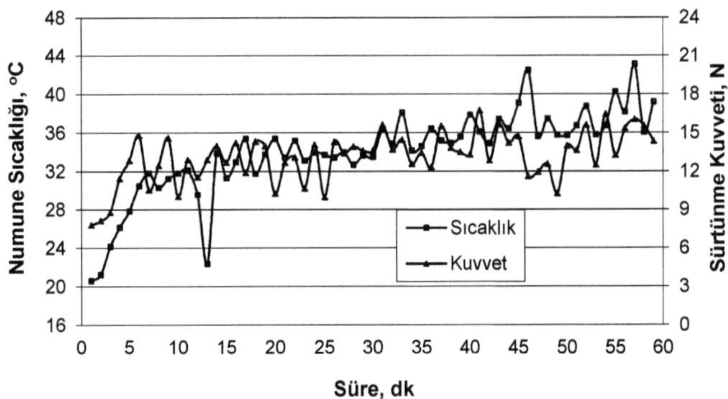

Şekil 7.32. DDP numunesinin 20 N yük altında zamana karşılık numunenin sıcaklık ve sürtünme kuvvetindeki değişim

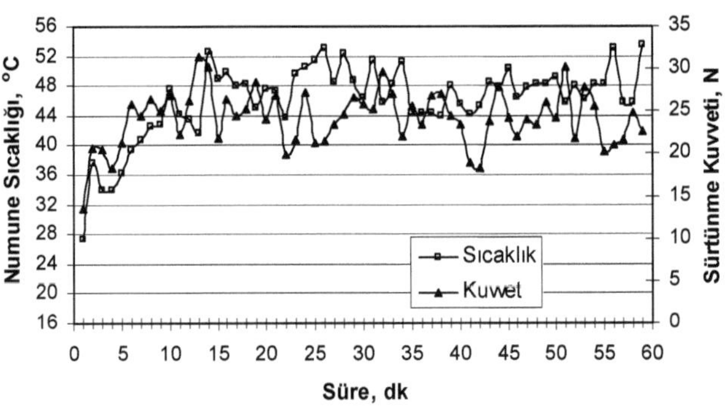

Şekil 7.33. DDP numunesinin 40 N yük altında zamana karşılık numunenin sıcaklık ve sürtünme kuvvetindeki değişim

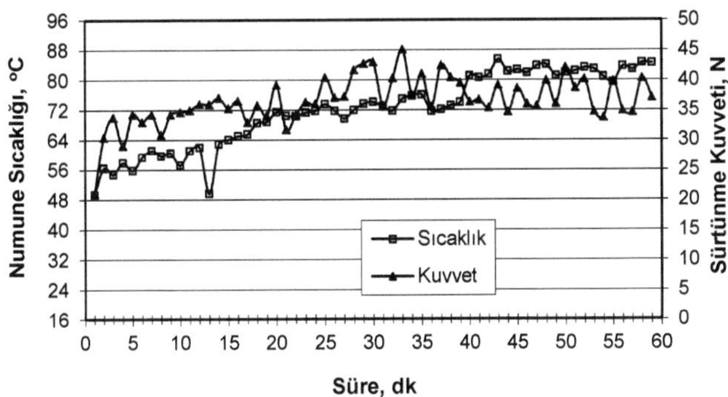

Şekil 7.34. DDP numunesinin 60 N yük altında zamana karşılık numunenin sıcaklık ve sürtünme kuvvetindeki değişim

Sürtünme katsayısı yüksek östemperleme sıcaklıklarında, düşük östemperleme sıcaklıklarına göre daha yüksektir. Bu karakteristik sertliğin azalması ve yüksek karbonlu östenit içeriğinin artmasından kaynaklanmaktadır (108). ÖKGDD malzemenin aşınma direnci yüksek karbonlu östenit içeriği ve matrisin sertliğine bağlı olduğu belirtilmiştir. Jeng (108) yaptığı çalışmada da uygulanan yükün artmasıyla ÖKGDD malzemenin sürtünme katsayısının azaldığı ifade edilmektedir. Ancak yaptığımız çalışmada hem döküm durumu numunelerde hem de östemperleme ısıl işlemi uygulanmış numunelerde uygulanan yükün artmasıyla sürtünme kuvvetinin/sürtünme katsayısının yükseldiği tespit edilmiştir. Şekil 7.35-Şekil 7.37'den görüldüğü gibi PII30/1/60 kodlu numunede deney yükünün 20 N'dan 40 ve 60'N'a yükselmesiyle, sürtünme kuvveti değerleri sırasıyla, 10-15 N, 17-22 N ve 27-37 N aralığında değişmektedir. PII30/1/60 kodlu numunenin sertliği 260 HV dir ve 400°C'de östemperleme yapıldığı için yüksek karbonlu östenit içeriğinin literatürde belirtildiği gibi yüksektir. Numunenin sertlik değeri PII30-90/1-4/60-120 grubu numuneler içerisinde en düşük değerdedir, sertlik anlamında Literatürde (17-23) belirtildiği gibi paralellik göstermektedir. PII30/1/60 kodlu numunede 20 N yük altında numunenin sıcaklığı maksimum 47°C'ye, 40 N yük altında maksimum 110°C'ye ve 60 N yük altında ise 200°C'ye yükselmiş ve 60 N altında deney periyodunun 30 dakikasına kadar numune sıcaklığı içerisinde 100°C civarında olurken deney süresinin artışına bağlı olarak sıcaklıkta artmıştır. Sıcaklığını artışına paralel olarak pim yüzeyi ile disk arasındaki aşınma yüzeyinde oksit oluştuğu deney sırasında tespit edilmiştir. Oksit oluşumundan sonra sürtünme kuvvetin de düşme eğilimi başlamaktadır. Oluşan oksit tabakası bir nevi yağlayıcı gibi davranış sergilemekte sürtünen yüzeylerde metal-metal temasını engellediği düşünülmektedir. Ancak yüzeyde oluşan oksitlerin analizi üzerine yapılan çalışmada birkaç çeşit oksit meydana geldiği ifade edilmekte ve oluşan oksitlerin her birinin de farklı bir sıcaklıkta meydana geldiği belirtilmektedir. Sıcaklık ölçümlerinde temas yüzeyinden 2 mm yükseklikten alınan sıcaklık değerleriyle oksitlerin oluştuğu sıcaklıklar

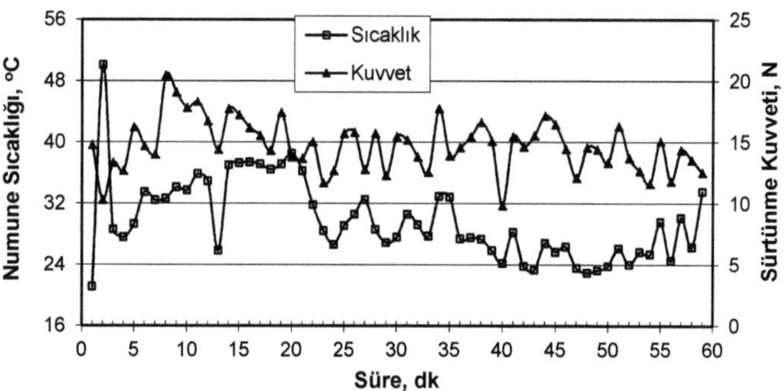

Şekil 7.35. 900°C'de 30 dak östenitlenen ve daha sonra 400°C'de 60 dak östemperlenen perlitik PII30/1/60 numunenin 20 N yük altında deney süresine karşılık numunenin sıcaklık ve sürtünme kuvvetindeki değişim

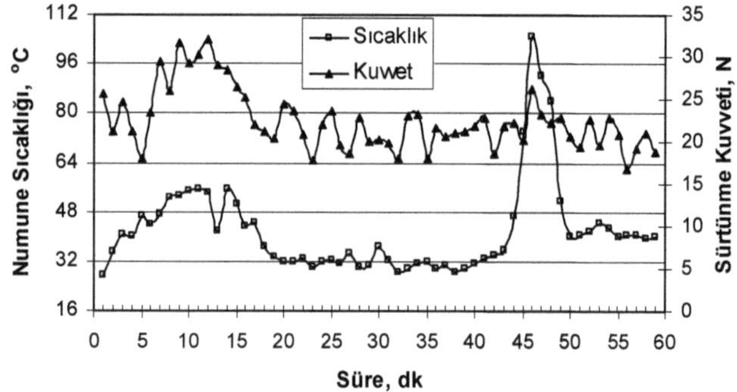

Şekil 7.36. 900°C'de 30 dak östenitlenen ve daha sonra 400°C'de 60 dak östemperlenen perlitik PII30/1/60 numunenin 40 N yük altında deney süresine karşılık numunenin sıcaklık ve sürtünme kuvvetindeki değişim

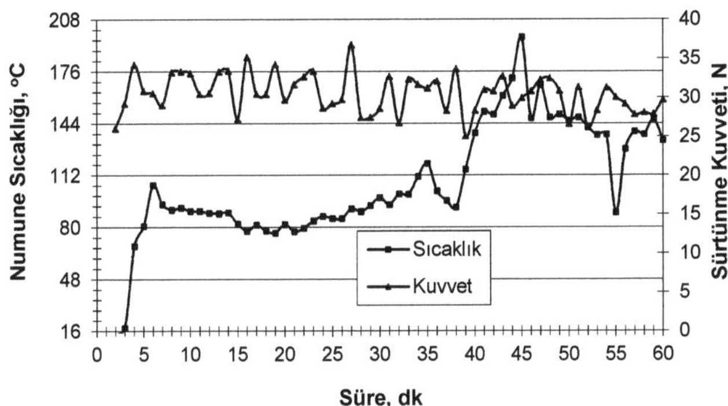

Şekil 7.37. 900°C'de 30 dak östenitlenen ve daha sonra 400°C'de 60 dak östemperlenen perlitik PII30/1/60 numunenin 60 N yük altında deney süresine karşılık numunenin sıcaklık ve sürtünme kuvvetindeki değişim

arasında farklılıklar olduğu görülmektedir. Ancak aşınma deneyi sırasında deneyin takibi aşamasında oksit oluşumu gözle görülmüştür. Oksit oluşana kadarda numunenin sıcaklığının sürekli yükseldiği tespit edilmiştir.

Pin ve arkadaşlarının (123) yaptığı çalışmada, 900°C'de 2 saat östenitleme ve 370°C'de 5 saat östemperleme uyguladıkları döküm durumu ferritik ÖKGDD malzemenin 10.5 N yük altında, 1.15 m/s kayma hızında ve 5 km kayma mesafesinde gerçekleştirdikleri aşınma deneylerinde sürtünme katsayısında dalgalanma olduğunu tespit etmişlerdir. Bu karakteristiği, deney sırasında oluşan deformasyon ve adhesif birleşmenin/bağın dayanımı nedeniyle sürtünme katsayısının yüksek değerlere ulaştığını, ayrıca oluşan bağın kırılmasıylada düşük değerlere ulaşması şeklinde açıklamışlardır.

Ayrıca dökme demir bünyesinde bulunan grafitlerin aşınma yüzeyi üzerinde grafit filmi oluşturduğunu bu nedenle kaymanın düzenli şekilde devam etmediğini, ancak grafitlerin kayma yüzeyinde film oluşturmasının adhesif temasın veya adhesif bağın engellenmesinde etkili olmadığını, fakat oluşan bağın minimum düzeyde oluşmasını sağladığını açıklamışlardır. ÖKGDD malzemenin sürtünme katsayısındaki değişimin diğer deney süreci içerisinde benzer şekilde davranış sergilediğini ifade etmişlerdir.

Östemperlenmiş dökme demirlerin aşınma yüzeyi üzerinde oksit oluşturma hızı düşüktür, sıcaklığın yükselmesiyle oksit oluşturma eğilimi perlitik fazda ferrit veya östenit fazlara göre daha yüksektir (122).

Numunelerde yaklaşık olarak sürtünme kuvvetleri birbirlerine yakındır. Bu durum ÖKGDD bünyesinde mevcut olan küresel grafitin yüzeyi besleme hızı ile ilgili olduğu düşünülmektedir. Her numuneye farklı şartlarda östemperleme ısıl işlemi uygulanmasıyla farklı sertlikler elde edilmesi ve mikroyapı morfolojisinin farklı olması, bunun yanında her numunede küresel grafit yüzeyi besleme hızı numunenin sertlik ve mikroyapı karakteristiğine göre değişebilir, ancak temas yükü ve test edilen hızda aşınma yüzeyinde minimum miktarda grafitin kirlilik oluşturması, sürtünme kuvvetlerinin birbirlerine yakın olmasının nedeni olarak düşünülmektedir. Sıcaklığının artmasıyla numune sürtünme kuvvetlerinin düştüğü tespit edilmiştir. Bu durumda aşınma yüzeyi üzerinde oksit oluşumuyla ve yüzeyi grafitin daha fazla beslemesine atfedilebilir.

7.6. Sertlik Deney Sonuçları ile Aşınma Deney Sonuçlarının İlişkilendirilmesi

ÖKGDD malzemelerin sertlikleri östenitleme sıcaklığı ve süresi, östemperleme sıcaklığı ve süresine göre değişiklikler göstermektedir. 850 ve 900°C'de artan östenitleme süresi ile ve azalan östemperleme sıcaklığı genellikle ferritik ve perlitik numunelerin sertlikleri artmıştır. Bununla birlikte, aşınma deneylerinin sonuçları incelendiğinde ise azalan östemperleme sıcaklığı ve 850 ve 900°C'de artan östenitleme süresi ile her iki grup numunelerin aşınma kaybı azalmaktadır. Östenitleme süresinin artması ile birlikte 370 ve 400°C'de östemperlenen her iki grup numunenin sertliklerinde düşüş olurken aşınma kaybı uygulanan deney yükünün artışana bağlı olarak artmıştır. Ancak 900°C'de östenitlenen döküm durumu ferritik numunelerin sertlikleri, tüm östemperleme sıcaklıklarında (250, 320, 370 ve 400°C) östenitleme süresinin artışana bağlı olarak artış gösterirken aynı zamanda aşınma kayıplarıda azalmıştır. Benzer eğilim döküm durumu perlitik numunelerde de gözlenmiştir. Aynı zamanda uygulanan deney yükünün artışına bağlı olarak aşınma kaybı azalmıştır. Deney yükünün artışına bağlı olarak aşınma kaybının azalması numunenin hem başlangıç sertliğinin yüksek olması hemde aşınma deneyi sırasında γ_{yk}'in gerinim nedeniyle martensite dönüşmesiyle aşınma yüzey sertliğinin arttırması ile ilişkilidir. 850 ve 900°C'de östenitlemeden sonra 250 ve 320°C'de östemperlenen her iki grup numunede de östenitleme süresinin 30 dakikadan 60 ve 90 dak çıkarılmasıyla numunelerin sertlikleri artmıştır, sertlik artışı ve aşınma deneyi sırasında γ_{yk}'in gerinim nedeniyle martensite dönüşmesi numunelerin aşınma yüzey sertliklerini artırmakta, her iki parametreye bağlı olarak numunelerin aşınma kayıplarıda azalmaktadır. Ayrıca bu davranış aşınma deneyi sırasında yüzeyde oluşan oksit oluşumu ile de ilişkilendirilebilir.

Yüksek östemperleme sıcaklıklarında (370 ve 400°C) aşınma kaybının azalması, numunelerin sertliklerinin düşük olmasına rağmen östenitleme sıcaklığı ve süresinin artışana bağlı olarak numunelerin mikroyapılarında meydana gelen kabalaşmayla ilişkilendirilebilir. Bunun yanında düşük sertliğe sahip numunelerin aşınma deneylerinde yüzeyde daha fazla oksit oluştuğu gözlenmiştir. Bilindiği gibi yüzeyde oluşan oksit katı yağlayıcı görevi üstlenmekte dolayısıyla metal-metal temasını önlemektedir.

8. SONUÇLAR VE ÖNERİLER

850°C ve 900°C'de 30, 60 ve 90 dakika östenitlenen ve daha sonra 250°C, 320°C, 370°C ve 400°C'de 60 ve 120 dakika östemperleme işlemi yapılan döküm durumu ferritik ve döküm durumu perlitik KGDD malzemelerin mikroyapı incelemeleri, sertlik deneyleri, metal-metal aşınma deneylerinden aşağıdaki sonuçlar çıkarılmıştır:

1. 850°C'de 30 dakika östenitlenen ve daha sonra 400°C, 370°C, 320°C ve 250°C'de 60 ve 120 dakika östemperlenen döküm durumu ferritik numunelerin mikroyapılarında östenitleme sırasında grafit kürelerinin etrafında kısmen ferrit östenite dönüşmeden kalmıştır. Aynı sıcaklıkta östenitleme süresinin 30 dakikadan 60 ve 90 dakikaya çıkmasıyla yapı tamamen östenite dönüşmüş, ayrıca sürenin artışına bağlı olarak yapının kabalaştığı tespit edilmiştir.

2. 850°C'de 30, 60 ve 90 dakika östenitlemeden sonra 400 ve 370°C'de 60 dakika östemperleme işlemi yapılan döküm durumu ferritik numunelerde östemperleme aşamasında mikroyapı da kabalaşma olmazken, aynı sıcaklıklarda 120 dakika östemperleme uygulandığında ise sürenin artışına bağlı olarak mikroyapı da kabalaşma meydana gelmiştir. 850°C'de 30, 60 ve 90 dakika östenitlemeden sonra 320 ve 250°C'de 60 ve 120 dakika östemperleme işlemi yapılan döküm durumu ferritik numunelerin mikroyapıları oldukça incedir, oluşan ösferrit bileşenlerin yapı içerisinde düzenli olarak dağıldığı görülmüştür.

3. 900°C'de 30 dakika östenitlenen ve daha sonra 400°C, 370°C, 320°C ve 250°C'de 60 ve 120 dakika östemperlenen döküm durumu ferritik numunelerin mikroyapılarının östenitleme sıcaklığının 850°C'den 900°C'ye yükselmesiyle östenitleme sırasında yapının tamamen östenite dönüştüğü, belirtilen östemperleme sıcaklıklarında 60 dakika östemperleme işlemi uygulandığında mikroyapının düzenli olduğu, östemperleme süresinin 120 dakikaya çıkarıldığında ise yüksek sıcaklıklarda mikroyapıda kabalaşmanın meydana geldiği ve ayrıca blok halinde östenit bölgelerinin oluştuğu tespit edilmiştir.

4. 850°C'de 30 dakika östenitlenen ve daha sonra 400°C, 370°C, 320°C ve 250°C'de 60 ve 120 dakika östemperlenen döküm durumu perlitik numunelerin mikroyapılarının östenitleme sırasında tamamen östenite dönüşmüştür. Aynı sıcaklıkta östenitleme süresinin 30 dakikadan 60 ve 90 dakikaya çıkmasıyla yapının kabalaştığı tespit edilmiştir. Östemperleme aşamasında ise yüksek sıcaklıklarda özellikle 120 dakika östemperlenen numunelerde kabalaşma meydana gelmiştir.

5. 900°C'de 30 dakika östenitlenen ve daha sonra 400°C, 370°C, 320°C ve 250°C'de 60 ve 120 dakika östemperlenen döküm durumu perlitik numunelerin mikroyapılarının östenitleme sıcaklığının 850°C'den 900°C'ye yükselmesiyle ve östenitleme süresinin 60 ve 90 dakikaya çıkmasıyla yapının kabalaştığı görülmüştür. Belirtilen östemperleme sıcaklıklarında 60 dakika östemperleme işlemini uygulandığında mikroyapının düzenli olduğu, östemperleme süresinin 120 dakikaya çıkarıldığında ise yüksek sıcaklıklarda mikroyapıda kabalaşmanın meydana geldiği blok halinde östenit bölgelerinin oluştuğu tespit edilmiştir. Düşük östemperleme sıcaklıklarında ise mikroyapı ince ferrit iğneleri ve yüksek karbonlu östenitin den oluştuğu gözlenmiştir.

6. 850 ve 900°C'de östenitlemeden sonra 370 ve 400°C'de östemperleme işlemi yapılan döküm durumu ferritik ve perlitik numunelerde östenitleme süresinin artışına bağlı olarak sertliğin arttığı görülmüştür. Aynı sıcaklıklarda östenitlemeden sonra 320 ve 250°C'de östemperleme işlemi yapıldığında ise her iki grup numunelerin sertlikleri, döküm durumu sertliklerine göre % 250 arttığı tespit edilmiştir.

7. Metal-metal aşınma deneylerinde, 850 ve 900°C'de östenitleme ve 250, 320, 370 ve 400°C'de östemperleme yapılan her iki ÖKGDD numunelerde östenitleme süresinin artışına bağlı olarak uygulanan tüm yüklerde aşınma kaybı azalmıştır.

8. Östemperleme sıcaklığının 250 ve 320°C'ye düşmesiyle her iki grup ÖKGDD numunelerin aşınma kayıpları azalmıştır. 370 ve 400°C'de östemperlenen numunelerin daha fazla aşındığı tespit edilmiştir.

9. Kuru kayma şartları altında döküm durumu KGDD'lerde aşınma temel olarak, yüzey adhesyonu ve plastik deformasyon şeklinde oluştuğu aşınma yüzeylerinin SEM incelemelerinden tespit edilmiştir.

10. ÖKGDD numunelerde aşınma yüzeylerinin kenarında porozite ve boşlukların bulunması mevcut çalışmada baskın aşınma mekanizmasının delaminasyon ve oksidadif aşınma şeklinde oluştuğu aşınma yüzeylerinin SEM incelemelerinden tespit edilmiştir.

11. Döküm durumu ferritik KGDD malzemenin sürtünme katsayısı, 20 N yük altında 0.5 ile 0.8 arasında, 40 N yük altında 0.4 ile 0.6 arasında ve 60 N yük altında ise 0.5 ile 0.6 arasında değişmektedir. Döküm durumu perlitik KGDD malzemenin sürtünme katsayısı ise, 20 N yük altında 0.5 ile 0.8 arasında, 40 N yük altında 0.5 ile 0.7 arasında ve 60 N yük altında ise 0.5 ile 0.7 arasında değiştiği tespit edilmiştir.

12. ÖKGDD numunelerin sürtünme katsayısı, yüksek östemperleme sıcaklıklarında, düşük östemperleme sıcaklıklarına göre daha yüksek olduğu tespit edilmiştir.

13. Metal-metal aşınma deneylerinde, ÖKGDD numunelerin yüzey sıcaklığının artmasıyla numunelerin sürtünme kuvvetlerinin düştüğü tespit edilmiştir.

14. Metal-metal aşınma deneylerinde östenitleme süresinin artması ile birlikte 370 ve 400°C'de östemperlenen her iki grup numunenin sertliklerinde düşüş olurken aşınma kaybı uygulanan deney yükünün artışana bağlı olarak artmıştır. Ancak 900°C'de östenitlenen döküm durumu ferritik numunelerin sertlikleri, tüm östemperleme sıcaklıklarında (250, 320, 370 ve 400°C) östenitleme süresinin

artışana bağlı olarak artış gösterirken aynı zamanda aşınma kayıplarıda azalmıştır. Benzer eğilim döküm durumu perlitik numunelerde de gözlenmiştir

Öneriler

1- Östemperlemenin ikinci aşamasında oluşan yüksek karbonlu östenitten karbür çökelmesi, TEM çalışmaları ile karakterize edilebilir.

2- Özellikle 850°C'de 30 dak östenitlenen ferritik numunelerde mikroyapı da dönüşmeden kalan ferrit ile östemperleme aşamasında oluşan ferritin ÖKGDD malzemenin mekanik özelliklerine etkisi araştırılmalıdır.

3- Östenitleme sıcaklığı ve süresinin KGDD'nin darbe ve yorulma özelliklerine etkisi incelenebilir.

4- ÖKGDD malzemenin aşınma ve mekanik özelliklerini daha da iyileştirmek amacıyla kademeli östemperleme (stepped austempering) ısıl işlemi yapılabilir.

5- Alaşımsız ve Cu ilave edilmiş KGDD kullanılarak yapılan bu çalışma düşük miktarlarda çoklu alaşım ilavesi kullanılarak alaşım elementlerinin mekanik özelliklere ve aşınma karakteristiğine etkileri araştırılabilir.

6- Aşınma deneyi sırasında numune yüzeyinde oluşan sıcaklığın kararlı olduğu bir aralıktaki değerlerin ortalaması alınarak UNSIS paket programı kullanılarak yaklaşık sıcaklık belirlenebilir.

KAYNAKLAR

1. Trudel, A. and Gagne, M., "Effect of composition anh heat treatment parameters on the characteristics of austempered ductile irons", ***Canadian metallurgical Quarterly***, 36, 901-907 (1997).

2. Putatunda, S.K., "Development of austempered ductile cast iron(ADI) with simultaneous high yield strength and fracture toughness by a novel two-step austempering process", ***Materials Science and Engineering A***, 315,70-80 (2001).

3. Rao, P., Putatunda, S.K., "Comparative study of fracture toughness of austempered ductile irons with upper and lower ausferrite microstructures", ***Materials Science and Technology***, 14,1257-1265 (1998).

4. Rao, P., Putatunda, S.K., "Dependence of fracture toughness of austempered on austempering temperature", ***Metallurgical and Materials Transactions A***, 29A, 3005-3016 (1998).

5. Kovacs, B.V., "On the terminology and structure of ADI", ***AFS Transactions***, 94-83, 417-420 (1994).

6. Korichi, S., Priestner, R., "High temperature decomposition of austempered microstructures in spheroidal graphite cast iron", ***Materials Science and Technology***, 11, 901-907 (1995).

7. Sindjanin, L., Smallman ,R.E., and Boutorabi, S.M., "Microstructure and fructure of aluminium austempered ductile iron investigated using electron microscopy", ***Materials Science and Technology***, 10,711-720 (1994).

8. Sindjanin, L., and Smallman,R.E., "Metallography of bainitic transformation in austempered ductile iron", ***Materials Science and Technology***, 8, 1095 (1992).

9. Kovacs, B., "Heat treating of austempered ductile iron", ***AFS Transactions***, 91-75 , 281-286 (1991).

10. Rouns,T.N.,Rundman, T.N., Moore, K.B., "On the structure and properties of austempered ductile cast iron", ***AFS Transactions***, 84-121, 815-840 (1984).

11. Rouns,T.N and Rundman,K.B., "Constitution of austempered ductile iron and kinetics of austempering", ***AFS Transactions***, 87-116, 851-874 (1987).

12. Rundman, K.B., Klug, R.C., "An X-ray and metallographic study of an austempered ductile cast iron", ***AFS Transactions***, 82-115, 499–508 (1982).

13. Grech, M., Young,J.M., Effect of austenitising temperature on tensile properties of Cu-Ni austempered ductile iron, ***Materials Science and Technology***, 6, 415-421 (1990).

14. Johansson, M., "Austenitic-Bainitic ductile iron", ***AFS Transactions***, 77-73, 117-122 (1977).

15. Janowak, J.F., Gundlach, R.B., "Development of a ductile ron for commercial austempering", ***AFS Transactions***, 83-54, 377-388 (1983).

16. Glover, W.D., Wright, R.L., Carter, S.F., "Effect of trace elements and composition variables on the annealing time of ductile iron", ***AFS Transactions***, 84-130, 841-859 (1984).

17. Shah, S.M.,Verhoeven, J.D., "Erosion behavior of high silicon bainitic structures I: Austempered ductile cast iron", ***Wear*** ,113, 267–278 (1986).

18. Schmidt, I., Schuchert, A., Z., "Unlubricated sliding wear of austempered ductile iron", ***Metallkde,*** 78, 871–875 (1987).

19. Lerner, Y.S., "Wear resistance of austempered ductile iron", ***Foundry Management & Technology***, 74-80 (1999).

20. Baydoğan, M., Çimenoğlu, H., "The effect of austempering time on mechanical properties of a ductile irons", ***Scandinavian Journal of Metallurgy***, 30, 391-395 (2001).

21. Shanmugam, P., Rao, P.P., Udupa, K.R., Venkatraman, N., "Effect of microstructure on fatigue strenght of an austempered ductile iron", ***Journal of. Materials Science***, 29, 4933–4940 (1994).

22. Bartosiewicz, L., Krause, A.R., Kovacs, B., Putatunda, S.K., "Fatigue crack growth behavior of austempered ductile cast iron", ***AFS Transactions***, 92(135), 135–143 (1992).

23. Darwish, N., Elliott, R., "Austempering of low manganese ductile irons, Part 1: Processing window", ***Materials Science and Technology***, 9, 572-585 (1993).

24. Darwish, N., and Elliot, R., "Austempering of low manganese ductile irons, Part II: Influence of austenitising temperature", ***Materials Science and Technology***, 9, 586-602 (1993).

25. Darwish, N., and Elliot, R., "Austempering of low manganese ductile irons, Part 3: Variotion of mechanical properties with heat treatment conditions", ***Materials Science and Technology***, 9, 882-889 (1993).

26. Bahmani,M., and Elliot, R., "Effect of pearlite formation on mechanical properties of austempered ductile iron", ***Materials Science and Technology***, 10, 1068-1072 (1994).

27. Bahmani, M., and Elliot, R., "Isothermal transformation diagrams for alloyed ductile cast iron", ***Materials Science and Technology***, 10,1050-1056 (1994).

28. Hamid Ali, A.S., and Elliot, R., "Austempering of an Mn-Mo-Cu alloyed ductile iron, Part 2: Structure-mechanical property relationships", ***Materials Science and Technology***, 12,780-787 (1996).

29. Hamid Ali, A.S., and Elliot, R., "Austempering of an Mn-Mo-Cu alloyed ductile iron, Part 1: Austempering kinetics and processing window", ***Materials Science and Technology***, 12,1021-1031 (1996).

30. Hamid Ali, A.S., and Elliot, R., "Influence of austenitising temperature on austempering of an Mn-Mo-Cu alloyed ductile iron, Part 2: Mechanical properties", ***Materials Science and Technology***, 13, 24-30 (1997).

31. Nazarboıland, A., and Elliott, R., "Influence of heat treatment parameters on stepped austempering of 0.37 % Mn-Mo-Cu ductile iron", ***Materials Science and Technology***, 13, 223-232 (1997).

32. Kazerooni, R., Nazarboıland, A., and Elliott, R., "Use of austenitising temperature in control of austempering of an Mn-Mo-Cu alloyed ductile iron", ***Materials Science and Technology***,13,1007-1015 (1997).

33. Bayati, H., and Elliott, R., "Stepped austempering heat treatment of a 0.67 % Mn-Mo-Cu ductile iron", ***Materials Science and Technology***, 13,117-124 (1997).

34. Yazdani, S., and Elliott, R., "Influence of molybdenum on austempering behaviour of ductile iron Part 1: Austempering kinetics and mechanical properties of ductile iron containing 0.13 % Mo", ***Materials Science and Technology***, 15,531-540 (1999).

35. Yazdani, S., and Elliott, R., "Influence of molybdenum on austempering behaviour of ductile iron Part 2: Influence of austenitising temperature on austempering kinetics, mechanical properties and hardenability of ductile iron containing 0.13 % Mo", ***Materials Science and Technology***,15, 541-546 (1999).

36. Yazdani, S., and Elliott, R., "Influence of molybdenum on austempering behaviour of ductile iron Part 3: Austempering kinetics, mechanical properties and hardenability of ductile iron containing 0.25% Mo, ***Materials Science and Technology***,15, 885-895 (1999).

37. Yazdani, S., and Elliott, R., "Influence of molybdenum on austempering behaviour of ductile iron Part 4: Austempering behaviour of ductile iron containing 0.45 % Mo", ***Materials Science and Technology***,15, 896-902 (1999).

38. Morrogh, H., "Production of nodular graphite structures in gray cast irons", ***AFS Transactions***, 56, 72-90 (1948).

39. Walton, C.F., "Ductile iron: Gray and ductile iron castins handbook", ***Gray and Ductile Iron Foundry's s Society Inc.***, Cleveland, 238-271 (1971).

40. Çetin, M., "Karabük pikinden küresek grafitli dökme demir üretiminde etkili parametreler", ***Y.Lisans Tezi***, Gazi Üniversitesi Fen Bilimleri Enstitüsü,Ocak (1998).

41. Goodrich, G.M., "Metallurgy of cast irons", ***Iron castings engineering handbook, AFS***, Prited in the United States of America, 47-61 (2003).

42. Goodrich, G.M., "Mechanical properties of ductile iron", ***Iron Castings Engineering Handbook***, **AFS**, Prited in the United States of America, 147-169 (2003).

43. Karsay,S.I., Ductile iron, production pratices, ***American Foundrymen's Society,Inc***, USA, 24-77 (1985).

44. Elliot, R.,"Cast ıron technology", ***Butterworth&Co.Ltd.***, London, 90-155 (1988).

45. Walton, C.F., "Metallurgy of cast iron", Iron Castings Handbook, ***Iron Castings Society Inc.***, 121-151 (1981).

46. Walton, C.F., "Mechanical properties of ductile iron", Iron castings Handbook, ***Iron Castings Society Inc.***, 323-376 (1981).

47. Walton, C.F., "Heat treatment of iron castings", Iron castings handbook, ***Iron Castings Society Inc.***, 533-596 (1981).

48. Spray, K.E., "Heat treating of ductile iron", ***Metals Handbook***, Heat Treating, 4th , Ninth Editions, ASM , Ohio, 545-558 (1981).

49. Jenkins, L.R., Forrest, A.R.D., "Ductile iron", Editors: ASM International Handbook Commmittee, ***Metals Handbook***, volume 1,Tenth Editions,Ohio, ASTM İnternational, 33-55 (1993).

50. Hughes, I.C.H., "Ductile iron", Editors: ASM Handbook Commmittee, Casting,15th, ***ASM Metals Handbook***, Ohio, 647-666 (1992).

51. Ahmadabadi M.N., Ghasemi, H.M., and Osia, M., "Effect of successive austempering on the tribological behavior of ductile cast iron", ***Wear***, 231,293-300 (1999).

52. Mehl, R.M., "Atlas of microstructures of industrial alloy", ***Metals Handbook***, 8th, vol 7, ASM, Ohio, 82-100 (1972).

53. Harding, R.A., Gilbert, G.N.J., "Why the properties of austempered ductile irons should interest engineers", ***The British Foundryman***, 79, 489-496 (1986).

54. Sharma,V.K., A.R., "Roller contact fatigue study of austempered ducile iron", ***Journal Heat Treating***, 3(4) 326-334 (1984).

55. Bahmani, M., Elliott, R.,Varahram, N., "The relationship between fatigue strength and microstructure in an austempered Cu–Ni–Mn–Mo alloyed ductile iron", ***Journal of Materials Science***, 32, 5383-5388 (1997).

56. Greno, G.L. Otegui, J.L., Boeri, R.E. "Mechanisms of fatigue crack growth in austempered ductile iron", ***International Journal of Fatigue***, 21, 35-43 (1999).

57. Dommarco, R.C., Salvande, J.D., "Contact fatigue resistance of austempered and partially chilled ductile irons", ***Wear***, 254, 230–236 (2003).

58. Putatunda, S.K., Gadicherla, P.K., "Influence of austenitizing temperature on fracture toughness of a low manganese austempered ductile iron (ADI) with ferritic as-cast structure", ***Materials Science and Engineering A,*** 268, 15–31 (1999).

59. Rao, P., Putatunda, S.K., "Investigations on the fracture toughness of austempered ductile irons austenitized at different temperatures", ***Materials Science and Engineering A***, 349, 136-149 (2003).

60. Rao, P., Putatunda, S.K., "Investigations on the fracture toughness of austempered ductile iron alloyed with chromium", ***Materials Science and Engineering A***, 346, 254-265 (2003).

61. Yang, J., Putatunda, S. K., "Improvement in strength and toughness of austempered ductile cast iron by a novel two-step austempering process", ***Materials and Design***, 25, 219–230 (2004).

62. Aranzabal, J., Gutierrez, I., Urcola, J.J., "Influence of heat treatments on microstructure austempered ductile iron", ***Materials Science and Technology*** , 10, 728-737 (1994).

63. Mallia, J., Grech, M., "Effect of silicon content on impact properties of austempered ductile iron", ***Materials Science and Technology*** , 13, 408-414 (1997).

64. Voigt R.C., "Microstructural analysis of austempered ductile cast iron using the scanning electron microscope", ***AFS Transactions***,83-89,253-262 (1983).

65. Chang, L.C., "Carbon content of austenıte ın austempered ductıle ıron", ***Scripta Materialia***, 39 (1) 35–38 (1998).

66. Garin, J.L., Mannheim, R.L., "Strain-induced martensite in ADI alloys", ***Journal of Materials Processing Technology***, 1-5 (2003).

67. Chang, L.C., "An analysis of retained austenite in austempered ductile iron", ***Metallurgical and Materials Transactions A***, 34A, 2, 211-217 (2003).

68. Campos-Cambranis, R.E. Hernandez, L.N. Cisnerus-Guerrero, M.M., and Perez-Lopez, M.J. "Effect of initial microstructure on the activation energy of second stage during austempering of ductile iron", ***Scripta Materialia***, 38(8),1281-1287 (1998).

69. Moore, D.J., Rouns, T.N and Rundman, K.B., "The effect of heat treatment, mechanical deformation and alloying element additions on the rate of bainite formation in austempered ductile irons", ***J.Heat Treating***, 4(1),7-24 (1985).

70. Moore, D.J., Rouns, T.N and Rundman, K.B, "Effect of manganese on structure and properties of austempered ductile iron: A processing window concept", ***AFS Transactions***, 86-48, 255-264 (1986).

71. Wen, D., C., and Lei, T.,S., The mechanical properties of a low alloyed austempered ductile iron in the upper ausferrite region, ***ISIJ International***, 39 (5), 493-500 (1999).

72. Bosnjak, B., Radulovic, B., Tonev, K.P., Asanovic, V., "Microstructural and mechanical characteristics of low alloyed Ni-Mo-Cu austempered ductile iron", ***ISIJ International***, 40(12),1246-1252 (2000).

73. Krishnaraj, D., Narasimhan, H.N.L., Seshan, S., "Structure and properties of ADI as affected by low alloy addditions", ***AFS Transactions***, 92-100,105-112 (1992).

74. Yan, M., Zhu, W.Z., "Morphology of bainitic platelets of austempered ductile iron and their effects on mechanical properties", ***Journal of Materials Science Letters***, 15(12), 1044-1047 (1996).

75. Zhao, W., Wang, G., "The control of the chemical composition, microstructure and mechanical properties of beinite ductile iron for liner plates", ***Journal of Materials Processing Technology***, 95, 27-29 (1999).

76. Voigt, R.C., "Microstructural analysis of austempered ductile cast iron using the scanning electron microscope", ***AFS Transactions***, 83-89, 253-262 (1983).

77. Massone, J.M., Boeri, R.E., Sikora, J.A., "Decomposition of high-carbon austenite in ADI", ***AFS Transactions***, 96-148,133-137 (1996).

78. Hayrynen, K.L., Moore, D.J., Rundman, K.B., "Tensile properties and microstructure of a clean austempered ductile iron", ***AFS Transactions***, 90-127, 471–476 (1990).

79. Gutierrez,I., Aranzabal, J., Castro, F., Urcola, J.J., "Homogenneous formation of epsilon carbides within the austenite during the isothermal transformation of ductile iron at 410°C", ***Metallurgical and Materials Transactions A***, 26A, 1045-1060 (1995).

80. Grech, M., Young, J.M., "Influence of austempering temperature on the characteristics of austempered ductile iron alloyed with Cu and Ni", ***AFS Transactions***, 90-160, 345-352 (1990).

81. Janowak, J., "ADI: Beyond the metallurgical mystique", ***Modern Casting***, 34-36 (1985).

82. Luo, Q., Xie, J., and Song, Y., "Effects of microtructures on the abrasive wear behavior of spheroidal cast iron", ***Wear***, 184,1-10 (1995).

83. Tan, Y-H., Yu, S-I., Doong, J-L., Hwang, J-R., "Abrasive wear property of bainitic nodular cast iron in laser processing" , ***Journal of Materials Science***, 25, 4133-4139 (1993).

84. Kovacs, Sr., B.V., "Austempered ductile iron: Fact and fiction", ***Modern Casting***, 38-41 (1990).

85. Zimba, J., Simbi, D.J., Navara, E., "Austempered ductile iron: an alternative material for earth moving component", ***Cement & Concrete Composites***, 25, 643-649 (2003).

86. Waanders, F.B., Vorster, S.W., and Vorster, M.J., "Some mechanical properties of austempered ductile iron", ***Hyperfine Interactions***,112(1),143-146 (1998).

87. Hayrynen, K.L., Loftus, S.M., May, R.L., Moore, D.J., Rundman, K.B., "Microstructural study of ausformed-austempered ductile iron", ***AFS Transactions***, 95-51,157-163 (1995).

88. Hayrynen, K.L., Brandenberg, K.R., Keough, J.R., "Applications of Austempered cast irons", ***AFS Transactions***, 02-084,1-10 (2002).

89. Hayrynen, K.L., "ADI: Another avenue for ductile iron foundries", ***Modern Casting***, 35-37 (1995).

90. Hamid Ali A.S., Uzlov, K.I., Darwish, N., and Elliot, R., "Austempering of low manganese ductile irons Part 4:Relationship between mechanical properties and microstructure", ***Materials Science and Technology***,10, 35–40 (1994).

91. Bayati, H., and Elliott, R., "Role of austenite in promoting ductility in an austempered ductile iron", ***Materials Science and Technology***,13, 319-326 (1997).

92. Bahmani, M., Elliott, R., Varahramt, N., "Austempered ductile iron: a competitive alternative for forged induction-hardened steel crankshafts", ***Int.J.Cast Metals Res.,*** 9, 249-257 (1997).

93. Franetovic,V., Shea, M.M., Ryntz, E.F., "Transmission electron microscopy study of austempered nodular iron: Influemce of silicon content, austenitizing time and austempering temperature", ***Materials Science and EngineeringA***, 96, 231-245 (1987).

94. Eric,O., Sidjanin, L., Miskovic, Z., Zec, S., Javonovic, M.T., "Microstructure and toughness of CuNiMo austempered ductile iron", ***Materials Letter***, 58,2707-2711 (2004).

95. Monchoux, J.P.,Verdu, C., Thollet, G., Fougeres, R., Renaud, A., "Morphological changes of graphite spheroids during heat treatment of ductile cast irons", ***Acta Materialia***, 49,4355-4362 (2001).

96. Ahmadabadi, M.N., Parsa, M.H., "Austenitisation kinetics of unalloyed and alloyed ductile iron", ***Materials Science and Technology***,17(2),162-167 (2001).

97. Ahmadabadi, M.N., Farjami, S., "Transformation kinetics of unalloyed and high Mn austempered ductile iron", ***Materials Science and Technology***,19(5),645-649 (2003).

98. Ahmadabadi, M.N., Niyame, E., Ohide, T., "Structural control of 1 % Mn ADI aided by modelling of microsegregation", ***AFS Transactions***, 94-59,269-278 (1994).

99. Ahmadabadi, M.N., Khazai, B.A., Bahmani, M., "Effect of austempering variables on the mechanical properties of Ni-Mn-Cu", ***AFS Transactions***, 97-74 ,501-505 (1997).

100. Owhadi, A., Hedjazi, J., Davami, P., Fazlı, M., Shabestari, J.M., "Migrosegregation of manganese and silicon in high manganese ductile iron", ***Materials Science and Technology***,13, 813-817 (1997).

101. Gregorutti, R.W., Sarutti, J.L., Sikora, J., "Microstructural stability of austempered ductile iron after sub-zero cooling", ***Materials Science and Technology***, 19,831-835 (2003).

102. Zahiri, S.H., Davies, H.J., Pereloma, E.V., "Simultaneous prediction of austemperability and processing widows for austempered ductile iron", ***Materials Science and Technology***, 19,1761-1770 (2003).

103. Cox, G.J., Eng, C., "The effect of austempering time on the properties of high-strength S.G. iron", ***The British Foundryman***, 79,215–219 (1986).

104. Guo, X.L., Su, H.Q.,Wu, B.Y., Liu, Z.G., "Characterization of microstructural morpholgy of austempered ductile iron by electron microscopy", ***Microscopy Research and Technique***, 40, 336-340 (1998).

105. Sindjanin, L., Smallman, R.E., Young, J.M., "Electron microstructure and mechanical properties of silicon and aluminium ductile irons", ***Acta Metall. Mater.***, 42(9),3149-3156 (1994).

106. Chen, C., Vuorinen,J.J., "The stability of austenite in ADI", ***International ADI and Simulation Conferance***, May, 28-30,1-9 (1997).

107. Luo,Q., Xie, J., and Song,Y., "Effects of microtructures on the abrasive wear behavior of spheroidal cast iron", ***Wear***, 184,1-10 (1995).

108. Jeng, M.C., "Abrasive wear study of bainitic nodular cast iron", ***Journal of Materials Science***, 28, 6555-6561 (1993).

109. Zimba, J., Samandi, M., Yu, D., Chandra,TY., Navara, E., Simbi, D.J., "Un-lubricated sliding wear performance of unalloyed austempered ductile iron,under high contact stresess", ***Materials & Desing***, 25(5),431-438 (2004).

110. Yu, S.K., Loper, Jr.,C.R., Cornell, H.H., "The effect of Mo,Cu and Ni on the microstructure,hardness,and hardenability of ductile cast irons", ***AFS Transactions***, 86-97, 557-576 (1986).

111. Moore, D.J., Rouns, T.N and Rundman, K.B., "Structure and mechanical properties of austempered ductile iron, ***AFS Transactions***, 85-103,705-718 (1985).

112. Mi,Y., "Effect of Cu,Mo,Si on the content of retained austenite of austempered ductile iron", ***Scripta Matellurgica et Materialia***, 32 (9),1313-1317 (1995).

113. Viau, R., Gagne, M.,Thibau, "CuNi alloyed austempered ductile irons", ***AFS Transactions***, 87-77,171-178 (1987).

114. Shea,M.M., Ryntz,E.F., Austempering nodular iron for optimum toughness, **AFS Transactions**,86-125,683-688 (1986).

115. Fan, Z.K., Smallman, R.E., "Some observations on the fracture of austempered ductile iron", ***Scripta Matellurgica et Materialia***, 31(2),137-142 (1994).

116. Morelli, E.C., Diao, M., Schaller, R., "Mechanical spectroscopy of austempered ductile iron", ***Scripta Materialia***, 38(2),259-265 (1998).

117. Gagne, M., "The influence of manganese and silicon on the microstructure and tensile properties of austempered ductile iron", ***AFS Transactions***, 85-133, 801-812 (1985).

118. Haseeb, A.S.M.A., Islam, M.A., Bepari, M.M.A., "Tribological behaviour of quenched and tempered, and austempered ductile iron at the same hardness level", ***Wear***, 244, 15–19 (2000).

119. Çelik, O., Ahlatcı, H., Çimenoğlu, H., Kayalı, E.S., "Dry sliding wear of as-cast and ausstempered ductile irons", Editor: Karamıs, B., Balkan tribological association, Proceedings Volume II, ***4th International Conference on Tribology***, Kayseri,Turkey, 769-774 (2002).

120. Islam, M.A., Haseeb, A.S.M.A., Kurny, A.S.W., "Study of wear of f as-cast and heat-treated spheroidalgrapohite cast iron under dry sliding conditions", ***Wear***, 188, 61–65 (1995).

121. Hatate, M., Shota, T., Takahashi, N., Shimizu, K., "Influences of graphite shapes on wear characteristics of austempered cast iron", ***Wear***, 251,885-889 (2001).

122. Ghaderi, A.R., Ahmadabadi, M.A., Ghasemi, H.M., "Effect of graphite morphologies on tribological behavior of austempered cast iron", ***Wear***, 255, 410-416 (2003).

123. Pıng, L., and Bahadur, S., "Friction and wear behavior of high silicon bainitic structures in austempered cast iron and steel", ***Wear***, 138, 269-284 (1990).

124. Lu, G-X., Zhang, H., "Sliding wear characteristics of austempered ductile iron with and without laser hardening", ***Wear***, 138, 1-12 (1990).

125. Fordyce, E.P., and Allen, C., "The dry sliding wear behaviour of an austempered spheroidal cast iron", ***Wear***, 135,265-278 (1990).

126. Takeuchi,E., The mechanism of wear of spheroidal graphite cast iron in dry sliding, **Wear**, 19, 267-276 (1972).

127. Prasanna, N.D., Muralidhara, M.K., Radhakrishna, K., Gopalaprakash, S., "Dry sliding wear characteristics of austempered ductile iron", ***AFS Transactions***, 97-41, 399-403 (1997).

128. Prado, J.M., Oujol, A., Cullell, J., and Tartera, J., "Dry sliding wear of austempered ductile iron", ***Materials Science and Technology***, 11, 294-298 (1995).

129. Şenel, L., Çetin, M., Gül, F., "Evaluation of dry sliding wear of ductile iron with different matrix microstructures", ***3th International Advenced Technologies Symposium***, August 18-20, Ankara, 154-166 (2003).

130. Bosnjak, B., Verlinden, B., and Radulovic, B., "Dry sliding wear of low alloyed austempered ductile iron", ***Materials Science and Technology***, 19,650-656 (2003).

131. Eyre, T.S., "Friction and wear of cast iron", ***ASM Handbook***, ASM International, vol 18, 695-701 (1992).

132. 1989 Annual books of ASTM standarts, "Section 3, metals test methods and analytical procedures,volume 03,02, wear anda erosion; metalcorrosier", ***ASTM***, (1989).

133. Szeri, A.Z., "Tribology (Friction, Wear, Lubrication)", ***McGraw-Hill*** Washington, 1: (1980).

134. Colangelo, V.J., Heiser, F.A., "Analysis of metallurgical failures", Second edition, ***John Wiley& Sons,Inc.***, New York, 205-221 (1987).

135. ASM Commite, "Friction, lubrication and wear technology", ***ASM Handbook***, ASM International, vol 18, 184-263 (1992).

136. Wang, Y., Lei, T., and Liu, J., "Tribo-metallographic behavior of high steels in dry sliding I.Wear mechanisms and their transition", ***Wear***, 231, 1-11 (1999).

137. Wang, Y., Lei, T., and Liu, J., "Tribo-metallographic behavior of high steels in dry sliding II. Microstructure and wear", ***Wear*** , 231, 12-19 (1999).

138. Wang, Y., Lei, T., and Liu, J., "Tribo-metallographic behavior of high steels in dry sliding III. Dynamic microstructural changes and wear", ***Wear***, 231, 20-37 (1999).

139. Yılmaz, F., "Sürtünme ve aşınma", **9. Uluslararası Metalurji ve Malzeme Kongresi**, İstanbul, Türkiye, 229-247 (1997).

140. Dasic, P., Franek, F., Assenova, E., Radovanovic, M., "International standardization and organizations in the field of tribology", ***Industrial Lubrication and Tribology***, 55(6), 287–291 (2003).

141. Ahlatçı, H., "Al/%60SiC kompozitlerin mekanik özelliklerine ve aşınma davranışına takviye boyutunun ve matris bileşiminin etkisi", ***Doktora Tezi***, İTÜ Fen Bilimleri Enstitüsü, İstanbul,96 (2003).

142. Ashby, M.F. and Jones, D.R.H., "Engineering materials 1", 2nd editıon, ***Butterworth Heineman 1***: 295 (1996).

143. Boz, M., "Seramik takviyeli bronz esalı toz metal fren balata üretimi ve sürtünme-aşınma özelliklerinin araştırılması", ***Doktora Tezi***, Gazi Üniversitesi Fen Bilimleri Enstitüsü, Ankara, 14-15 (2003).

144. Stachowiak, G.W., and Batchelor, A.W., "Adhesion and aghesive wear", ***Engineering Tribology***, Butterworth-Heinemann, USA , Chapter 12, 533-553 (2001)

145. Qureshi, F.S. and Sheikh, A.K., "A probabilistic characterization of adhesive wear of metals", ***IEEE Transactions on Reliability***, 46(1), 38-44 (1997).

146. Dumovic, R., Repair maintance procedures for heavy machinery components, ***Welding Innovation***, XX(1), 1-5 (2003).

147. Goto, H., and Amamoto, Y., "Effect of varying load on wear resistance of carbon steel under unlubricated conditions", ***Wear***, 254, 1256-1266 (2003).

148. Walton, C.F., "Corrosion and wear", ***Iron Castings Handbook***, Iron Castings Society Inc., 491-528 (1981).

149. Czichos, H., "Basic tribological parameters", ***ASM Handbook***, ASM International,18, 473-488 (1992).

150. ASM Commite, "Failure analysis and prevention" , ***Metals Handbook***, 8th Edition, USA, 134-153 (1975).

151. ASM Commite, Failure analysis and prevention wear failures, **Metals Handbook**, Ninth Edition, Vol 11,USA, 145-162 (1986).

152. Blau, P.J., "Fifty years of research on the wear of metals", ***Tribology International***, 30(5), 321-331 (1997).

153. Czichos,H.,Presentation of friction and wear data, **ASM Handbook**, ASM International, 18, 489-492 (1992).

154. Kato, K., and Adachi, K., "Wear mechanisms", ***Modern Tribolody Handbook*** , volume 1 Editor ; Bharat Bhushan, CRN Press, America , Chapter 7, 273-299 (2001).

155. Kato, K, "Wear in relation to friction- a review" ***Wear***, 241,151-157 (2000).

156. Babilius, A., Ambroza, P., "Effect of temperature and sliding speed on the adhesive wear", ***Materials Science(MEGZIAGOTYRA)***, 9(4), 347-350 (2003).

157. Ekberg, A., "Wear-Some notes", ***Departmant of Solid Mechanics, Chalmers Univesity of Technology***,1-22 (1997).

158. Holinski, R., "Fundamentals of dry frictiion and some pratical examples", ***Industrial Lubrication and Tribology***, 53(2), 61-65 (2001).

159. Yoon, E-S., Kong, H., Kwon, O-K., Oh, J-E., "Evaluation of frictional characteristics for a pin-on-disk apparatus with different dynamic parameters, ***Wear***, 203-204, 341-349 (1997).

160. Benabdallah, H.S., Boness, J., "Tribological behaviour and acoustic emissions of alumina, silicon nitride and SAE52100 under dry sliding, ***Journal of Materials Science***, 34, 4995-5004 (1999).

161. Kayalı, E.S., "Hasar analizi seminer notları", Bölüm 5, ***TMMOB Metalurji Mühendisleri Odası***, İstanbul,82-102 (1997).

162. Roberts, S., "Wear", ***Surface Engineering***, 1-23 (2002).

163. ASTM G 99, "Standart test method for wear testing with a pin-on-disk apparatus", ***Annual Book of ASTM Standarts***, G99-04 (2004).

164. Lu, Z-L., Zhou,Y-X., Rao,Q-C., Jin, Z-H., An investigation of the abrasive wear behevior of ductile cast iron, ***Journal of Materials Processing Technology***, 116,176-183 (2002).

165- Günay, M., "Talaş kaldırma işlemlerinde kesici takım talaş açısının kesme kuvvetlerine etkisinin deneysel olarak incelenemesi", ***Yüksek Lisans Tezi***, Gazi Üniversitesi Fen Bilimleri Enstitüsü, 101-105 (2003).

166. Kullanma kılavuzu, "ADAM-3016 Strain gauge input module", ***ADVANTECH Industrial Autamation***, Taiwan, August (1997).

167- Kullanma kılavuzu, "ADAM-3011 Thermocouple input signal conditioning module", ***ADVANTECH Industrial Autamation***, Taiwan, August (1997).

168-Kullanma kılavuzu, "PCLD-8710 Terminal wiring board" ***ADVANTECH Industrial Autamation***, Taiwan, December (1998).

169-Kullanma kılavuzu, "PCI-1710 Series 12/16-bit multifunction card", ***ADVANTECH Industrial Autamation***, Taiwan, November (2003).

170- Gökkaya, H., "Takım-talaş ara yüzey sıcaklığının ısıl çift yöntemiyle ölçülmesi ve sonlu elemanlarla analizi", ***Doktora Tezi***, Gazi Üniversitesi Fen Bilimleri Enstitüsü, (2004).

ÖZGEÇMİŞ

1968 yılında Bünyan-Kayseri'de doğan Melik ÇETİN, 1993 yılında Gazi Üniversitesi Teknik Eğitim Fakültesi Metal Eğitimi bölümünden mezun oldu. 1994 yılında ZKÜ Karabük Teknik Eğitim Fakültesi Metal Eğitimi Bölümünde araştırma görevlisi olarak göreve başladı. 1999 yılı Kasım ayında Gazi Üniversitesi Fen Bilimleri Enstitüsünde doktora öğrencisi iken Yüksek Öğretim Kanunun 35. maddesi gereğince aynı enstitüde araştırma görevlisi olarak göreve başladı. Doktora çalışmalarına Fen Bilimleri Enstitüsü Metal Eğitimi Anabilimdalında devam etti. "Ereğli demir çelik fabrikası CAL hattında Çift fazlı çelik üretimi" konulu doktora çalışması 2002 Eylül ayında yarım kaldı. 31.1.2003 tarihinde ise "Östemperlenmiş Küresel Grafitli Dökme Demirlerin Aşınma Davranışlarının Geliştirilmesi" adlı doktora çalışmasına başladı. Melik ÇETİN evli ve Gülnihal ve Gökçen isimli iki kız çocuğuna sahiptir.

Printed by Books on Demand GmbH, Norderstedt / Germany